空管系列丛书

AIR TRAFFIC CONTROL
CULTURE RESEARCH

空管文化研究

杨 婕 等 著

人民交通出版社股份有限公司

北 京

内 容 提 要

本书为中央空中交通管理委员会办公室组织编写的空管专业丛书之一,对空管文化的内涵、发展规律等基本理论,以及空管文化的建设思路和组织实施等进行了系统研究。全书共七章,内容包括:绪论、空管文化的结构特点与功能作用、空管文化的价值取向、空管文化建设的理论基础、空管文化建设的实践基础、空管文化建设的基本思路和我国空管文化建设的组织实施。

本书可供空管行业相关企事业单位、科研院所人员参考使用,也可供对空管文化感兴趣的读者阅读。

图书在版编目(CIP)数据

空管文化研究/杨婕等著. —北京:人民交通出版社股份有限公司,2021.12

ISBN 978-7-114-16748-5

Ⅰ.①空… Ⅱ.①杨… Ⅲ.①空中交通管制—研究
Ⅳ.①V355.1

中国版本图书馆 CIP 数据核字(2020)第 139320 号

Kongguan Wenhua Yanjiu

书　　名:	空管文化研究
著 作 者:	杨 婕 等
责任编辑:	吴燕伶
责任校对:	刘 芹
责任印制:	刘高彤
出版发行:	人民交通出版社股份有限公司
地　　址:	(100011)北京市朝阳区安定门外外馆斜街 3 号
网　　址:	http://www.ccpcl.com.cn
销售电话:	(010)59757973
总 经 销:	人民交通出版社股份有限公司发行部
经　　销:	各地新华书店
印　　刷:	北京虎彩文化传播有限公司
开　　本:	787×1092　1/16
印　　张:	13.875
字　　数:	334 千
版　　次:	2021 年 12 月　第 1 版
印　　次:	2021 年 12 月　第 1 次印刷
书　　号:	ISBN 978-7-114-16748-5
定　　价:	88.00 元

(有印刷、装订质量问题的图书由本公司负责调换)

本书编写委员会

主任委员: 杨　婕

委　　员: 戴江斌　秦宗仓　张天德　何睿洁　杨丽薇

　　　　　　苏军茹　乔文炳　孙院麟　黄阿倩　凡丽明

　　　　　　万路军　沈　堤　余付平　霍　丹　何兴宇

　　　　　　任晓岳

总序

空中交通管制体系是国家综合交通运输体系、国土防空体系和应急保障体系的重要组成部分,是航空事业发展的重要基础。在原国务院、中央军委空中交通管制委员会(现中央空中交通管理委员会,简称"中央空管委")的正确领导下,一代又一代的新中国空管人,始终牢记党和人民赋予的神圣职责,满怀着对祖国万里长空的殷殷深情,坚持服从服务于国家经济社会发展的基本方针,扎实工作,拼搏进取,饱蘸激情彩绘蓝天,在维护国家航空权益、规划管理空域资源、提供空管服务保障、确保飞行安全顺畅和推动空管改革建设等方面取得了举世瞩目的辉煌成就,探索出了一条具有中国特色、军民融合式发展的空管道路,为促进国家经济建设、国防建设和航空事业发展做出了重要贡献。

空管工作责任重大,事关军民航飞行安全和人民群众生命财产安危,但空管人朴实无华,他们的事迹鲜为人知,担当的是"幕后英雄"的角色。当气势恢宏的国庆阅兵式上威武的机群梯次通过天安门广场上空时,当抢险救灾飞机循着"空中生命线"争分夺秒抢运伤员物资时,当人们轻松惬意地享受空中旅行的畅通便捷时,正是我们的管制员,手握话筒、紧盯屏幕,兢兢业业、一丝不苟,忠诚地守护着祖国的天空,为翱翔蓝天的每一架飞机提供空管服务保障,以实际行动诠释"忠于职守、精于指挥、甘于吃苦、乐于奉献"的空管精神,向党和人民交出一份份合格的答卷。

空管事业发展离不开社会公众的理解和支持。为培育和发展空管特色文化,促进空管理论和科技创新,提升空管系统的凝聚力、辐射力和社会影响力,在中央空管委办公室统一策划、统一组织和全额资助下,经过空管系统有关院校和科研院所的院士、专家、学者多年的艰辛编撰,空管专业丛书即将与广大读者见面了。这是我国第一套具有空管行业特色、系统介绍空管专业知识和科学技术的丛书,凝练了近年来国际空管领域的新概念、新理论、新技术和新方法,涵括了我国空管的组织体系、管理模式、运行方法和支撑技术等。这套丛书,既是社会公众了解空管、认知空管的窗口,也将为从事空管的同行们研究空管问题、推动空管建设提供权威参考和有益借鉴。

参与这套丛书编撰的主要人员均为长期从事空管工作、具有很高学术造诣和丰富实践经验的空管专家、学者,丛书内容主要源于近年来国家空管科学技术研究的成果。丛书的编撰得到了中央空管委成员单位及军民航空管部门的大力支持。首批出版发行的书共 10 册，包括南京航空航天大学编撰的《世界空管发展概况及趋势》、空军装备研究院某研究所编撰的《空域管理理论与方法》、北京航空航天大学编撰的《协同空管的导航监视新技术》《国外空管体制概论》《空管法规标准体系构建及应用》、中国民航大学编撰的《空管行业术语》《军民航空管联合运行》《空管教育研究》、空军工程大学编撰的《空管防相撞理论及其应用》《空管文化研究》。后续，中央空管委办公室还将根据空管理论文化建设和社会宣传需要，遴选空管专业特色鲜明的题材，组织编撰并出版发行空管专业丛书第二批图书，以飨读者。

　　鸿鹄高飞，一举千里。当前及今后一个时期，是我国航空事业发展"由大做强"的重要时期，公共运输航空、军事航空、通用航空发展及全球空管一体化发展对空管工作提出更高要求。我国空管发展已经进入转型的关键期、矛盾的凸显期、改革的攻坚期，战略机遇和现实挑战并存。我们衷心希望通过本套丛书的出版发行，能够吸引更多的有志青年加入"空管人"这支光荣而神圣的队伍，与我们共同携手关注空管、热爱空管、研究空管、创新空管，瞄准世界空管强国的宏伟目标，勇于探索，大胆创新，积极作为，努力把我国空管事业推向更加辉煌的明天！

中央空管委
2020 年 10 月

前言

　　党的十九大报告指出:"文化是一个国家、一个民族的灵魂。文化兴国运兴,文化强民族强。没有高度的文化自信,没有文化的繁荣兴盛,就没有中华民族伟大复兴。要坚持中国特色社会主义文化发展道路,激发全民族文化创新创造活力,建设社会主义文化强国。"同时还强调:"文化自信是一个国家、一个民族发展中更基本、更深沉、更持久的力量。必须坚持马克思主义,牢固树立共产主义远大理想和中国特色社会主义共同理想,培育和践行社会主义核心价值观,不断增强意识形态领域主导权和话语权,推动中华优秀传统文化创造性转化、创新性发展,继承革命文化,发展社会主义先进文化,不忘本来、吸收外来、面向未来,更好构筑中国精神、中国价值、中国力量,为人民提供精神指引。"作为国家战略性行业,为了更好、更快地发展,为了更好地"服务于国民经济、服务于国防安全",空管行业也需要对自身的文化进行深入研究。由中央空管委办公室统一策划、统一组织并全额资助编撰的"空管专业系列丛书",为空管文化的研究提供了一个契机。

　　空管文化是空管系统广大空管人员在长期的建设、发展和实践过程中所共同创造、积累和发展起来的,具有行业特色的物质成果、精神财富及其管理模式、传统习惯和行为方式。我国空管文化是社会主义先进文化在空管行业的具体体现和生动实践,是与国家经济建设发展同呼吸的文化,是随着国家空管事业发展而腾飞的文化。这一文化被空管人广泛认同并自觉实践,体现在空管人的精神追求、价值理念以及自身的气质特征上,并以其特有的感召力、渗透力和影响力,感染人、凝聚人、塑造人,不断激励着空管人奋发向上,持续推动着空管事业科学发展。

　　文化承载着历史的积淀,传承着时代的精华。

　　70多年来,我国空管文化经历起步、成长和蓬勃发展三个阶段。中华人民共和国成立以后,我国空管文化以军队文化为背景,以保障国土防空作战为使命,以支持社会主义建设为核心,激励空管人提高思想觉悟,以高度的责任心、强烈的使命意识和精湛的技术本领,为维护国家领空主权、保障飞行安全做出了应有的贡献,形成了具有政治特色、思想优势的安全文化,弥补了西方技术封锁和国家设施设备落后的不足。改革开放以来,体制、机制的改革推进了我国空管文化的整合,全方位的对外开放有力地促进了我国空管的国际交流,空管文化体系逐步形成并开始与国际接轨,安全意识、使命意识、服务意识、和谐意识和环境意识越来越成为我国空管文化的核心内容。21世纪以来,空管体制、机制改革创新为空管文化发展带来新的契机,我国空管文化建设从"自在"走向"自觉",从"自觉"走向"自信",形成了以开拓创新、科学发展的进取精神为核心的创新文化,支撑空管建设改革与发展。近年来,在中央空管委正确领导下,我国空管系统加强文化建设的战略部署,明确文化建设的总体思路和具体原则,展示中国空管的外在形象;加大顶层筹划和投入,组织完成空管文化建设"八个一工程";空管科技创新体系初步建立,空管建设"五个转变"重大决策出台,"六大体系"逐步建立。我国空管系统开始站在更高的历史高度,以更加自信、更加积极主动的姿态关注空管文化建设,助推中国空管文化的创新和腾飞。

一代人有一代人的使命,一个人有一个人的担当。

70多年来,一代代空管人始终站在政治和全局的高度,坚决执行党和国家的决策部署。无论在党和国家面对威胁、战胜挑战的斗争中,还是在保障北京奥运、国庆阅兵等举世瞩目的大型活动中,他们不畏强敌、英勇善战,艰苦奋斗、克服困难,指挥着战鹰翱翔,擎起"空中安全线",践行着"忠于职守、精于指挥、乐于奉献、勇于创新"的铮铮誓言。他们每年365天、每天24小时,用忠诚与敬业、果敢与担当坚守着祖国的"空中大门",在平凡的岗位上,在艰苦的条件下,恪尽职守,强化战备值班,严格落实战备工作制度。他们严守岗位,以强烈的责任心,将防止航空器相撞作为飞行安全工作的重中之重。他们尽职尽责,把专机工作作为头等大事,摆在"高于一切、重于一切、大于一切"的位置。他们知责思为,不断开辟新航线,为高密度的飞行活动设计出一座座看不见的空中"立交桥",努力提高空域利用率,保障着国家航空事业健康发展。当前,新一代空管人不忘初心、牢记使命,在传承空管文化精神理念的同时,正在中国特色空管文化的斑斓画卷中书写着世界一流的业绩,在"中国梦"的感召下,加快空管体制改革,全面推进空管科技创新,续写经略空域、彩绘蓝天的辉煌,以具有中国特色的空管文化助力"中国梦""航空梦""空管梦"的实现。

文化人类学的历史学派认为,每个文化集团的历史、特点和发展规律都是独一无二的。每种文化所具有的文化特质从来都不是凭空产生的,都离不开特定的社会历史条件、所处的地理环境、物质生活方式,以及所建立的具有多样性的社会组织形态。加强空管文化研究的目的,就是要探索空管文化的内涵,认识空管文化的本质,揭示空管文化产生、形成和发展的规律,寻找空管文化建设的方法和路径,以此指导我国空管文化建设,推进空管事业又好又快发展。

通过研究空管文化,探索空管文化的规律和价值,坚定空管文化建设的决心和信心,加大空管文化建设的投入力度和强度,积极为空管新发展营造上下和谐、内外顺畅的良好氛围,不断丰富精神文明建设的内涵,不断提升空管系统的外在形象和内在品质,增强凝聚力、提高影响力,激发创造力,从而增强空管事业发展的软实力。

通过研究空管文化,形成具有浓郁空管特色的文化体系,构建以行业任务、目标愿景、核心价值观、空管精神、职业操守、岗位规范等为主要内容的空管价值体系。做到"以文化人",提升空管人的内在品质,使文明行为内化为每个人的自觉行动,真正树立"国家、责任、服务、和谐、高效"的空管文明形象,以期得到社会的广泛认知和满意。

通过研究空管文化,积极探索空管文化建设的理论基础,从而以规律性的理论指导空管文化建设实践,不断增强空管文化工作的自觉性和坚定性;追寻世界空管文化的传承脉络,探寻我国空管文化的形成轨迹,总结我国空管文化的基本经验,拓宽思路、明确方向,正确看待空管事业发展过程中的矛盾和问题,增强空管文化建设的针对性、实效性;明确我国空管文化建设的指导思想和原则,确立空管文化建设的总体目标和思路,提出空管文化建设的内容、抓手和基本方法,为空管文化建设的组织实施提供依据。

本书是在中央空管委办公室统一安排和资助下,由空军工程大学空管领航学院、军政基础系多位专家教授,以及中国民用航空西北地区管理局人员共同完成的,敬献给国家空管机关、军民航各级空管机关和单位、相关科研院所和院校,以及奋战在空管一线的空管人员和广大空管爱好者,以增强广大空管人的职业荣誉感和认同感,激发广大人民群众热爱空管、关注空管、投身空管的热情。

本书由空军工程大学空管领航学院杨婕主持编撰,空军工程大学军政基础系何睿洁等参与编写。在本书编撰过程中,得到了中央空管委办公室领导和专家们的具体指导,以及《中国空管》杂志社的大力帮助。他们多次提出宝贵的编写和修改意见建议,对保证编撰质量起到了重要作用。本书参考和借鉴了国内外同行专家、学者的研究成果。在此,向所有关心、支持本书编撰和出版的单位和个人,表示深切的谢意!

作　者

2021 年 5 月

目录

第一章

绪论

　　航空诞生以前，人类文明由陆地向海洋平面拓展；航空诞生以后，人类文明便转为由地表向天空垂直拓展。自此，天空既是一片关系国家利益的拓展空间，也是一扇关乎国家安全的"危险之窗"。维护国家领空主权、服务国家经济建设、管理国家空域和保障飞行安全顺畅的正是一代代的中国空管人。

在浩瀚无垠的天空,飞机似乎可以不受约束地随意飞行。其实不然,如同车辆在地面行驶必须遵守交通规则,要接受红绿灯的指挥一样,飞机在天上飞行也要受到专门机构的指挥、调度与管理,这一专门机构就是国家空管部门。从全球范围来看,世界各国都建立有自己的空管部门或机构。美国政府设立联邦航空管理局(FAA),由其负责对美国领空内的空中交通实施管制;俄罗斯组建俄罗斯联邦空中导航局,由其统一管理俄空中交通管制事务。中华人民共和国成立以来,在党中央、国务院、中央军委和中央空管委的正确领导下,我国空管事业始终在建设中发展,在改革中进步,逐步构建起了具有中国特色、适应航空发展需求的空管体系,并取得了举世瞩目的成就。中国空管发展的历史伟绩和现实成就为中华文明和世界航空文明做出了重大贡献。与此同时,在70多年的漫长岁月中,一代代空管人用忠诚与担当、创新与奉献创造了与时俱进、丰富多样、绚丽多彩的空管文化,为中华文化和世界航空文化的不断发展增添了更加丰富的内涵和更为亮丽的色彩。

第一节 空管文化的概念

空管,全称空中交通管制,是指国家强力部门(或经过国家授权的部门)为了维持对空域的有效控制和安全高效使用,依据相关法规和技术手段对占用空域的活动及影响空中飞行的活动进行强制性管理。它作为一种社会实践活动,有着几乎与人类航空活动一样悠久的历史,体现着人类在改造自然界过程中的文明发展程度,具备文化的各种特征。从文化的视角研究空管,起点应该是空管文化的概念及其内涵。

一、空管文化概念的界定

理解空管文化的概念需先考查文化的概念。文化看似简单,实则十分复杂。文化的复杂性就在于社会学家和人文主义者们经常使用这个概念来描述人类行为和人类历史,内容涵盖了人类发展过程中创造的所有成就和所有知识,运用的领域十分广泛,导致了文化的内涵与外延的不确定性。

在汉语系统中,"文"与"化"是两个常用词。"文"通"纹",本义指各色交错的纹理,引申为包括语言文字在内的各种象征符号,进而具体化为文物典籍、礼乐制度;又由纹理之意引出彩画装饰、人为加工、经纬天地,进一步推演为文辞、文章、文学、艺术以及美、善和文德教化等。"化"即"变",本义指化生、造化、化育等意,引申为教行、迁善、告谕使之回心、化而成之等,进而演绎为教化。"文"与"化"并联使用,其表达方式为"以文教化",即以人伦秩序教化世人,使之自觉按规范行动。用现在的话说,就是改变人的精神面貌,提高人的素质。

在西方语言系统中,"文化"(Culture)意思就是耕耘、开垦和培育,即指人类为使土地肥沃和栽培植物所采取的耕耘和改良措施。后来,逐渐由耕种引申为对树木、禾苗、牛羊等的培育、培养,并将文化同个人心智的发展联系起来,进而联系到对人类知识、智慧、情操、风尚和理性的培育。

追溯中西方"文化"词语的渊源,"文化"从广义上可以视为"自然"的反义词,一切不是自然生成的东西,都是文化。我们既可以从美学的角度,把文化理解为心灵培育和精神启蒙,知识、文学和艺术是它的典型载体;也可以从人类学的角度,把文化视为一种特定的生活方式,包括一个民族、一个时代生活经验的方方面面;还可以从考古人类学的角度,把文化作为同一历史时期的遗迹、遗物的综合体,如仰韶文化、楚文化等。

较早对"文化"一词下明确定义的是英国人类学家爱德华·泰勒。他在 1871 年出版的《原始文化》一书中指出,文化是"一个复杂的总体,它包括知识、信仰、艺术、法律、道德、风俗,以及作为一个社会成员的人通过学习而获得的其他才能和习惯。"后来,美国的一些社会学家、文化人类学家又对泰勒的定义做了完善,增加了"物质"的内容。其中,为后来多数学者所接受的定义是 1952 年美国文化人类学家克罗伯和科拉克洪对文化的一个综合定义:"文化存在于各种内隐的和外显的模式之中,借助符号的运用得以学习与传播,并构成人类群体的特殊成就,这些成就包括他们制造物品的各种具体式样。文化的基本要素是传统(通过历史衍生和由选择得到的)思想观念和价值观,其中又以价值观最为重要。"我国当代人类学家对文化一词比较一致的看法是:文化是人们的生活方式和认识世界的方式。"文化"在《辞海》中的解释是:"精神生产能力和精神产品,包括一切社会意识形式、自然科学、技术科学、社会意识形态。有时又专指教育、科学、文学、艺术、卫生、体育等方面的知识和设施。"

中西方对文化概念的阐释,虽然一直没有形成统一的定义,但综合而言,其一般将文化分为两个层次:第一个层次的文化即人们通常所说的广义上的文化,指的是人类全部文明成果的总和,包括物质文明成果和精神文明成果;第二个层次的文化即通常所说的狭义的文化,主要指的是以文学、音乐、舞蹈、戏剧、美术等为主的艺术文化。基于这一认识,文化理论界一般按照文化的内涵和外延,将文化分为物质生产文化、制度行为文化和精神心理文化等。社会学家将文化分为主文化、亚文化和反文化三种类型。他们认为,主文化是占主导地位的为社会上多数人所接受的文化,并认为:该文化是人类在社会历史发展过程中不断创造的各种精神财富、制度体系和物质财富的总和,其核心内容是人类在创造精神财富、制度体系和物质财富过程中所秉持的或反映出的价值理念。他们还对隶属于社会主文化的各种亚文化的概念也做出了界定,如组织文化、行业文化等。

组织文化,是指组织成员在实践中建设、共享、促进组织与人员共同发展的一种文明精神准则,体现为集体价值观、思维方法和行为模式的互动,是基于组织历史优秀经验的提炼,结合了他人或者其他组织的优秀之处,以先进理论为指导,以对人们的现实行为规范和未来引导为目标,在充分尊重人性规律的基础上,以激活每个成员活力为手段,从而塑造出健全的集体人格,实现通过人的发展促进组织发展的基本目标。[1]空管系统是人类社会文明尤其是航空文明发展的一种成果或结晶。空管文化属于典型的组织文化,具备组织文化的基本属性。我国空管部门代表国家履行空中交通安全管理职能,是保障国家领空权益、保证飞行安全、维护空中交通秩序、提高空域资源效益的一支专门力量。其职业的特殊性和群体的特定性,必然会产生特定的组织文化。这种特定组织文化的形成更多地源于其使命任务,即确保空防安全与稳定、保证飞行安全、维护空中交通秩序和提高空域资源效益。由于这一特殊的使命任务大家才聚集在一起,其文化也更多地体现在个人完成任务的过程之中,也即是组织使命的衍生和个人价值的汇聚。从事管制、空管保障、空管教学、空管科研及管理等空管实践活动主体的人员,都是具有一定文化素质和文化创造能力的人及其群体;空管体制、空管法规、空管制度等,也是特定的社会组织文化、制度文化的具体体现;空管科学技术和空管设备,都是人类科技文化成果在空管实践中的转化和应用;空管核心价值观、空管精神风貌和空管教育、文学、艺术、宣传等都属于精神文化范畴。同时,社会主流文化、民族文化传统、军事文化、民航文化和外来文化等都会对空管建设发展产生影响。这些渗透、体现、反映于空管领域的特定文化因素之总和,都可综称为空管文化。

综上所述,我们根据社会主义文化概念的核心内容和基本要素,给出空管文化的概念界定:空管文化是指空管系统广大空管人员在长期的建设、发展和实践过程中所共同创造、积累和发展起来的具有行业特色的物质成果、精神财富及其管理模式、传统习惯和行为方式。这是对空管文化范畴的广义界定。其中,作为精神财富的以空管核心价值理念和空管精神风貌为灵魂的空管意识形成及其行为方式则是空管文化范畴的狭义界定。

二、空管文化概念的内涵

我们可以从以下四个方面对空管文化的内涵进行解读:

第一,空管文化的核心内容是空管价值体系。空管价值体系内容是社会主义核心价值体系在空管行业中的具体落实和呈现,包括空管行业使命、目标愿景、核心价值观、空管精神、职业操守、岗位规范等,属于意识形态和思想认识范畴。其中,行业使命是空管价值体系的统领,解决的是职能任务和肩负责任的问题;目标愿景是空管价值体系的主体,解决的是发展前景和奋斗目标问题;核心价值观是空管文化的基石和根本,解决的是服务方向和根本任务的问题;空管精神是空管核心价值体系的精髓,解决的是精神动力和精神风貌的问题;职业操守是空管价值体系的基础,解决的是空管人价值取向和职业道德的问题;职业规范是空管价值体系的基本要求,解决的是空管人的行为规范和岗位标准的问题。空管精神是在空管运行管理和运行保障实践的沃土之上,在空管核心价值观这个基石、基础之上盛开的色彩鲜亮的精神之花。这个精神之花,向世人展示的是富有吸引力、亲和力、协调力、融合力、感召力的行业群体的理想追求、价值取向和全行业人奋发有为、积极向上的精神魅力与气质风范。

第二,空管文化的本质要求强调实践,"落地点"是空管人的行为规范。空管文化强调价值理念的实践化,强调所倡导的价值理念要得到普遍认同和真正落实,要使之内化于心、固化于制、外化于行。简言之,空管文化是理论与实践的统一,最终要落实到空管岗位的行为规范上。行为规范是空管人的思想和理念在实践活动中的具体体现。这些实践活动包括管制指挥实践、空域管理实践、空管技术设备维护保障实践、空管教育科研等。有了行为规范,才能使思想和理念为全行业内的各级、各部门、各类人员确认、信奉和实践,才能使价值理念转化为运行、管理和领导行为;有了行为规范,才能使价值理念转化为全行业人员的思维方式、行为方式和行为习惯;有了行为规范,才叫作空管文化"落地",才能体现空管文化建设的重大意义。

第三,空管文化是国家软实力的重要组成部分,体现国家对空域资源管理权力和职能。对空管系统来说,软实力与硬实力相辅相成、不可分离,两者如车之两轮、鸟之双翼,协同前进。硬实力主要指工作场所、设备设施、资金投入等物化的能力和人员。软实力则指行业宗旨、价值观、战略思想、创新机制、社会责任意识和由此凝聚而成的社会声誉、行业形象以及空管组织执行力和对相关行业乃至整个社会的影响力等。空管文化是国家在空管领域所创造、拥有并传承的一切物质成果和非物质成果的总和,是国家在空管领域、空管实践中所特有的一种存在标志。如果说,对民族文化的维护和发展是一个国家或民族存在和发展的软实力,那么,对空管文化的培育和建设则是保障国家空防安全、维护空中交通秩序的软实力。

同时,从空管历史发展及其社会文化背景可以看出,空管组织既不是自然产生的,也不是人类社会与生俱来的,而是人类社会进入航空时代后,伴随着国家空中安全的"危险之窗"被打开及航空活动的日益频繁,而逐步建立和不断完善的一种代表国家行使领空管理和空域资源管理职能的专门机构。因此,空管文化本质是一种人类创造和发展的组织文化单元。空管文化发展的水平在一定程度上体现着国家控制、开发、利用和管理空域资源的思想智慧和驾驭能力。

第四,空管文化可分为自在的空管文化与自觉的空管文化。空管文化作为一种社会文化现象,并不是在今天正式提出并给予其主观界定后才得以产生的,而是客观地存在于空管起源、存在和发展的全过程及各个阶段、各个环节、各个要素之中。我们称之为自在的空管文化,是指空管实践活动产生以来的传统、习惯、经验、常识和空管语言、心理、情感等空管人自在的存在方式或活动图式,以及空管组织发展过程中科学理论指导较弱情况下形成的各种自发的文体活动等。然而,作为一种文化观念和管理形态,空管文化又确实是个全新的概念。我们称之为自觉的空管文化,是指以知识或思维方式为背景的空管人自觉的存在方式或活动图式。1997 年,我国社会学的开拓者费孝通先生在北京大学正式提出了"文化自觉"概念。此后经费老不断地阐述和深化,"文化自觉"思想已深入人心。在空管领域,自觉的空管文化包括:空管理论对于空管建设发展和空管运行规律的理性揭示;空管组织在一定的意识形态指导下,有目的、有计划地开展各项空管文化建设活动;空管法规制度有意识、有目的地强制性规范空管人的群体行为方式;空管文学艺术潜移默化地培育空管人的生活情趣和审美意识;空管院校有计划、有步骤地实施文化育人,深化认知、内化要求、固化标准、净化心灵,筑牢空管人职业发展基础;空管科研通过科学规划、自主创新、攻克空管技术难关,将空管文化所倡导的价值理念通过一定的物质实体表现出来,以及我们自觉开展的对空管文化理论的系统研究等。

综上所述,我们主张应当从广义上全面认识、理解和把握空管文化的内涵。广义思维是开放性的思维,有利于解放思想,揭示普遍规律,克服局限性,并多方位地把握空管文化的特征。这是因为:第一,能够全面体现文化的本质。文化是人类实践创造的物质成果和精神成果的总和,文化的本质是人化。其中的"物质成果"之所以属于文化范畴,是因为它不是自然界提供的现成的东西,而是以其存在形态的变化表征着人的创造及其社会价值,表征着由自然存在物到社会存在物的质的飞跃。因此,不仅空管精神理念、行为规范是文化,而且空管物质技术、空管制度等也都是文化形态。第二,有利于提高空管系统建设和空管运行的整体文明水平。中华人民共和国成立初期,我国空管系统通过加强队伍的政治素质和作风纪律,发扬艰苦奋斗和奉献精神,有效地弥补了空管物质技术和制度建设相对落后的不足,但随着空管技术发展和自动化水平提高,我们在强调精神意识方面要加强文化建设的同时,更加强调提高科学管理水平和技术装备水平,促进空管事业全面协调、可持续发展。第三,能够将空管文化融入广阔天地,面向广大的舞台。军民航融合是空管文化的主旋律,国际交流是空管文化的特色之一,空管人和全社会成员是空管文化服务的受众。空管文化当然是属于管制员的,这是首先的,也是起码的,但是不能局限于此。空管文化的创制主体中既包含管制员,也包括通信、导航、监视、气象等广大技术保障人员,还包括从事空管教育、空管科研、空管机关人员、党委和政府主管空管工作的人员,以及广大热爱空管事业的作家、艺术家和新闻工作者。

人类通过劳动创造文化。人类的劳动作用于自然形成物质文化,作用于社会形成制度文化,作用于人类自身便形成精神文化。空管文化存在于空管人的实践活动之中,附着在一定的物质实体之上。空管文化载体可分为四大类:主体载体、组织载体、制度载体和物质载体。从一定意义上说,建设空管文化就是建设和优化这些载体。

一、主体载体

空管文化的主体载体包括组织领导者、管理者、管制员、技术人员、教学科研人员以及其他保障人员。这些空管人不仅创造了空管文化,享用着空管文化,同时还是空管文化的承载体,他们的一言一行、一举一动都是空管文化的具体体现。空管战略目标、价值观、精神理念、规章制度、职业操守、文化活动、工作环境、形象及创新等,都与这些人紧紧连在一起,或寓于这些人之中,或由这些人来体现。归根结底,空管文化实质是人的文化,是空管人的思想意识和价值取向。要掌握一流的设备、提供一流的服务、形成一流的运行管理、创造一流的安全氛围,最终取决于空管系统是否有一流的人才队伍(图1-1)。因此,建设空管文化,要注重人的决定性因素,突出人的主体性地位:一是注重发掘广大空管人的价值理念元素,确立具有深厚群众基础的价值理念体系;二是注重依靠广大空管人建设空管文化,践行价值理念;三是注重通过文化建设提升广大空管人的综合素养,运用文化的力量增强空管人的凝聚力和向心力,激发空管人的积极性和创造性。

a)流量控制人员

b)科研专家

c)管制员

d)管制员

e)模拟教学人员

f)设备维护人员

图1-1 空管人

二、组织载体

总体上讲,空管系统通常建立有空管决策机关、空管计划部门和空管执行机构,以及相应的教育院校和科研院所等各种组织。它们既是空管系统的基本单元,也是空管文化建设的主要对象。它们作为空管文化的载体,与文化的内在联系主要体现在以下几个方面:一是组织内涵反映组织文化的性质。共同的使命任务、共同的目标追求、共同的行为取向、和谐的分工合作都是文化使然,既是文化作用的结果,也是文化自身的表征。二是组织结构体现组织文化的个性。空管体制决定了组织内部的职责关系。其选择和形成受到空管文化的影响,并反作用于空管文化。三是组织功能体现组织文化的要求。空管各级组织的功能主要体现在整合人力资源、规范人的行为、满足人的需要,从而履行使命任务,实现空管目标。这些功能和作用与空管文化的功能和作用是一致的,正好体现了空管价值追求和思想意识。建设空管文化,要求将组织建设作为重点内容,着力提升组织管理理念,改进组织管理方式,按照科学管理、规范管理的要求,优化组织的内部结构与协作关系。例如,近年来华北地区管理局固本强基,积极推进班组建设,实现班组全员、全方位、全过程管理,勇于创新管理模式,发起"每班一课""英语小管家""明星管制员""今天我当班"等特色活动,系统展示了空管组织文化的理念。

三、制度载体

制度,泛指一套具有强制性的社会文化规范和惯例。组织制度和组织文化之间关系十分密切。一方面,组织文化是组织制度制定与执行的重要决定因素,影响着组织制度的形成及其功效的发挥。组织制度是组织文化的产物,组织制度所具有的规范约束和激励作用等体现了组织文化建设的直接目的和内在要求。这样,组织制度就成了组织文化的重要载体,组织制定并执行各种办事规程、职业规范和行为准则都反映了组织文化所倡导的价值理念。另一方面,组织制度对组织文化的形成和发展也具有重要影响,有什么样的组织制度也必然会使组织成员表现出相应的处事态度和行为方式,从而营造相应的组织氛围、孕育相应的组织文化。因此,一个组织的文化必然要通过组织法规制度来体现。有什么样的法规制度,必然产生与之相适应的组织文化。空管系统有大量的法规、规则、规章、细则等,明文规定空管行为必须遵循的基本要求,是规范我国境内飞行活动的法规性准则。这些法规制度是组织与实施飞行活动的基本依据。这些法规制度以"领空主权、安全、秩序、效益"为基本价值,承载着我国空管文化"国家、责任、服务、和谐、高效"的空管核心价值观,承载着我国空管文化"忠于职守、精于指挥、乐于奉献、勇于创新"的空管精神,彰显着"使命至上、以人为本、安全第一、倡导和谐、激励创新"的空管文化价值取向。建设空管文化,要求将法规制度建设作为重点内容,按照安全第一、科学管理的要求,着力健全空管系统内部的法规制度,以实现人的价值,规范人的行为。

四、物质载体

物质载体是反映空管文化特色内容的重要载体和空管文化先进程度的重要标志。其主要包括三个方面:一是空管行业的生产资料,包括空管建筑物、基础设施及其支持保障系统,如塔台(图1-2)、通信导航雷达站(台)、空管自动化系统和办公场所等。这些生产资料是空管运行的物质基

图1-2 北京首都国际机场塔台

7

础,其外形特征、结构特点、技术水平、美学价值、人文内涵及社会经济意义等,标志着空管文明程度,也是空管文化的重要特色所在。二是空管行业的形象标志,包括名称标志、象征物、纪念性建筑物和仪式活动等。其中,空管行业的名称是指上级授予本系统某一特定单位或某些先进单位、个人的荣誉称号;空管标志是指体现本系统某一特定团队精神的标志、徽标、徽章、图形等;空管象征物,通常采用雕塑或其他感染力强的物质载体形式,放置在本单位最醒目的地方,用以彰显空管文化精神;仪式活动,是指蕴含空管精神文化因素、为广大空管人喜闻乐见并形成传统习惯的仪式和活动等。空管形象标志是空管文化的可感知性象征物,充分体现了空管文化的个性和风格,具有增强系统凝聚力和激励自豪感、荣誉感的作用。三是空管文化环境,包括空管人工作、学习、生活的文化环境和办公场所文化环境等。空管文化环境,是营造空管文化氛围,创造、承载和传播空管文化的重要载体。空管文化环境建设,要把着力点放在提高环境自身的文化品位上,使人置身其中时能够感受到浓郁的空管文化氛围,充分发挥文化环境的教化作用。在文化环境建设中设计、布置的空管文化宣传品如宣传画、标语牌、灯箱等,要格调一致,数量适当,与周边环境相协调。四是空管文化产品,包括反映空管人工作、学习、生活的报刊、书籍、网络文化作品和绘画、音乐、舞蹈、影视、动漫等艺术产品。空管文化产品具有很强的感染力,对于充实空管人的精神世界,提高文化素养、陶冶情操、激励斗志、愉悦身心、舒缓压力有着独特的作用。建设空管文化,要求将物质载体建设作为重点内容,既要着力保证物质实体的经济社会意义,也要着力丰富物质实体的技术价值、美学价值、历史价值、民族特色、地域特征和人文内涵,着力提升空管行业的外在形象。

第三节 空管文化的表现形态

空管文化内涵丰富,但其本质内核是对使命责任的认同和坚守,这是国家对空管人最根本的要求,也是空管人一切思想理念和行为活动的基础。围绕这一核心,空管系统逐步形成了与之相对应的特殊文化表现形态。

一、恪尽职守、精益求精的安全文化

安全文化,指的是一个组织或企业所确立的安全理念、安全意识以及在其指导下的各种行为规范。安全文化的概念最先是由国际核安全咨询组(INSAG)于1986年针对核电站安全问题提出的。随后,与核工业一样视安全为生命线的航空业也迅速作出了响应,并提出航空安全文化、空管安全文化等概念。空管安全文化是指空管人员在长期安全保障过程中,逐步形成的,或有意识塑造且为全体人员接受、遵循的,具有空管特色的安全思想和意识、安全作风和态度、安全管理和行为规范。保证飞行安全,防止航空器相撞是空管工作的重中之重。为此,我国各级空管部门都制定了一系列的规章制度和工作程序,同时更新和升级管制运行设备并利用高、精、尖技术提高管制运行水平。但最关键的是要加强空管安全文化建设,通过文化渗透与潜移默化的熏陶,营造"安全第一"的文化氛围,形成恪尽职守的岗位风范,培养精益求精的职业素质。

对于空管人来说,恪尽职守不仅是严格执行规章制度、严守操作规范、做好各项工作的必要前提和保证,同时也是一个人精神面貌、状态的生动体现。有了强烈的责任意识,就会

把安全时刻挂记在心头,就会经常有一种"如临深渊,如履薄冰"的忧患意识,对自己所干的每项工作不敢有半点的懈怠,唯恐因自己的工作有丁点过失而影响了全局安全。同时,空管是高技术、高风险行业,要求空管人具有精湛技术,要有追求卓越、不断进取的创新精神;要有掌握新科技、攻破新技术的开拓能力;要有不断提高自身业务水平的意识和措施。人的一切活动都是在认识、情感、记忆、意志、性格、动机、能力和需要等特定的心理活动支配下进行的。管制员的工作与飞行安全密切相关,经常处于紧张和心理压力之下,面对千变万化的空中情况,以及经常出现的空中特情和突发事件,管制员需要坚定自信而不盲目蛮干,细心谨慎而不粗心大意,机智果断而不优柔寡断。

二、经略空域、彩绘蓝天的使命文化

使命文化,指的是一个组织或团体围绕着自身在社会(大系统)中所担负的责任及扮演的角色、所处的地位和所起的作用,在长期发展过程中形成并为全体人员所接受的共同理想信念、价值追求、责任意识等。我国空管系统是国家综合交通运输体系、应急保障体系和空防体系的重要组成部分,是保障公共运输航空、军事航空和通用航空发展的重要基础,担负着组织实施飞行管制和确保国家空防安全与稳定的"双重"使命。该"双重"使命决定了空管事业是中国特色社会主义伟大事业的重要组成部分。忠诚于党、忠诚于国家、忠诚于人民、忠诚于使命,是全体空管人的根本立场和最高行为准则,是空管人建功立业、报效国家最强大的思想动力。

责任与使命同在,文化与发展共荣。在使命文化的引领下,空管系统需要增强责任意识,把强烈的责任感、使命感内化为一种巨大的工作动力,仰望蓝天,经略空域。我们知道,在人类的活动还没有延伸至空中之前,天空对国家并不具有实质性作用。飞机的诞生及应用,使得空域资源从"闲置状态"转变为能够提供效用和创造价值的战略资源。对于一个国家来说,天空是国家生存和发展的重要空间,是一种稀缺资源。它与陆地资源、海洋资源以及其他资源共同构成一国所拥有的自然资源总量,是国家资源的重要组成部分。这种资源不仅与国家安全有关,而且蕴含着促进国家发展和进步的巨大价值。毋庸置疑,天空所蕴含的潜能是巨大的,而充分开发、利用和管理着国家天空的正是空管人。70多年来,我国空管人经略空域,在天空中划出条条航路,引导"银鹰"安全飞行,谱写了一曲曲开发空域、空中防卫、强国富民的蓝天之歌;空管人经略空域,维护飞行秩序,在塔台上指引着"银鹰"起落,保障着国家航空运输大动脉畅通无阻;空管人经略空域,全力保障军事飞行训练,强化战备值班和特异情正确处置,保障国家空防安全与稳定;空管人经略空域,风云里编织着绿色航线,电波上搭起那无形天梯,在抗美援朝、国土防空等惊心动魄的作战行动中,在北京奥运、国庆阅兵等举世瞩目的大型活动中,在唐山、汶川抗震救灾等紧急危难时刻,用小小的话筒擎起了"空中生命线",用胆略、智慧和忠诚谱写了一曲曲激荡人心的壮歌。

三、安全与效益相得益彰的服务文化

服务文化,指的是一个组织或行业所确立的以服务价值为核心,以让顾客满意、赢得用户信任、提升组织核心竞争力为目标,形成共同的服务价值认知和行为规范等。我国空管系统是代替国家行使空中交通管制权力的组织机构,具有部分行政职能,但从整个系统性角度看,却是一个服务性事业单位。服务是空管文化的重要内容。服务国家、服务航空、服务公众是空管系统的根本宗旨,"安全、顺畅、正点、高效"是其重要的服务价值认知和行为规范。空管系统是一个风险密集性、技术密集性和工作强度高的行业。空管安全不只是简单的飞行安全,还涉及航空发展、人的生活、社会文明以及科技进步,乃至国家稳定。在空管运行过程中,安全、效益、发展是必不可少、相互联系和制约的统一整体。其中,安全是基础,效益是保障,两者是辩证统一的。在目前及今后相当长时期内,空管服务中的文化含量、文化附加值越来越高,由文化所产生的经济效益和社会效益也越来越高。空管系统需要继续以国家经济建设为中心,不断研究国家空防安全和空域环境的变化,以及各类空域用户需求变化所带来的对服务需求的新要求,创新服务理念,增强服务技能,提高不同岗位人员对优质服务的认同感和责任感,创新服务质量管理模式,逐步实现空管保障服务工作的精细化、规范化、品牌化。

四、以人为本、绩效管理的和谐文化

和谐文化,最核心的内容是崇尚和谐理念,体现和谐精神,大力倡导社会和谐的理想信念,坚持和实行合作、团结、稳定、有序的社会准则。空管和谐文化就是指以和谐理念作为空管的核心价值观,强调空管各个部分的有机结合、适度调整、和谐统一,使空管人的需要和向往同组织的要求和目标统一起来,使得空管持续、和谐发展。和谐空管文化的构建既是建设全社会和谐文化的需要,也是增强空管凝聚力和适应能力的有效途径,体现在不同层次之间的高度和谐。首先,为了适应经济全球化和全球空管一体化的要求,我国空管系统需要营造良好的、和谐的外部环境,加快空管建设发展步伐,使我国空管在设施、技术、管理、运行等方面尽快与国际接轨。其次,空管行业与社会环境的和谐相处。建设社会主义和谐社会,需要全社会各子系统通力合作。空管文化作为众多文化构建中的一员,也是牵动社会和谐发展的重要部分。和谐的空管文化建设取得了成功,就可以影响和带动其他社会组织形成健康、和谐的文化,最终促进全社会和谐文化建设获得成功。再次,空管具有跨军地属性,这决定了"团结和谐"必然是其文化内核的组成部分,需要加强军民航空管之间的协调性,走军民航空管联合运行、融合式发展的路子。最后,从行业内部看,空管行业中部门与部门、部门与人员、人员与人员之间的和谐与平衡仅从单纯的物质利益出发是不行的,还必须在精神文化层面上寻找平衡点,必须追求各方面的和谐发展,这样才会主动去适应环境,获得更强大的生存与发展能力。

空管和谐文化建设是一个长期的过程,这是因为和谐文化本身涉及价值观、行为方式、精神状态等各个方面,而这些要素都需要归纳总结、培训指导、慢慢领悟和逐步运用。因此,空管和谐文化建设需要坚持以人为本,将尊重、依靠和信任人放在首位,通过建立激励机制,最大限度地挖掘人的潜力;通过目标引导、行为引导、舆论引导,形成共同的价值体系和道德规范。同时,还要强调绩效管理,形成一种崇尚绩效的文化环境。通过注重空管战略目标的逐级分解、上下级间的开放沟通、实施过程的精细管理、考核评价的客观公正等手段措施,优化内部管理流程,激发空管人动力,推动空管系统形成安全优质、开拓创新、公正友爱等主流价值取向。

五、开拓进取、自主发展的创新文化

科技创新是指人类科技发现、科技新思想在利用自然、改造自然、改造社会、发展社会实

践的第一次应用及其价值的实现。[2]在当今社会,原始性创新已成为推动科学技术持续发展的核心动力,构建一个良好的、有利于创新的文化环境已成为一个民族决胜于创新时代的必由之路。空管系统科学发展亦然。为了实现航空强国梦、服务国家统一管制目标和引领国际空管发展的需要,我国不断加强空管科技创新体系建设,逐步实现空管创新要素由孤立分散向汇聚融合转变,实现创新模式由单纯注重技术创新向技术创新与知识创新相结合转变,实现创新成果由注重科技研发向注重标准制定和推广转变,实现创新能力由跟踪学习向自主创新与国际引领转变,迫切需要与时俱进、科学发展的创新文化引领,大力弘扬创新精神,营造创新环境。

创新文化孕育创新事业。创新文化是与科技创新活动相关的文化形态,可以分为内在文化和外在文化。内在文化是观念文化,是价值观文化、理性文化,或是信仰文化;外在文化则是体制机制文化,是价值观量化的文化形态。两种文化从不同方向作用于科技创新活动。前者决定活动的主体能否"创新",表现为人们对创新活动的态度。后者是指创新活动所处的环境氛围,如政策法规、信息流、知识流、资金流和物流等,是创新活动的外在动力。目前,结合空管系统的实际情况和发展条件,我国已明确空管科技创新战略目标,并提出实现这一目标的主要标志:即到2030年,打造一批世界知名、具有持续创新能力的科研机构和创新型企业;建设一批标志性的国家空管重大科技基础设施;汇聚一批世界级的空管科技领军人才;形成一批国际领先的空管行业标准;构建一套开放、协同、高效的空管科技创新机制。

> **1-1 空管抒怀**
>
> 诗人艾青有这样一句诗:"为什么我的眼里常含泪水?因为我对这土地爱得深沉……"因为我们空管人有了诗人般的爱,才有了对空管工作的珍惜,有了对事业的忠诚、执着与奉献。

空管情怀 为之奉献

作者:吴明功

自古以来,美丽的天空都承载着人类飞天的梦想,每每有飞机从头顶上飞过时,孩提时的我总是仰着头傻傻地看着飞机一直飞得很远很远,心里总是有一种说不出的神秘和向往,有时当看得出神时,还会对着天上的飞机乱喊一阵,那时的我就有了飞天的梦想。我是一个地地道道的农村小孩,出生在一个农民家庭,父亲是一个地地道道的农民,为人忠厚老实,遇事爱打抱不平,敢于说真话,从小受父亲的熏陶和母亲的教育,我养成了率真耿直、敢作敢为的性格。高中是我人生转折的关键点,梦想翱翔蓝天的机会降临了,我迎来了招飞入伍的机会,经过层层遴选,很幸运地成为了一名入选的空军飞行学员,在我彻夜难眠、惴惴不安的期盼中,终于在1985年6月26日接到了学校录取通知书,正式成为了一名空军的飞行学员。这是我终生难忘的时刻,我是多么的激动和兴奋啊!又是多么的自豪和骄傲啊!仿佛自己已经置身在蓝天白云间穿梭了,俯瞰着祖国美丽的大地。经过预校三年严格的学习生活,抱着对祖国的忠诚、对飞行事业的无比热爱和追求,在1988年的7月份,我来到了飞行团,开始了我梦寐以求的飞行生涯。但令我万万没想到的是,我在飞行中反应慢、操纵缓,虽然上至团领导、下至教员,给了我无微不至的关心和培育,但我在飞行了一百多小时后仍不得不停飞。我难过极了,失落与我相伴、沮丧与我为伍,梦中始终在飞行。经过大家的耐心开导、倾心聊天,我的眼泪不流了,虽然从失落和沮丧中走了出来,但我对蓝天的情结仍痴心未改,不能重返蓝天,就一定要守卫蓝天。

管理和利用蓝天,是党和人民赋予空管人的神圣使命。1989年9月份,我顺利来到空军领航学院飞行管制系,成为了空军的一名空管人,开始了航空管制的学习生活。两年后的1991年7月,我来到了空军某机场飞行管制室,真正成为了一名飞行管制员,走进了指挥塔台,担负起了守卫蓝天的责任,用沉甸甸的小小话筒传递出保障飞机安全飞行的一道道音符,孩提时对飞机的喊叫如今成为了严谨规范、简洁明了的管制指令,在管制岗位把院校老师给予的知识和技能转化成为计划处理、管制调配、精细指挥等岗位工作能力。空管教育伴随人民空军发展的光辉历程,在形势任务中诞生,在艰苦奋斗中成长,在改革创新发展中壮大。1995年5月份,机会再一次降临,北京的空中交通管制人员培训中心招收教员,经过考试选拔,我被选调到培训中心,成为了航空管制教育事业战线上的一员,用自己的经历和知识,精心培育着一批又一批的年轻蓝天守护者。

空管意识、空管荣誉、空管使命已深深融入我的灵魂,空管将永远伴随我、激励我。情系蓝天、心系空管已深深融入我的血液,空管事业已经成为我生命中不可或缺的一部分。每当看到一批批年轻人不断跨入空管人才队伍,传承着一代代空管人执着奋斗的精神时,我的内心就无比欣慰,成就感油然而生。"忠于职守、精于指挥、甘于吃苦、乐于奉献"是空管精神的核心,是空管人对使命责任的内化,是爱岗敬业的追求,是理性思维的付出,是精湛技能的完美体现,包含着"精、准、细、严、实"的职业精神,是空管人的品质追求。空管人用胆略、智慧和忠诚,弹奏了一首首空管的美妙乐曲,谱写了一曲曲激荡人心的壮歌,践行着终生守护蔚蓝天空的铮铮誓言。

本章参考文献

[1] 马作宽.组织文化[M].北京:中国经济出版社,2009.
[2] 李丙红,余仰涛,余颖.论科技创新的文化内驱力环境[J].湖北社会科学,2002(8):95-97.

第二章

空管文化的结构特点与功能作用

空管文化包括了以空管人理论素养、思想观念、价值取向、道德情操等为主要内容的品质文化；以制度规范、行为方式、工作作风、职业操守等为主要内容的品行文化；以学文化、学科技、倡美德、展才智、树形象为主要内容的品牌文化。

空管系统作为一个特定的社会组织系统,其使命任务的特殊性和工作依据的强制性,体现出与之相对应的特殊文化结构,形成影响空管建设与实践的性质、面貌和发展的文化特点,决定了空管文化的功能和作用。研究空管文化的结构特点与功能作用,对于理解空管文化建设的内容,指导空管文化建设,有着重要意义和作用。

第一节 空管文化的结构

文化的结构,是指文化的各组成要素及其相互联系、相互作用的方式。从宏观上讲,文化的结构可从内部结构和空间结构两个层面进行分析。内部结构是指文化内部的各个部分及其组成形式;空间结构是指其在地域空间上的分布和组成形式。同时,任何文化在结构上都首先可分为两个层次:见诸文字的文化和心理文化[1]。前者是高层次的,以思想文化为主,是人们理性思考、自觉创造的结果;后者是低层次的,是人们在日常生活中形成的一些文化现象,人们对此习以为常,日用而不知,它们稳定持久而且不必见于文字,像一些地方或群体的风俗习惯、个体的心理性格等。而处在这两个层次之间并把它们沟通起来的,则是一种制度建构和行为规范文化,它们既以思想文化为理论指导,同时又以人们的生活习俗和心理习惯为现实基础。这样,从深到浅、由内而外,空管文化可分为空管精神文化、空管制度文化、空管行为文化、空管语言文化和空管物质文化五个不同的层次,其中,空管精神文化属于深层,空管制度文化属于中层,空管行为文化和空管语言文化属于浅层,空管物质文化属于表层。这五个层次文化相互影响、相互作用,共同构成了一个完整的文化体系(图2-1)。

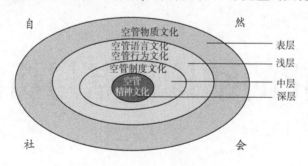

图2-1 空管文化的结构

一、空管精神文化

精神文化是文化层次理论结构的核心要素,是一种深层次的文化,既是其他文化的结晶,又是其他文化层次的灵魂。空管精神文化是空管群体在长期的空管实践和意识活动中孕育而成的文化心态和观念形态。相比而言,空管精神文化反映空管系统的本质特点,是空管行业整体面貌、能力与水平、特长与特色、生命力、创造力、凝聚力、感召力的体现。它既可以通过明确的意识支配人的行为,也可以潜移默化地影响人的行为,从而使人们自觉地、主动地承担责任和修正自己的行为,关注空管事业发展前景,维护空管系统的荣誉,为空管系统科学发展贡献自己的力量。因此,可以说,空管精神文化是在其物质文化基础上衍生出的、独具特征的、空管人共有的意识形态和文化观念集合,主要体现在空管价值追求、精神理念、思维方式、职业倾向和心理状态等方面。

价值追求是指空管人对行业存在的意义、目的、宗旨的价值评价和为之追求的群体意识,是空管人员共同的价值准则。通过价值理念的确立,建立与国家航空运输发展和空防安全稳定相匹配的政治素养和职业素养,并内化为广大空管人坚定的理想信念、科学的发展理念、执着的职业追求、稳定的践行意识和优良的品格气质。

精神理念是指空管系统基于自身的性质、任务、宗旨、时代要求和发展方向,在长期发展的过程中,逐步形成、优化和传承下来的优良传统、工作作风和精神风貌的历史积淀,是空管人理想信念和价值取向的集中体现,是全体空管人所认同的一种先进群体意识,一种内在态度、意志状况和思想境界,它具有强大的凝聚力、感召力、引导力和约束力,是空管事业生存、发展、前进的精神动力,它以空管的使命任务为基础,以服从和服务于空管发展战略的价值目标为导向,对空管系统科学发展起着决定性作用,是构建空管人共有精神家园的基石。

思维方式是在一定的理论观念和方法论手段基础上所形成的反映客观事物、思考客观问题、处理客观对象的方式,是思维结构、思维形式和思维方法的总称。空管精神文化中的思维方式,是空管人思考、认识和把握空管系统发展、安全运行及与其他专业之间关系的立场和观点,也是对待、处理和解决空管问题及其与他人之间矛盾关系的态度、方法和原则。空管文化的思维方式主要有经验思维、逻辑思维、形象思维和系统思维几种类型。每种类型的思维方式各有利弊,空管人在体制改革、理论创新、技术研发和运行管理中应当注意扬长避短,综合利用、发挥思维方式的积极作用。

职业倾向是指由一个人的接受教育程度及生活环境决定的,对某种职业类型的崇拜、追求、期盼及偏好。它是通过人的内在因素和外在表象表现出来的。其主要包括职业道德和职业作风。职业道德是空管活动过程中规范人与人之间关系的行为准则和主体意识,它要求人们依循一定的道德观念并使自己的行为符合这样的道德原则和规范。职业作风是敬业精神的外在表现,敬业精神的好坏决定着职业作风的优劣,而职业作风的优劣又直接影响着行业的信誉、形象和效益。一个人的职业倾向与其性格、人格、兴趣、能力等因素有关。管制员岗位与飞行安全紧密联系,对准入人员的职业倾向有特殊要求,通常都需要进行职业倾向和能力测评。

心理状态是指在空管系统建设发展和空管运行管理过程中形成的有关空管行业的种种情感、态度、见解、习俗等。它是一种非自觉的、松散而缺乏系统理论论证的文化现象,表现得感性而具体,或体现为个体的心理、态度和情感,或体现为群体的心理意识、情感态度和风俗习惯等。一名成熟的、合格的空管人,不仅需要有扎实的专业知识和娴熟的操作技能,还需要有良好的工作态度,要能与班组人员密切合作,发挥团队协作精神。这种态度包括主动学习、勇气、热情、毅力、公平、诚信、开朗、负责、奉献等。具体讲,就是爱岗敬业,具有组织纪律观念、严谨的工作作风、安全第一意识和密切协作的团队意识等。

总之,空管精神文化是一种最深层次的文化,处于空管系统的核心。它虽然看不见、摸不着,但却能够反映出空管行业的整体特色,塑造着空管人的人生观、价值观、道德情操、审美情趣,决定着空管的核心理念和价值追求。空管精神文化可以通过各种文化意识来引导成员的行为、心理,使其在潜移默化中接受共同的思想引导、情感熏陶、意志磨炼和人格塑造,产生一种巨大的向心力和凝聚力;也可以对全体空管人起到思想上和行为上的约束作用,使他们自觉正视道德冲突、解决道德困惑、明辨是非界限。空管文化一经形成,就会对空管人产生更持久的影响力,使每一个空管人自觉或不自觉地烙上这种精神文化的印记,从而薪火相传。空管精神文化是在长期的实践活动基础上形成、发展和完善的,是空管系统的管理者,是鼓舞组织成员斗志、激发组织成员活力、维系组织成员忠诚、调动组织成员积极性、挖掘组织成员内在潜力、推动空管工作又好又快发展的精神力量。图 2-2 为空管局直属机关团委召开共青团和青年工作会。

图 2-2　空管局直属机关团委召开共青团和青年工作会

二、空管制度文化

制度文化是指介于有形的物质文化和无形的精神文化之间,物化了的心理和意识化的物质。空管制度文化,是指空管系统在运行管理活动中所形成、遵守的,与空管精神、价值观念等意识形态相适应的,规范空管人行为方式的制度体系和组织机制。

图 2-3　空管法律法规

空管制度文化通常包括与空管有关的内部管理制度、安全管理法律法规及条令条例(图 2-3)、道德规范、行为准则以及人为制定的程序化、标准化的行为模式和运行方式等。就管制岗位来讲,空管制度的制定和遵守,其主要目的是帮助空管人建立岗位工作行为准则,以防止或减少空管不安全事件和事故的发生。通常,这些制度明确规定哪些行为应受到肯定和赞扬,哪些行为应受到批评和禁止,从而带有鲜明的强制性。例如,我国有关法规中明确要求建立防相撞工作制度体系,主要包括安全教育制度、形势分析制度、协同工作制度、信息通报与报告制度、登记统计制度、检查考核制度等,并强调各级、各部门、各单位必须严格执行,硬性地、不讲条件地执行防相撞工作制度,维护制度的权威性和严肃性。

作为空管文化中层结构的制度文化,与空管精神文化、行为文化和物质文化相比,其具有三个特征:①它是一种中介文化。空管制度文化是人与物结合的部分,它既是空管人群体意识形态的反映,又由一定物的形式所构成。空管制度文化的中介性,表现在它既是适应物质文化的固定形式,又是塑造精神文化的主要规范。制度文化对空管文化建设具有重要的作用,是培育空管文化的关键。②它是一种规范性文化。空管制度文化,是空管系统为实现其既定目标而对空管人群体的行为方式以一定的准则、方向、方式加以限制。空管制度文化的这种规范性，是一种来自空管人自身以外的、带有强制性的约束力，即他律。③它是一种政治性文化。空管制度文化，从根本上讲是社会政治文化和法治文化的一种表现形态。社会基本经济制度和政治制度的性质不同、民族文化传统和法治文化传统的不同，必然导致与国家空防安全战略、空管体制、空域管理模式等密切相关的各项空管制度的性质不同，并表现出与其社会经济、政治制度相适应的，深受其民族文化传统和法治文化传统所影响的，各具特色的空管制度文化模式。

三、空管行为文化

　　行为，一般是指人们受一定思想支配而表现于外的活动。空管行为则是指空管人群体在运行管理、岗位实践和日常生活交往过程中所选择采取的活动方式。空管行为文化，是指由空管群体通过一定的行为方式所蕴涵并表现出来的各种文化内涵的总和。它是一种以空管人群体的行为方式为形态的浅层空管文化。就空管整个系统来讲，空管人的行为方式主要有：空管运行管理行为（包括决策、计划、组织、领导与监控等）、岗位操作行为、公共关系行为、人际关系行为和生活方式等。由于不同部门、不同岗位对空管人行为关注的重点不同，本书主要研究空中交通管制员的岗位行为特点以及体现出的空管行为文化特色。这是因为管制员是代表空中交通管制单位对航空器实施指挥、控制和管理的专业技术人员，其根本任务是维护和促进空中交通安全，维护空中交通秩序，保障空中交通畅通。由于管制员的管制行为直接关系到航空运输系统运行的安全与效率，研究管制员的行为特点与风险，对于减少空管不安全事件，提高空中交通安全管理水平，实现空管的可持续发展具有重要的现实意义。如图 2-4 所示为民航空管系统加强管制人员思想和作风纪律建设活动。

图 2-4　民航空管系统加强管制人员
思想和作风纪律建设活动

　　空中交通管制是一项综合性技术管理工作，工作中的技术与管理、技巧与技能、空中与地面、静态与动态、原则与灵活、主观与客观、环境与条件等融为一体，纵横交错，错综复杂。管制员的岗位行为具有如下特点[2]：①管制员行为是典型的知识管理行为。管理行为的基本特征是以完成组织目标为目的，通过计划、协调、指挥、控制等管理职能实现对组织资源的有效利用。②管制员行为是基于管制环境做出的一种应激反应。感受到环境要素的刺激是管制员产生管制行为的必要条件，来自管制环境的刺激可能表现为不同的形式，如航空器驾驶员的请求、上级组织部门的指示、相邻管制席位的管制协调要求等。③管制员行为是高度系统化和信息化的行为。空中交通管制是管制员利用通信、导航、气象、情报、监控等系统资源在可航空域内对航空器进行的连续管理活动。各系统资源之间既互相依存，又彼此制约，任何一项资源的缺失都将严重影响管制员行为的正常实施，而管制员对各系统资源的管理和利用又是通过信息的流动来实现，管制员在实施管制行为时需要不间断地与外部环境进行信息的传递与交换，其中既包括管制单位之间的信息交流，也包含管制单位与通信、导航、气象、情报、监控等各个部门之间的信息交换。④管制员行为是一种群体行为。随着空中交通运输的发展,空中交通管制单位的组织结构和生产方式发生了明显的变化,工作量的增加和工作要求的不断提高也使得管制员不能仅仅作为一个简单的管制个体来实施对空中交通的管理,而是需要通过班组内部的分工协作来进行。同时,管制员的群体行为特征还表现在行为主体的外延呈现不断增大的趋势,空中交通管制行为不再仅限于管制员群体,来自管制外部人员(如管制服务对象——航空器驾驶员)的请求、设备的运行状况、上级的行政命令、相邻管制单位的协调要求等都会对管制行为产生重要的影响。现代空中交通管制已不再单纯属于个人行为的范畴,它需要管制员与方方面面共同协作、合力完成。

人的行为是一种复合结构,它是由两种不同性质的行为构成的。一种是生理性行为,即动物行为,包括肌体的骨骼、肌肉、神经、器官的生理活动;另一种是超生理行为,即文化行为,包括受制于各种文化意识、文化规范的各种社会实践活动、生活方式,以及有效的创新文化的活动。这是人类区别于动物界的根本标志。与人类的其他行为文化一样,空管行为文化也必然在管制员意识与行为的统一活动中生成。常言道:"听其言,察其行,知其心。"没有一定的意识的支配、导向、转化作用,空管行为文化就会丧失其文化性而退化到生理性的本能水平上,不再作为一种文化形态而存在。空管行为文化是在意识观念指导下的一种自觉的、有目的的活动方式,它是空管精神文化的直接体现。管制岗位实践表明,大量的管制员有意或无意的违章行为都是与骄傲自负、盲目蛮干、纪律涣散、思想麻痹、好奇心理以及思想教育、业务培训缺失等有关。因此,营造优良的空管主题文化——安全文化,能使管制员清晰地感受到组织文化与违章行为之间的水火不容,促使班组成员之间互相监督与提醒,并及时纠正违章行为。

四、空管语言文化

语言,是人类社会中客观存在的现象,是一种以语音和文字为标记的信息符号系统。著名人类学家爱德华·萨皮尔和本杰明·李·沃夫认为,人类语言上的差别不仅仅反映了说话者的环境,实际上还决定了他们看待世界的方法,即世界观。另外,国外一些社会学家和语言学家提出并论证了语言、思维与文化之间的关系:语言结构通常反映着文化的主题;语言也必定使我们能够对思想、思维和感情作出处理。我国语言学家许国璋更是直言:"语言是人类特有的一种符号系统。当作用于与人的关系的时候,它是表达相互反应的中介;当作用于人和客观实际的关系的时候,它是认知事物的工具;当作用于文化的时候,它是文化的载体。"空管人作为一个特定的社会群体,成员的内部沟通及其与外部社会的沟通自然离不开语言,该语言与其他社会群体没有多大差别,但与飞行安全紧密相关的陆空通话语言,以及空管宣传语言,则呈现出不同于其他社会群体语言的文化特征。同时,作为在无线电失效情况下和地面引导过程中使用的目视管制信号,虽然不是一种语言,但具有沟通功能,这些特定符号对于管制员与飞行员之间的沟通起着不可或缺的作用,在此我们一并进行介绍。

(一)陆空通话语言

陆空通话语言,是一种基于管制员与飞行员之间陆空通话时所运用的专业语言特色浓郁的符号系统。它是一种特定职业性的特殊用途语言(ESP),依赖无线电来传输和回复信息指令,形成了一套从语音、词汇、句法等有别于其他任何语言的人为特征明显、非标准口语化的半人工性语言系统。1947年,国际民用航空组织(ICAO)指定将陆空通话字母表作为航空器空中交通管制的国际性语言,后经多次修改、创造和完善,目前基本形成了国际上广泛使用的陆空通话标准用语。我国空管界基于该标准用语并结合汉语语言特点,相应创新出具有汉语特点、实用的中文陆空通话用语(详情见附录一)。

陆空通话语言的体裁独特性主要表现在三方面:①独一无二的语音系统。由于陆空通话完全依赖无线电收发陆空信息,存在通话时间短、距离远的弱点,信息容易遭受天气、设备情况以及其他无线电信号和人为因素的干扰与影响,经常发生失真和变形,导致双方误听和误解,严重影响指令交流甚至飞行安全,因此ICAO针对字母、数字及呼号等方面,创造出适用于陆空远距离不利条件下的独特发音系统,对保证陆空通畅、高效通话起到至关重要的作用。②特征明显的词汇系统。陆空通话词汇既具有ESP的一般特征,又紧密结合空管实践,体现了明显的空管陆空通话的特色。一是普通英语词汇空管化;二是大量使用固定词汇;三是广泛创造专业新词;四是首字母缩写词的大量运用。③简洁明快、固定性强的句法和语法系统。作为陆空通话的专门用语,它除了在语音和词汇方面呈现出一定的特点外,为满足航空器飞行速度快、通话时效性强、空管效率要求高的需要,在句法和语法上也体现了简短、快速、明确的独特性。一是句型模式固定化;二是大量使用祈使句;三是大量使用省略性的短小句子;四是使用现在分词表示现在和未来的动作,过去分词来代表被动和已完成的动作等。

语言是文化的符号。陆空通话语言是ICAO在总结飞行历史经验和教训基础上逐步创造、演化、完善发展而来的,其语音独一无二、含义唯一、甄别精准、简洁明快、搭配固化、句法和语法"精、准、明",看似不符合语言习惯,但在克服飞行条件下各种不利因素、保证飞行安全方面起着至关重要的作用,有较强的实用性和科学性。"安全第一"是空管事业永恒的主题,陆空通话语言蕴含着空管主题文化。"精于指挥"是空管精神的精髓,陆空通话语言承载着空管这一精神理念。"责任"是空管核心价值观的关键因素之一,陆空通话中管制员的一言一语必须对飞行安全负责,要求做到严肃、慎重和不随意,这本身就是空管语言文化的文明特征。

```
2-1  经典阅读
    按语:无线电陆空通话是当前管制员与飞行员信息沟通的主要方式,其正确与否直
接关系到飞行安全。在国际航空史上,由于无线电通话用语不标准而导致的飞行事故
及事故征候屡有发生,严重影响飞行安全。
```

陆空通话求保真[3]

作者:刘清贵

前段时间,某机场曾发生过一起因飞行员误解管制员指令而导致飞机短五边、低高度复飞的事件,值得业内人士共享剖析。笔者引用这个例子,是基于这样一种理念:航空不安全事件,是付出了安全成本的宝贵财富。通过解剖、归纳和统计这类事件,可以发现系统安全上存在的深层次原因,进而弥补完善系统缺陷,以达到增进安全裕度的目的。

一、经过

当日,机场由南向北运行。塔台管制员指挥预案是安排 A001 航班飞机在进入着陆的 B002 飞机和正在进近的 C003 飞机之间起飞。当 B002 到达跑道入口时,C003 在五边 14km 处。13 时 17 分,B002 着陆后,A001 进跑道并做好起飞准备。管制员向 A001 发布起飞指令时,C003 距跑道头 8.5km;A001 开始滑跑时,C003 距跑道头 6km。此时,C003 开始用英文联系塔台。管制员指挥 C003:"C003 Continue approach, caution your speed." 因为 C003 距跑道头 7km 时,管制员已经注意到其地速显示为 425km/h,明显大于正常值,考虑到进近速度较大,飞机外部构形设置困难,有可能无法正常落地,管制员提醒 C003: "C003 If you go around, maintain runway heading and …" 机组回答:"Roger, go around C003." 管制员立即告诉机组:"Negative, if go around…(随后马上改用中文通话)如果你复飞,保持 900m,保持一边。"C003 回答:"好了,保持一边,保持 900m,C003。"当管制员进一步向其证实:"你是要复飞吗?"C003 回答:"我已经复飞了。"此时 C003 距跑道头 4km,地速 390km/h。

二、剖析

(1)C003 机组存在运行不严谨的现象。根据雷达的测定结果,其距跑道头 7km 时,地速仍然高达 425km/h,这样大的进近速度,不可能建立正常的进近构形,不利于建立稳定的进近状态。根据该机场进近图,这个速度在起始进近点(R187°D25.0 本场 VOR/DME),即距跑道头 46km 处较为正常。在 C003 飞机的速度监控上,进近管制员也有值得检讨的地方。据了解,该机场 ATC 运行规范规定:进场管制室向塔台移交速度不大于 390km/h(雷达显示地速)的航空器。进近管制员在管制 C003 进近时,未能按规定指挥并监控其把速度调小到正常值,而是在飞机进近速度明显过大的情况下,将飞机移交给塔台,而不是与塔台协调,及时中止 C003 飞机进近或指令其复飞,造成塔台管制员对飞机的具体情况短时间内掌握不清。

(2)塔台管制员在非指令语句中不当地使用了指令性用词。塔台管制员在询问 C003 机组是否需要复飞及随后向机组安排复飞程序时,使用了"if you go around…"此时应使用 "in case of"而不是"if you",目的在于防止机组误听。按照通常情况,塔台管制员使用"in case of miss approach/over shoot",就不会造成飞行员不理解管制员的真实意图。"go around" 是指令性用词,在着陆等特殊飞行阶段使用,客观上容易使机组产生误会。

(3)C003 机组在繁忙机场情境下的英语通话能力有待提高。通话中抓中心词、抓关键词是对的,但也不能只管这些重要的词汇,要尽可能将整个指令的各要素弄清楚,合起来理解。防止所谓的"合理补充"和"合理省略"。

三、建议

(1)严格运行数据。随着民航飞行流量的大幅增长,使用一条跑道实施密集混合起降的运行方式将是一种趋势。因此,飞行员要严格按照进近图规定,控制好运行数据,什么位置是什么速度一定要严格,在起始进近点,飞机要放出起始进近襟翼等外形。大凡飞过国际航线的机组都有这种体会,国外运行要特别注意按规定数据飞行。但在国内,各机场的运行限制并没有被很好遵循,有的机组往往只考虑自己一个在飞,有的管制员也放任了这种运行模式。大速度进近的现象较为普遍,给管制员调配纵向距离带来了许多困难。因此,机组要有全局观念。没有特别指令,就是要严格按规定速度飞行,即 10000 英尺(约 3048m)以下,运行速度就是250n mile/h。在起始、中间和最后进近点控制好相应的速度。管制员要加强航空器的动态监控。管制员要充分发挥雷达等设备的作用，严格监视航空器的进近速度、高度及航迹等飞行诸元，特别是要密切监控五边进近航空器的速度和航迹。要根据需要，及时指挥航空器调整进近着陆速度，合理安排好航空器进近次序，发现航空器进近速度过大或偏离航道等情况时，应及时提醒机组或调整指挥预案。

（2）管制员要严格标准用语。"go around""take off"等属于指令性管制指挥用语，仅用于发布复飞和起飞指令时使用，其他语句中应使用"miss approach"或"departure"等非指令性语句代替。

（3）指令语言要尽可能言简意赅。在飞行员工作负荷较大的阶段，如起飞或着陆过程等动作多、程序忙、精神高度集中的阶段，管制员不应发布长句子指令或容易产生误会的指令。如上文中包含了"go around"这种让飞行员宁可信其真的敏感性指令，其前面的"if you"的发音较轻，容易在无线电中因失真而不能引起飞行员的特别注意和判断，而词组"go around"则会使机组毫不犹疑地加油门拉起来复飞，因为在这个时候，飞行员在全神贯注地操纵飞机降落的同时，期待着两种指令的声音，一个是"cleared to land"，另一个则是"go around"。因此，笔者认为此时不宜询问其是否需要复飞并安排复飞程序。因为提前告诉其复飞程序，客观上让飞行员自认为印证了这就是指令其复飞的佐证依据，往往深信不疑，加油门拉起来就走！几年前，笔者曾飞过一个机场，ATC习惯在航空器起动好后的滑行之中才发布离场指令，甚至起飞过程中发布一长串离场指令，让机组手忙脚乱，苦不堪言。因为这期间机组的劳动强度、精神负荷很大，没有更多的精力和时间来判断指令的正确性，极其容易诱发"人为因素"错误。

（4）沟通。航空运行是一个大系统、一个紧密联系的整体。飞行员、管制员是控制航空器正常运行的两种最重要的因素。两者之间联系越紧密、彼此之间越了解，运行起来就越和谐。因此，飞行员在掌握管制指挥规定和要求的基础上，到ATC指挥现场观看其如何指挥调度，到雷达管制模拟机上进行模拟指挥，可为正确理解ATC指令、树立全局观念打下良好运行基础。而管制员则可请飞行员介绍航空器性能、特殊情况处置程序，避免给一些航空器无法接受的指令。有条件的单位，可直接到飞行全动模拟机观摩飞行机组的培训，了解应急状态下飞行机组最需要来自ATC的什么援助和安全引导。在一次共同执行航班任务的过程中，国航飞行总队团委书记徐瑞机长告诉笔者，总队团委与华北空管局团委之间搞共建，飞行员与管制员之间形成了天地沟通、技术互补的和谐氛围，这种做法值得总结和推广。相互协作、理解、尊重，才能使空地更加顺畅，无线电陆空通话信息才会更加高保真。

（二）空管宣传语言

所谓空管宣传语言，是指空管部门将有关法规、政策、规章、制度以及空管服务做成海报、标语、板报、口号、名片或联系卡等形式通过公开张贴、悬挂或网络传播等语言形式进行宣传（图2-5）。这种宣传语言的文化内涵及其制作水平，可对内营造氛围、凝聚人心，对外宣传形象、展示行业文明程度。空管宣传语言可进行四方面传播：一是制度规则的传播。无规矩不成方圆。空管制度和行为规范通过公示、宣传栏等空管宣传语言，使空管人自觉地维护和遵守空管相关规定。二是知识内容的传播。由于行业的特殊性，对普通人来说，空管工作具有一定的神秘性，需要向社会普及空管知识。三是空管形象的传播。宣传空管文明新

图 2-5　空管宣传海报

风尚和良好的空管形象,对内有利于空管人对文化建设形成积极的评价和主动推进建设的热情,对外有利于空管在民众心中形象的提升,增强空管行业的社会公信力和认知度。四是空管文化建设目标、理念的传播。这是空管文化建设的一个必要手段,否则空管文化塑造出来但不经传播、不为人知,则无法发挥文化的作用。近年来,随着我国空管文化建设不断深化,在宣传空管、了解空管和关注空管等方面取得了很好成绩。"地上近点、天上远点""我的岗位无差错"已在空管业内耳熟能详,"空中交警""空中立交桥"设计者、"经略空域、彩绘蓝天"已在社会被广泛认同。目前,军民航各级空管部门营造空管文化,加强空管文化宣传已蔚然成风,如华东空管局打造"和谐空管、温馨家园"空管文化,倡导"管理民主,安全有序;局风文明,身体健康;团结友爱,充满活力",提出"维护飞行秩序、营造空中坦途"口号;山东空管局打造"安全相伴阳光家园"空管文化;东北空管局营造"星光耀空管"文化环境等。

2-2　经典阅读

按语:空中交通管制部门之间的密切协调配合是做好防相撞工作、保证飞行安全、提高飞行效率的一项关键性工作。军民航协调工作及时到位,飞行冲突和矛盾就能有效化解,防相撞工作就能落实,飞行安全就有保证。

地面近点,空中远点[4]

作者:谢林岩　陈建平　王贵忠　李正军

为认真贯彻落实民航局空管局和空军关于开展军民航"防相撞宣传教育月"活动的通知精神,结合民航系统的安全工作"十项专项整治"活动,三月中、下旬,民航西北空管局与兰空航管处就做好防相撞工作先后进行了两次军民航管制工作协调会。会上,军民航就本地区的空域结构、飞行环境、管制协调与飞行情况通报等事宜进行了座谈和讨论,特别是对军民航做好管制协调工作与防相撞工作之间的关系,进行了有益的探讨。军民航广大管制人员普遍认为:空中交通管制部门之间的密切协调配合是做好防相撞工作、保证飞行安全、提高飞行效率的一项关键性工作。协调工作及时到位,飞行冲突和矛盾就能有效化解,防相撞工作就能落实,飞行安全就有保证。

如何开展并发挥好空中交通管制协调工作在防相撞中的重要作用?就这个问题,我们的以下几点思考愿与大家共同商榷:

(1)确立由"地面近点"实现"空中远点"的积极防相撞理念。理念决定思路,思路决定出路。对防相撞工作而言,好的出路就是防止飞机相撞,保证飞行安全。所谓"地面近点",是指航空管制部门协调工作的密切性、经常性、一致性、有效性、宽泛性和发展性等;所谓"空中远点",是指基于管制部门密切有效的协调,使防相撞规定和措施得到落实,保证空中飞行应有的安全间隔。近年来,西北地区军民航管制部门认真落实上级要求,以防相撞、保安全为出发点和落脚点,扎实有效地开展协调配合工作,有力地促进了防相撞工作落实。有位领导在参加军民航管制部门协调会时,有感于前期管制协调对于后期防相撞工作落实的重要性,曾寓意深长地说:"你们管制部门之间就要多走动、多联系、多交流、多沟通,相互间关系越近越好,地面走得近一点,空中的飞机就可能离得远一点"。

(2)把握"地面近点"的高起点和全局性。军民航各级航空管制部门的领导和广大一线管制员是"地面近点"的主体和实施者,在工作中贯彻"地面近点"的理念时,一定要站位高、起点高,从全局出发。空中交通管理的高层管理者或左右一方的决策人员,在制定政策或者决定工作时,务必要放眼整个管制工作的大形势,符合我国航空管制事业科学和谐发展的需要,力避因个人认知能力、甚至个人性情化因素而导致全局性决策规定的偏颇,防止"准星"误差给实际工作埋下隐患。各级管制部门领导要避免只想着本系统的利益,提出有悖于规律的臆断性要求和主观要求,发出极端偏激的指令。高层航空管制部门要真正贯彻习近平新时代中国特色社会主义思想,在充分调研情况的基础上,立足全局谋划工作,着眼发展制定政策,体现"地面近点"的高层化,确保航空管制工作领导和宏观指导的科学化。广大拿话筒、发指令的一线管制人员,在组织实施局部空域内的各类飞行活动时,要切实把空中资源作为国家的资源来利用,把空中的飞机,无论是军航还是民航的飞机,都作为自己的"孩子"养,在保证飞行安全的前提下,以提高空域资源的使用效率为原则,科学合理地调配空中活动,为军民航飞行提供优质的空中交通管制服务。

(3)突出"地面近点"的全员性、经常性。全国军民航管制人员数以千计,管制单位数以百计。以空军、民航为主体,包括海军、陆军、通航等相对独立的管制系统有好几家,客观上要求"地面近点"的管制协调工作理念必须广泛宣传,深入人心,全面实施。首先是加强外部协调,军民航两个大系统要积极倡导和实施"地面近点"的管制协调理念,认真落实中央空管委以及空军、民航局关于密切军民航协同的规定要求,不断完善相互间的协同制度和措施,认真落实遇有重大行动和工作需要时,军民航互派管制联络员等行之有效的协同制度,保证两个大系统之间的协调顺畅和务实高效。其次是加强内部协同和配合,军民航管制系统内部也要通过"地面近点"理念,强化内部沟通和交流,最大可能地减少因"条块分割"和"层次限制"的管制工作模式给实际工作带来的不良影响。除军民航两大管制系统外,随着通用航空事业的不断发展,通航系统的管制人员也要以积极的"地面近点"理念,加强与军民航等其他有关系统管制部门之间的主动沟通和有效协调工作,以管制协调"地面近点"的全员化,带动和促进航空事业的全面发展。

(4)强调"地面近点"的时效性。在中央空管委的统一领导下,多年来,军民航管制系统已经总结和积累了很多宝贵的协调配合工作经验,而且通过定期的协调合作,不断巩固和丰富"地面近点"理念,保证了在预知条件下的各种管制协同工作的顺利开展。除此之外,临时管制协调配合工作也是体现"地面近点"理念的重要组成部分,因为管制人员每天都面对无法停下来的"空中物流群",出现临时飞行冲突、出现意外飞行矛盾是必然的,也是正常的。怎么办?这就要求一线管制人员强化"地面近点"的时效观念,遇有问题要立即协调,化解矛盾,消除隐患,有时遇到尖锐矛盾、棘手问题,电话协调效果不好时,就要马上进行面对面的沟通,现场办公,现场解决问题。总之,管制人员在遇到用现行的管制协调制度无法解决的、影响飞行安全和效率的问题时,不能拖、不能推、不能视而不见,要及时协调,主动协调,自己协调不下来的,要及时请上级帮助协调,切实通过"地面近点"的时效性,实现"空中远点"的目的性。

(5)发挥"地面近点"的弥补性。所谓弥补性,是指通过管制人员的积极协调配合,弥补实际工作中现行规定和有关指导意见的欠合理、过时以及尚未涉及等情况下的不足之处。客观上,每项政策、每份文件的出台,都基于当时的实际情况,是某一时期、某一阶段较为科学合理的规范和要求。然而随着客观环境的变化和时间的推移,老的规定就无法全面适应和正确指导新的情况,而且全国性的政策、规定变更和出台,确实需要一个过程。新、老规定更变期间,新情况、新问题出现后怎么办?就需要管制部门通过"地面近点"的有效协调、磋商、论证,达成适应局域性、阶段性新情况,能解决新问题的规定和措施,以"小规定"弥补"大规定"的不足,以"新措施"弥补"老要求"的过时现象。另外,由于军民航管制体制的不同,管制模式存在差异,给管制工作造成的矛盾,也需要以"地面近点"的有效协调进行弥补。在局部地区,尤其是部分军民航合用机场和飞行繁忙地区,如果军民航不切实加强管制协调工作,就会给飞行安全带来隐患。

(6)着眼"地面近点"的发展性。飞行安全是军民航系统永恒的话题,防止飞机空中相撞是广大空中管制人员不懈的追求。以协调顺畅为主旨的"地面近点"理念也要不断充实和发展。随着航空事业的不断发展,空中飞行流量加大与空中资源有限的矛盾会越来越突出,要求管制协调工作也必须跟上时代的步伐,适应形势的发展。从上到下,从顶层设计到一线值班,都要与时俱进,开拓创新,以发展的眼光,本着"地面近点"的理念,实现宏观管制工作的科学性、可操作性,力避缺陷和偏颇;实现一线管制指挥的准确流畅,力避人为因素的空中资源浪费现象。空中只要有飞机,就会涉及飞行安全,"地面近点"的管制协调工作就必须跟上。"地面近点"何以实现呢?一靠宣传,二靠实践。宣传就是要求军民航管制人员不断提高和统一对确立"地面近点"理念重要性和必要性的思想认识,增强方方面面管制协调工作的自觉性、主动性;实践就是要求广大管制人员在实际工作中真正协同起来、配合起来,采取灵活适当的形式,多见面、多交流、多沟通,讲问题、讲隐患、讲安全,想办法、想思路、想对策,做到及时发现问题,共同分析问题,共同研究对策,共同解决问题,把"地面近点"的管制协调理念,转化为"空中资源"的优化配置,转化为"空地安全"的实际成果。

(三)目视管制信号

当航空器上未装备无线电通信设备,或者航空器上无线电通信设备故障/受干扰无法使用时,机场管制塔台需要借助灯光、信号弹向有关航空器发布空中交通管制许可和指令,或者利用地面标识和手势代替语音指令对起飞、降落或在机场机动区内活动的航空器进行管制。通过目视管制信号,告知航空器禁止着陆,或告知跑道或滑行道关闭;运用旗语、手势对航空器进行泊位引导。目视管制信号是对管制过程中无线电陆空通话的补充和备份,对于应对无线电失效等突发事件和保障航空器场面运行秩序具有重要的意义。目视管制信号具有以下特征:一是使用场合和时机的特定性。目视管制信号仅用于机场管制活动,适用于无线电失效、危机情况下或其他管制员认为必要的情况下,辅助进行塔台管制和地面管制。二是指示意义的唯一性。目视管制信号通过灯光或信号弹的颜色、持续与闪烁,目视地面信号的颜色和形状,指挥引导手势的移动与固定,表达管制员和飞行员明了的特定含义和指挥意图,不能发生歧义。三是管制员与飞行员的互动性。管制指挥和引导活动是涉及管制员指令发布与飞行员指令执行的双边活动,为了保证飞行员对管制员指令的正确领会,飞行员收到管制员发给的灯光或信号弹信号后,应当给予回答,并按照表明的意义采取行动(详情见附录二)。

五、空管物质文化

物质,可以分为未经人类改造过的自然物质,以及人类利用一定的科学技术和生产工具认识、改造并加以利用的人化物质。物质文化即指人类在改造自然、改造社会及改造自我过程中所创造的物质成果的总和。所谓空管物质文化,是指一定社会的空管建设形态及水平表现在经济资源投入、物质条件和技术手段等诸多物质因素方面的文化内涵及其意义,以及两者之间的相互关系及相互作用的内在规律。其主要体现为空管技术、设备(装备)的现代化水平及文明程度。空管物质文化是空管文化中最基本、最常见的构成部分,它包括直接满足空管人工作需要和基本生存需要的那些文化产品,其基本功能是维持空管个体的活动需要和保障空管工作的正常运行。

空管物质文化是空管文化的所有物化形式。空管物质文化形态,主要是空管系统的各种物质设施、设备和条件。它是空管人履行职责的重要物质保证,是做好空管工作必不可少的手段。其形态主要有:①空管建筑与环境,包括军民航各级空管机关、运行管理及各级管制中心的办公、值班、会议所用建筑及设施。这些建筑与环境的设计建造既满足了空管运行的需要,又有一定的人文气息,充分发挥了美好环境对人的熏陶作用。同时,有些空管建筑与环境本身还突出了人文功能[例如多普勒气象雷达(图2-6)、机场管制塔台等],展示清晰的"视觉力"结构,从而准确地传达独特的空管形象。②通信、导航、监视、气象及空管自动化设施设备。这些空管技术设施设备是投入较大的基础建设工程,需要设立长、中、近期的建设目标来逐步实现。③空管教育训

图2-6　多普勒气象雷达

练和科研设施设备。空管人才培养质量和科学技术进步,都标志着空管物质文化水平的创新和提高。④军民航各级空管部门图书室、资料室、荣誉室及文化娱乐设施等。⑤军民航向内外公开的网络、传媒、标识等。空管形象是社会公众对空管部门行为和各种活动成果所给予的整体评价与一般认定,它是组织的主观塑造和社会客观评价的统一,是空管文化的外在具体体现。⑥空管物质生活条件,包括工资、待遇、医疗卫生保健、子女入托入学等物质待遇和福利条件。

空管物质文化既然是反映特定社会空管建设发展状况的经济基础、物质条件和科技手段等方面的高度综合与概括,那么它必然具有自身的特征。这些特征是人们借以认识空管建设与发展之文明水平的外部标志所在。主要是:①空管物质文化是一种器物性空管文化。其具体表现形态实质上是一些空管器物或工具,如建筑、各种设施设备、科技手段、教育训练设施及其物质生活条件等(图2-7)。这些空管器物形态的创造和发展是人类科学文化创造

图2-7 民航管制中心

活动的一部分及其结晶。这些器物虽然在社会不少领域中都有所表现和运用,但一旦进入空管领域,就赋予了其空管文化的特殊含义。②空管物质文化是一种表层性文化。空管物质资源投入充足与否,技术设备水平如何,其工作、训练、学习及生活设施状况优劣等,往往让人们对空管事业建设和发展状况产生第一印象,从而成为社会各界借以评价空管文化发展水平的参照物,可谓由表及里,"窥一斑而见全豹"。③空管物质文化是一种基础性文化。空管物质文化既是空管精神文化(特别是空管科技文化)的创造产物,又是其他空管文化层次赖以发展的物质技术基础。马克思主义哲学认为:物质决定意识。从总体上看,人们的全部精神都是以一定的物质文化创造为基础的。空管科技经费的投入和自主创新一旦转化为空管工作所需要的物质文化,就会对空管主体的观念形态和行为方式等诸方面产生深刻的影响。

在全社会发扬实事求是、艰苦奋斗的优良传统,倡导厉行节约、反对浪费的大好形势下,我国空管物质资源投入应当自觉服从、服务于经济建设和社会发展大局,要保证将有限的经费投入到最重要、最紧迫的空管建设中去,要树立必要的成本观念,依靠科学管理和科学技术进步提高空管效益。

第二节 空管文化的特质

历史学派的文化人类学认为,每个文化集团的历史、特点和发展规律都是独一无二的。每种文化所具有的文化特质从来都不是凭空产生的,都离不开特定的社会历史条件、所处的地理环境、所从事的物质生活方式,以及所建立的社会组织形态。空管文化总是与一定社会政治、经济、军事、航空等其他体系发生相互作用,与不同系统的其他体系存在直接或间接的联系。伴随着中华人民共和国的成立,在党中央、国务院、中央军委和中央空管委的正确领导下,我国空管事业始终在建设中发展和崛起,在改革中成长和进步,在与世界接轨中与时俱进,在吸收新鲜的文化因素中不断繁荣和壮大。新时代孕育新文化,经过几代空管人的不懈努力和追求,我国逐步构建起了具有中国特色、适应航空发展需求的空管体系,形成了能够决定空管建设与实践的性质、面貌和发展的文化特质。

一、厚重的使命任务引领

中华人民共和国成立初期,在党中央、中央军委的领导下,我国的空管工作一切从零开始,在一片空白的基础上艰苦创业,建立并完善军民航空管机构,颁布第一部空管法规,建立第一条国际航线,组建中苏民航公司,经历了保障开国大典受阅飞行等具有历史开拓意义的大事。后来,经过抗美援朝、解放一江山岛、入闽作战、国土防空作战、支援地面部队剿匪、平叛治乱作战、支援边境自卫反击作战和组织抢险救灾行动的洗礼,以及推动国家航空事业发展和保障飞行训练活动的锤炼,我国空管部门始终把保卫国家领空安全与组织实施飞行管制有机地结合起来,把航路、空域监视与提供军民航飞机飞行的实时动态信息结合起来,把防空作战责任区同飞行管制区衔接起来,把民用航空与军事航空有机地协调起来,将空管部门纳入各级作战指挥警戒系统之中,谱写了以"双重"使命任务引领空管发展壮大的辉煌篇章。

　　使命感铸就先进文化,责任心彰显价值取向。空管文化作为社会主义文化之整体的一个部分,其宗旨与党的宗旨、人民的利益、国家和民族整体文化建设的要求完全一致,突出体现确保空防安全与稳定、保证飞行安全、维护空中交通秩序和提高空域资源效益的使命任务,宣示为维护国家领空安全勇担重责、积极作为的战略志向。70 多年来,我国空管系统聚焦使命任务,融入使命实践,切实把空管文化建设贯穿到履行使命全过程,成为凝聚士气、锤炼意志、强化精神的重要保证,为增强国防战备建设、推动民用航空事业发展、促进空管科技自主创新、保障人民生命财产安全做出了突出贡献,践

行着"忠于职守、精于指挥、乐于奉献、勇于创新"的铮铮誓言。使命无上光荣,责任重如泰山。我国各级空管部门始终把专机工作作为头等大事,确保专机、重要任务万无一失(图 2-8);尽职尽责,强化战备值班和特异情正确处置;全力以赴,圆满完成非战争军事行动空管工作,彰显着"国家、责任、服务、和谐、高效"的空管核心价值观。

图 2-8　研究调配方案

二、优秀的军事文化传承

　　我国空管系统与军事航空体系原本就是"同根同源,一脉相承",从人民空军创建之日起,就由国家统一投资规划与建设,因而有着很深的军队文化烙印。我军在 90 多年的奋斗历程中,创造了特色鲜明的先进军事文化,孕育了井冈山精神、长征精神、延安精神、"两弹一

星"精神、老航校精神等,形成了"忠诚于党、热爱人民、报效国家、献身使命、崇尚荣誉"的当代军人核心价值观,创作了许多军旅红色经典,不仅是我军凝聚力、战斗力的重要保证,而且成为全党、全社会的宝贵精神财富。老航校"马拉飞机"(图 2-9)的历史佳话,用酒精代替航油和改造飞机汽化器的办法,靠红、白旗和手势指挥,用闹钟代替航空时钟的艰苦创业,形成了"团结奋斗、艰苦创业、勇于献身、开拓新

图 2-9　初创时期老航校"马拉飞机"

路"的精神。在博大精深的军事文化体系中,空管文化秉承了无比的忠诚、强烈的责任心、坚强的意志、严明的纪律等先进军事文化的思想精髓,需要继承和发扬。①无比的忠诚。忠诚,一般是指对特定对象矢志不移、尽心竭力的思想觉悟和道德情操,即忠贞诚实的思想道德品格。空管文化中的忠诚品格关乎服务方向、服务宗旨的政治性的集中考量,其基本内涵是忠于党、忠于人民、忠于祖国和忠于社会主义。②强烈的责任心。空管既有军队的血脉,又有现代组织管理理论滋养。"安全系于责任,责任重于泰山",履行使命、职责高于一切的理念深深地扎根于空管人的心中,成为空管文

化的关键因素。③坚强的意志。中华人民共和国是在西方敌对势力的诅咒、封锁、扼杀中崛起、成长和壮大的,空管事业发展有着同样的历程,在困难重重的状况下,空管人历次出色地完成了党和国家交给的艰巨任务,实现了空管系统科学的发展壮大,并在世界空管领域占有一席之地,靠的就是坚强的意志。④严明的纪律。一切行动听指挥,强调高度统一、绝对统一,执行规章制度绝不遮遮掩掩、姑息迁就,始终维护规章制度的严肃性和权威性。

> **2-3 文化寻根**
>
> 按语:《航空管制》的创刊可追溯至1957年,《航空管制》杂志工作者们在极其艰苦与匮乏的环境下克服重重困难,历经数载,见证了航管事业的建设发展,围绕航管事业耕耘,记载了每一时期的战时研究、国际形势、英模人物以及主编背影,用历史和故事动态交流着航管人自己的文化,搭建了航管人专业探索的平台,见证了航管人与时俱进的印迹,用一代代航管人的心血与情怀激励着我们砥砺前行。

《航空管制》中的历史[5]

作者:乔文炳

2019年6月的一天,为查找专业书籍材料,我去了学院资料室地下一层仓库。工作结束准备返身,偶然一瞥,发现零乱的包装麻袋之间散落着几本《航空管制》杂志!走近捡起,细细抹去厚厚的灰尘。杂志封页陈旧,纸质粗糙暗黄,轻轻翻开,字迹却清晰可辨!出于职业本能,我如获至宝,把这几本杂志全部仔细收集到办公室的文件柜里。后来,心里一直惦记着这事,希望再有所收获,一有空就下到仓库,探宝似地寻觅着,果然在犄角旮旯里又陆续找到了几册零散的杂志合订本。

自2014年担任《航空管制》主编,整日埋头杂志的具体事务,一期一期地出版杂志,总算完成了航管局机关和学院领导交办的任务。但编辑部资料柜里只有近期杂志,缺乏以前出版的资料,现在找到这些散落的杂志,就像遇到了失散已久的故友。随着收集杂志增多,自己又有了新的目标。为了目睹前人的风采,为了杂志有一个完整历史,为履行职责、完成使命,我决定全面收集整理历期《航空管制》杂志。

凡事想着容易行动难,资料室几度搬迁,成包的资料堆积如山,同时受时间久远、保密核销等诸多因素影响,找到自己想要的东西如同大海捞针。在学院地下仓库无数次地翻箱倒柜,发现收集的资料依然不全,我又先后求助航管局机关资料室,进入原空管培训中心仓库翻阅,问询有关战区空军航管处和部分机场管制室的资料室,多方借力,唯恐遗珠。功夫不负有心人,我最终集齐了一整套自1977年以来所有杂志的合订本。有些机会稍纵即逝,一旦失去就成为永远的遗憾;有些事物一旦失去,就永远不得相见。2020年7月,因大学组织保密检查,学院地下仓库的资料都被进行了纸浆化处理。如果当时没有进行收集整理,可能再也见不到这些老《航空管制》杂志了!

一套《航空管制》杂志合订本整齐地摆放在桌面,他们有的散发着仓库淡淡的霉味,有的飘荡着幽幽的书香,粗糙泛黄的纸张浸透着历史的沧桑,色彩鲜艳的页面则洋溢着时代的生机。翻开一本,抚今忆昔,泪眼蒙眬,《航空管制》杂志的前世今生,在我的眼前最终汇聚成清晰的影像。

杂志之创建及复刊篇

1956 年 7 月,空军在北京召开第四届航行工作会议,提议把建军几年来,全军各级航行调度部门在保证各种飞行的实际工作中摸索到的好的工作经验进行总结整理并交流推广,以提高工作质量和改进工作方法。为此,空军司令部做出了"整理航行调度工作经验"的指示要求。各级航行调度人员积极响应,认真总结,精心撰写了经验体会材料 43 篇,空军于当年年底将这些稿件编辑成册,汇编成了《航行工作经验选编》,这便是《航空管制》杂志的雏形。《航行工作经验选编》从 1957 年开始印发,之后每年不定期发行。20 世纪 60 年代,《航行工作经验选编》由于诸多因素停办。1977 年,《航行工作经验选编》重新开办。1982 年,《航行工作经验选编》更名为《飞行管制》。为了便于读者保存和学习,航管局于 1984 年 1 月决定,将 1977 年以来出版的航管杂志制成合订本,把 1977 年至 1981 年出版的《航行工作经验选编》1~19 期合为一期,作为 1982 年《飞行管制》第 1 期。从 1982 年第 2 期(总第 20 期)开始,《飞行管制》每季度出版 1 期,每年发行 4 期,遇有大事发增刊,截至 2020 年 6 月共出版 188 期,再也没有间断过,这就是我们现在看到的《航空管制》。

1957 年至 60 年代、1977 年至 1982 年这两段时间发行的数十期《航行工作经验选编》,原飞行管制系教员们曾经将其装订成册保存,这次搜集杂志时我们暂时没有找到这些资料,令人扼腕叹息。

1987 年第 1 期杂志发表了多篇文章,庆祝《飞行管制》创刊三十周年。1994 年第 1 期起,《飞行管制》更名为《航空管制》。"飞行管制"四个字由书法家舒同的弟子题写,"航空管制"四个字则由书法家启功亲自题写。

杂志之航管体系篇

在庆祝空军建军五十周年时,1999 年第 3 期的杂志发表了《空军组建航空管制机构简介》,简要介绍了空军航管机构的历史。

1949 年 3 月,中国人民革命军事委员会决定成立航空局,这就是空军的前身。5 月,航空局设航行管理处,下设航行、场务两个科,这便是空军最早的航管机构。11 月 11 日,中国人民解放军空军领导机关,以第四野战军 14 兵团直属机关为基础,加上军委航空局人员,在北京正式成立。15 日,经毛主席批准,空军司令部(参谋部)成立,空军司令部下设航行处,编制航行管理、场站两个科,后调整为航行、领航、气象三个科。1950 年 11 月 1 日,中央人民政府革命军事委员会主席毛泽东发布命令,颁布《中华人民共和国飞行基本规则》,明确"中国人民解放军空军司令部航行处,是统筹中国境内航行的中央机关",从而确定了航行机构的性质和使命。1951 年 12 月,航行处编制航行、领航、助航设备、地图、气象五个科。1952 年 9 月,空司机关机构调整,航行处一度撤销,后根据工作需要又恢复设立。1963 年 6 月 28 日,空军司令部航行处改为航行局。1992 年 10 月,空军司令部航行局改为航空管制部。2016 年,军队体制编制改革,空军司令部航空管制部更名为空军参谋部航空管制局。

杂志之战时研究篇

"飞翔!飞翔!乘着长风飞翔,中国空军在烽火中成长。"

人民空军是在战争中诞生并成长壮大的,航空管制专业也随着保障作战任务而发展。

1950年，空军第一次开设了航行调度干部培训班，目的是为抗美援朝培养航管干部。战时航空管制工作研究一直是航管工作的主题之一，1983年第2期刊登的原沈空航行处《战争初期的飞行管制工作探讨》，是1982年以来杂志中所见的第一篇研究战时航空管制的文章。1985年第3期刊登的原兰空航行处李永德处长的《从〈航空航天作战概则〉看美国在现代战争中的飞行管制》，是通过研究美军条令，揭示战时飞行管制目的、作用和组织领导的一篇重要文章。2007年第3期杂志对空军组织的战时航空管制保障工作研讨会进行了集中报道，杂志一直清晰地记录着，战时航空管制是航管工作的重中之重。

杂志之国际视野篇

1973年12月，空军党委请示国务院、中央军委，提出《建议进口空中交通管制自动化设备》的建议，建议从英国、法国购买两套自动化航管设备，分别安装在北京、上海。1974年4月，周总理批示"同意照办"。空军的航管部门是全军较早同国际先进技术接触的部门，不少同志出国培训进修，"国外空中交通管制"栏目刊登了大量文章，介绍国外航管情况，1977—1982年的杂志摘录汇编中，这部分内容占文章总量的四分之一，例如《法国空中交通管制》《美国空中交通管制通信系统的发展概况》《美国空军航行调度通信网》《瑞典训练空中交通管制员的要求及做法》。1985年第3期的杂志还刊登了《五国空中交通管制情况》，介绍法国、英国、美国等国家的航管情况，此外张胜利、李文新等一批作者还翻译或撰写了许多其他国家航管情况的文章。

杂志之英模人物篇

1976年7月28日唐山大地震，在震后的15天里，时任唐山机场航行调度室主任的李升堂及其战友们，昼夜奋战，指挥3000多架次救援飞机安全起降，为抗震救灾做出了突出贡献，该调度室被中央军委授予"集体一等功"。1990年3月24日，东方航空公司CA502航班由香港飞往上海，因天气原因备降杭州，期间飞机迷航且下降至安全高度以下，危急关头，原南空航行处田德启、王荣义指挥飞机紧急上升，避免一起民航班机撞山的重大飞行事故。国务院、中央军委领导高度重视，南空隆重举行庆功大会，表彰"3·24"有功人员，田德启和王荣义荣立一等功，王俊荣荣立二等功。就这样，杂志无声而如实地录制着每次重要活动或者重大事件中航管人全力以赴、勇敢担当的身影。从毛主席、周总理的专机任务到中华人民共和国成立初期多项重大外事活动保障，从唐山紧急空运到"5·12"汶川大空运，从东北大兴安岭灭火到南方抗击洪涝灾害，从对越自卫还击保卫边境作战空中威慑到我战机远海越洋巡航，有飞行的地方就有航管人的身影。2020年除夕之夜，武汉抗疫紧急空运，又有多少航管人在岗位上默默地践行使命和担当！

杂志之主编背影篇

1977年杂志重新开办时，没有专职的编辑部，杂志编辑工作由航行处集体负责，时任处长的陶耕田同志做了大量工作，发表了多篇文章。从1988年开始，孙正同志专门负责杂志编辑工作。2002年第4期(总第111期)杂志目录页首次出现了编辑部名称，主编为孙正。2005年第4期(总第123期)开始由徐德津同志担任主编，直到其2014年退休。2013年第4期(总第156期)开始，由我担任主编。往事悠忽，人如过客，每每见杂志而思人。

第一任主编孙正同志，德高望重，清正廉明，业务精湛，工作一丝不苟，态度平易近人。孙先生1951年1月从第七航校领航专业毕业进入空司航行处工作。1986年1月，国家空中交通管制局成立,孙先生任国务院空管局空中交通管制司副司长。1987年12月,国务院机构改革,孙先生重回空司航行局,专心致志地编辑航管杂志,直到2005年因身体原因离开编辑部。2005年前后,我担任杂志校对工作,有机会见到了孙老先生,至今难忘他讲述最引以为自豪的一件事:1960年2月3日下午,山西平陆县风陵渡一处工地发生食物中毒,61名民工生命垂危,当地政府通过国家卫生部向空军求援,空军紧急指派独3团出动飞机,及时将解毒药品连夜空投到事发地,挽救了61名兄弟的生命。当时《人民日报》和全国各地的报刊、电台对此事都做了报道,《为了六十一个阶级兄弟》这篇文章还编入中学课本,影响了一代人。孙老先生就是当天的空军管制值班员,从接受地方政府求援到飞行任务请示、协调、执行都是他完成的。

孙先生业务精通,勤于钻研,曾参与编写了1964年版《中华人民共和国飞行基本规则》,这是中华人民共和国成立后由中国人起草的第一部航管法规,刘亚楼司令员亲自过问并具体指导,历时三年完成。在编辑部工作后期,他更是结合航管工作笔耕不辍,担任十多年的主编,发表了许多有见解的文章。2005年第1期杂志发表的《在航管楼前的遐想》,是孙先生发给杂志的最后一篇文章,结尾一句话:"我永远热爱祖国的蓝天和航空管制事业!"赤子之心,拳拳之情,殷殷之意,跃然纸面!《航空管制》杂志承载着所有航管人的情怀。

第二任主编徐德津同志,1982年从空军第十六航空学校航行调度大队毕业,留校担任航空管制教员和训练参谋,1992年调入空军司令部航空管制部航行处,筹备空军空中交通管制人员培训中心的建设,1996年起担任培训中心副主任,一直是我的单位领导。

不论是担任普通教员、机关参谋,还是走上领导岗位,徐德津同志都以工作认真、踏实细致著称。他对航空管制的教育和理论研究工作有着多年的实践和认真探索,在担任杂志主编工作期间,除了完成杂志编辑出版发行日常工作,先后多次参与组织空军空管理论和发展研究研讨交流的文章征集、评奖工作,主持编辑了《空军空管理论研究论文集》,积极推动空军空管工作科学发展的理论研究。

这次收集整理工作历时大半年时间,虽艰辛而曲折,但得益于多方齐心协力,最终达成目标。2019年底,我们报请空军机关和学院领导批准,开始对这些合订本进行扫描电子化处理,相信大家很快就能通过军综网浏览杂志全貌了,杂志从此再无遗失之虞,我也如释重负!

一本杂志,是航管人专业探索的平台,是航管人与时俱进的见证,是航管人的学术本、工作簿和肖像册,她涵盖的内容涉及航管的方方面面:有历史、有故事、有动态、有交流、有感悟……或文字或图片一点点镌刻着一代代航管人的心血与情怀,是航管事业发展的编年史,是航管人奋斗的流动画卷,时刻伴随我们砥砺前行。

在此我真诚地感谢航管界的前辈们,是你们一路披荆斩棘创办了《航空管制》杂志,让我们今天还能回望航管的光荣历史,领略航管人当年的风采;感谢原飞行管制系佟生、王淳、金光凑等老教授们,是你们对事业的忠诚和极端负责的作风使得杂志延续如初;真诚感谢原航空管制系图书馆的诸位同志,在经历多次保密检查、资料销毁和数度搬迁后,仍以认真负责的态度保留着《航空管制》;也真诚感谢各级领导的大力支持和有关单位的全力配合。

三、博大精深的中华文化积淀

我国空管文化诞生、成长和繁荣于中华大地这片沃土,必然释放着浓郁的中华文化精神的芬芳。孔子(图2-10)曰："礼之用,和为贵。"孟子(图2-11)说："天时不如地利,地利不如人和。"《淮南子》称："天地之气,莫大于和。"中华文化主张"和合""天人合一",注重人格,崇尚道德,倡导"刚健有为,自强不息"等。这些博大精深的中华文化精神正是空管文化的底色和源泉,在空管文化建设中起到奠基作用。①内和外顺。"和合"是中华文化的内在精神,"和"即和谐、和睦、祥和、持中,"合"即合作、融合。空管行业的性质决定了"和合"必然是其文化内核的组成部分。具体表现为"内和"与"外顺"。"内和",即内部关系融和、协调,即管制、通信、导航、监视、气象等部门之间有机地联结起来,协调运转。"外顺"即与外部关系融洽、顺畅,指空管系统在服从国家建设大局的前提下,与服务对象、相关单位及军民航之间建立的一种相互信任、相互支持、和谐共赢的关系。②以人为本。中华文化注重人格,强调人的价值与尊严,尊重人性,强调人伦,充分肯定人的力量。空管系统作为事业单位,具有行政管理的功能。空管工作的高风险、高强度特征给一线管制人员带来很多的工作压力,需要让阳光充满家园,必须创导一个温暖、健康、公正的主题文化,让关心、关爱、体谅、宽容成为一种风尚,营造出一种具有亲和力的文化氛围,激发人们的工作激情和创造能量,增强团队的协作精神和单位内部的凝聚力。③崇尚责任。中华文化崇尚道德,重视人的精神塑造,不仅倡导修心、立志,而且强调自律,即讲诚信、礼仪、谦和、敬业、乐群与宽容,更崇尚责任,知责思为,尽职尽责。"有职必有责,履职必尽责,失职必问责",空管工作与空防安全与稳定、飞行安全紧密相关,责任心不仅是严格执行规章制度、严守操作规范、恪尽职守地做好各项工作的必要前提和保证,而且也是一个人精神面貌、状态的生动体现。有了强烈的责任意识,就会把安全时刻挂记在心头,就会经常有一种"如临深渊,如履薄冰"的忧患意识,对自己所干的每项工作不敢有半点的懈怠,惟恐自己的工作有丁点过失而影响了安全。④爱岗敬业。中华文化倡导的"刚健有为,自强不息",在空管领域的要义就在于敬业和乐业。敬业就是要敬重、热爱自己所从事的职业;乐业就是要力求做出乐趣、做出成绩。因为只有敬业和乐业才能保持自尊、自信、自主和自立,以及奋发向上的顽强的生命力和百折不挠的开拓进取精神,以积极、乐观、有为的态度对待人生。

图2-10 孔子　　　　　　　图2-11 孟子

四、多元的外来文化激荡

空管文化是一个与时俱进、不断吸收外来多元文化的先进因素的发展过程。与"国际标准"接轨,引进空管新技术、学习借鉴发达国家的先进经验和遵循国际惯例,是空管文化充满活力、永葆青春的源泉。由于历史原因,20世纪70年代以前一段时期内,我国空管系统体制和技术装备水平极大地落后于国际先进水平,远不能满足国家空中运输迅速发展的需求。

为改变我国空管系统装备的落后状况,在周恩来总理的亲自关怀和组织下,我国开始大量引进国外先进空管系统和装备,同时大力推动国内空管系统装备研制和产业队伍建设。从20世纪70年代的法国汤姆逊公司,到后来的美国洛克希德·马丁公司,正是在向这些跨国公司的学习和借鉴中,我国的空管装备发展逐渐走出了一条适合自己的发展道路。伴随着空管技术设备的引进以及与国际社会的广泛合作,我国空管文化在交流与碰撞中,不断培育、建设符合国情、具有行业特征的特色文化。作为联合国的常任理事国和国际民航组织的Ⅱ类常任理事国,我国不仅采纳国际标准,执行《国际民航公约》的有关规定,正确理解和全面执行国际民用航空组织(ICAO)的标准与建议措施,而且相继出台了一揽子适合我国国情的政策性法令和技术法规、技术标准,而其中许多内容已同ICAO标准与建议措施取得一致,对国际航空运输业的发展做出较大贡献,在标准与建议措施的执行上走在世界的前列。同时,相继吸收"执行力""班组建设""风险管理""航空安全管理""航空安全无惩罚自愿报告系统"等舶来概念,并引入新航行系统(CNS/ATM)、全球空管一体化、单一欧洲天空等空管新理念。

五、与时俱进的时代责任推进

文化是时代精神的凝聚,时代昭示着文化特征。回顾我国空管的发展历程,主要经历了三种管理模式。不同时期的管理模式呈现出不同的文化特征。我国的空管事业是伴随着人民空军的创立和发展而兴起的。1949—1986年间,我国的飞行管制工作一直由国务院、中央军委授权空军统一组织实施。这一时期,责任、安全和纪律严明是空管文化的主基调,艰苦创业、坚韧不拔是主要的文化基因,执行文化是这个时期的主要特征。1986—1993年间,我国正处于空前深刻的社会变革和转型时期,改革开放和行政体制改革同步进行,民航脱离军队建制,改为国务院直属局。随着国家经济发展迅速,社会对民航需求越来越旺盛,全国掀起一股"购机热""修机场热""办航空公司热""开航线热",但我国航空基础设施落后,飞行员短缺,飞行安全管理、安全措施、人才培训和规章制度建设均跟不上发展的步伐,致使我国又出现了事故高发期,尤其是航空器相撞事故、事故征候频繁发生且类型多样。这一时期,军民航各级空管部门在促进国民经济发展、保证飞行安全、维护飞行秩序中,充分履责,确保空管建设和发展,安全文化成为当时空管工作的主流文化。1993年以来,我国空管文化建设进入新的历史时期。随着国家空管体制改革战略目标的分步实施,我国空域资源管理走向科学化,空管基础设施逐步改善,航空安全管理理念不断创新,探索出适应我国经济社会发展的航空安全监督管理新途径,为我国航空运输创造了"安全、快捷、通达、舒适"的空中交通环境。在此期间,空管技术自主创新,空管队伍素质不断提高,空管运行逐步规范,服务意识不断增强,服务文化和创新文化成为这一时期文化的亮点。

近年来,在中央空管委正确领导下,我国空管文化建设取得较大成就(图2-12),空管文化已从"自在"走向"自觉",从"自觉"走向"自

图2-12 空管文化建设活动和成果

信"。我国空管系统加强文化建设的战略部署,明确文化建设的总体思路和具体原则,展示着中国空管的外在形象;加大顶层筹划和投入,组织完成空管文化建设"八个一工程",即编辑出版一套空管丛书,创办一本空管杂志,开设一个"中国空管网站",建立一个新闻发言人制度,设立一个空管节日,创作一首空管歌曲,拍摄一部空管系列专题影片,建设一个新营区空管文化长廊。积极开展空管文化研究,探索空管文化内涵,寻找空管文化建设的方法和路径,形成了一系列具有空管特色的文化成果;军民航空管部门深入开展创先争优活动,组织岗位练兵、知识竞赛和演讲比赛,通过文体协会活动展示空管风采。通过自觉的文化建设,撷集了空管多年来逐渐形成的、被全行业人员普遍认同的空管使命、共同愿景、核心价值观和空管精神。空管系统拥有对党和人民、对国家空管事业热爱和忠诚的人才队伍,尤其是吸引和集聚了大批知识层次高、奋战在一线的年轻管制员。空军广大管制员讲政治、爱岗敬业,养成纪律观念和严谨有序的工作作风,保持着昂扬向上的精神状态和文明健康的生活方式,彰显着空管独特的文化优势。民航空管系统开展了"边远台站万里行""三员交流活动""职工技术比武""管制员训练营""艺术节"等系列活动,文化创建工作载体形式多、参与热情高。其中,民航局空管局和中国民航报社联合开展的"边远台站万里行"深入人心、成果丰硕,采访足迹遍布23个省、5个自治区、4个直辖市,前往民航雷达、通信导航台站100余次,共同采访报道了37家台站,完成了民航空管系统时间最长、规模最大、影响最广的一次行业文化宣传教育活动。

2013年,在十二届全国人民代表大会一项会议闭幕会上,习近平主席深情阐述了"中国梦",并指出:"中国梦是民族的梦,也是每个中国人的梦。""中国梦"也深深地镌刻在广大空管人的心中。他们的"中国梦"与蓝天有关,与建设航空强国有关,包括让公众和谐出行的"安全梦"、提高航班正点率的"顺畅梦"、用发展推动和谐社会建设的"和谐梦"。一个"中国梦",激励着多少人的奋斗理想。航空强国,空管先行。航空强国是国家富强的重要标志,是民族复兴的必然要求,是人民幸福的外在体现。如今的空管人适逢实现"中国梦"的发展机遇,"中国梦"为空管文化建设提供了根本遵循和行动纲领,为空管人带来了实现梦想的机会,也为空管文化增添耀眼的光彩。我国空管人牢牢把握发展契机,让"圆中国梦、走复兴路"的理念在空管领域落地生根,成为空管人当下思考的重要议题。"中国梦·空管梦·我的梦"主题教育实践活动(图2-13)是空管文化建设的重要组成部分,是空管人宣传教育引导的重要抓手。全国空管领域掀起围绕"中国梦"的文化建设热潮,召开"实现中国梦、青春勇担当"主题团课,开展"我的中国梦"主题宣讲活动,启动"中国梦·希望翼·空管情"系列活动。通过诗朗诵、歌曲、舞蹈、舞台剧等多种表现形式展现了空管人忠诚、感恩、奉献、进取的特质。广大空管青年胸怀理想,志存高远,主动融入"中国梦";脚踏实地,着眼当前,积极践行"中国梦";热爱生活,拥抱明天,努力托起"中国梦";积极投身到空管跨越式发展、建设航空强国的伟大征程中去,用"青春梦"托起"中国梦",用"青春梦"共筑"空管梦"!

图2-13 中国梦·空管梦·我的梦

第三节 空管文化的功能

　　空管文化建设的目的就是通过教育传播与文化实践提高空管系统组织成员的文化素质,从而在空管系统形成一系列被广大人员认可和接受的意识、观念、道德标准、行为规范,进而在空管系统中形成一种艰苦奋斗、同甘共苦、积极进取的整体意识,调动广大空管人的工作积极性,提高空管人的自觉性,激发空管人的创造性,增强空管系统的凝聚力,加快空管建设发展的步伐。空管文化的功能集中体现在"内聚人心、外塑形象"两个方面,具有凝聚、导向、塑造、约束和激励等基本功能。认识这些基本功能,是认识空管文化建设目的与建设意义的基础。

一、聚焦使命任务

　　聚焦使命任务,是指空管文化唤起所属人员对行业使命的认同感以及对所处群体的归属感,从而形成统一思想、步调一致和团结协作的黏合力,产生一种巨大的向心力和凝聚力。我国空管系统担负着确保国家空防安全与稳定、维护飞行秩序、保证飞行安全、提高飞行效益等使命任务。空管文化建设的本质特征是树空管之魂、育空管之人,通过弘扬空管职业精神和培育空管核心价值理念,激发全体成员对身为空管一员的自豪感,从而凝聚成为一种"使命至上"的感召力;促使每个成员在集体意识和团队精神的推动下,主动将共同的理想信念和精神追求外化为自觉的行动,积极参与到空管系统建设的伟大实践中去,用统一的意志和同步的行动推动空管系统科学发展,图 2-14 所示为民航东北空管局"铭记使命责任,青春守护安全"演讲比赛。

图 2-14　民航东北空管局"铭记使命责任,青春守护安全"演讲比赛

　　回顾 70 多年的发展历程,我国空管系统始终聚焦使命任务,坚定理想信念,胸怀政治责任感和国家使命感,坚决执行党中央、国务院、中央军委的决策部署,无论在党和国家面对威胁、战胜挑战的斗争中,还是在国家面临灾难、困难和重大活动中,始终勇于担当重责,有效履行使命。新世纪新阶段,聚焦使命任务这一文化功能还将一如既往地贯穿于空管文化建设发展的各领域全过程,空管文化与使命任务必将同频共振、同步拓展,在空管文化建设领域发挥更新更大的作用。当前,我国面对的是一个"多元、多样、多面、多变"的世界,新思想不断涌现,新技术不断更新,新问题接踵而至。空管使命一如既往,空管工作任重而道远。

需要我们充分发挥空管文化聚焦使命任务的作用,用空管文化力激活管理力和技术力,增强凝聚力、执行力和创造力,进而增强核心竞争力;不断丰富人的精神文化生活,提升人的精神境界,形成共同理想和精神支柱;将"忠于职守、精于指挥、乐于奉献、勇于创新"的空管精神转化为指导空管工作的正确理论和有效方法,本着"国家、责任、服务、和谐、高效"的空管核心价值观不放松,铭记使命责任,守护空中安全;以先进的技术和精湛的工艺,不断开辟我国空管系统自主创新的路子;以追求卓越的勇气、先进的理论和科学的方法,实现空管安全、有序、高效运行。

二、引领行业发展

引领行业发展,是指空管文化能够对空管群体的价值取向和行为方式起牵引和导向作用,使之符合空管系统所确定的整体目标。空管文化一经形成,就建立起一套自成系统的价值观念和规范标准。如果空管群体及其成员在价值取向和行为方式上与其产生悖逆现象时,空管文化将通过自身价值系统的重塑和调节引导其成员的行为心理,使空管人在潜移默化中逐步接受、内化为共同的价值观念,自觉、自愿地把空管系统的整体目标变为自己的追求目标。70多年来,我国空管事业从白手起家、引进国外技术设备到自主研发空管自动化系统,积极采纳并运行 ICAO 统一标准,逐步完善高度层改革、空域改革、区域管制中心建设等,在安全水平提升、保障能力增强、新技术应用及文化建设等方面取得巨大成绩。这些成绩的取得,不仅得益于中央空管委的坚强领导及军民航空管部门的共同努力,也得益于不同时期空管文化先进理念的战略引领,更得益于一代代空管人对共同愿景和理念的广泛认同,从而激发出推进空管系统建设的巨大潜能。

当前,面对全球空管一体化的进程与实现航空强国的目标,我国空管系统需要加快跨越式发展的步伐,以国家战略为指导,将空管的发展融入国家经济社会建设的大局;面对快速增长的航空运输市场需求与长期积淀的矛盾和粗放型管理方式,我国空管系统需要以更高的思想境界和更新的战略眼光,提出符合我国空管发展规律的指导思想和工作思路,努力实现"五个转变";在空管任务更加繁重、科技信息含量日益扩容增加和多元思想文化并存的新时代,空管文化以其物质技术形态、制度规则形态和观念精神形态,从不同的方位,以不同的方式对空管系统全体成员的政治品质教育、价值观念形成、行为规范养成和审美情趣进行引导,培育"国家、责任、服务、和谐、高效"的空管核心价值观,熔铸"忠于职守、精于指挥、乐于奉献、勇于创新"的空管精神,遵循空管系统发展规律,坚守职业操守和行业规范,营造丰富多彩、品味高尚、陶冶情操、历练品质的文化环境。

三、塑造高尚人格

塑造高尚人格,是指空管文化对空管系统成员在启迪心灵、陶冶情操、追求卓越、愉悦身心等方面的教化影响功能。文化的社会功能很多,但最基本的功能是塑造功能,即对人的教化。一个非空管职业的普通人,一般来讲是不太了解空管科学文化知识、不掌握空管专业技能和行为规范的,但当他经过测评选拔被录取到空管院校或被吸纳到空管队伍行列之中后,空管组织通过正规的空管院校教育、职业培训和岗位带训等方式,以及浓烈的空管文化环境氛围熏陶,则能够加快其空管素质化的过程,使其从知识、技能、态度、心理到行为方式逐步归属于空管群体。在此过程中,空管文化的塑造高尚人格功能发挥至关重要。①空管文化通过弘扬先进文化、建设文化环境、组织文化活动、开展文艺创作、举行仪式庆典等各种形式,采用润物无声的教化、春风化雨的疏导、耳濡目染的感化和潜移默化的影响等多种方式,在启迪空管人的心灵、确立崇高理想、塑造优秀品质、培养职业精神、学习先进事迹、规范行为习惯等不同层面,对空管系统全体成员的成长进步产生了极大的教育引导作用。②其次,空管文化通过其文化精神、文化氛围、文化环境、文化产品和文化活动,默默地影响着空管系统全体成员的人生追求、精神境界以及生活态度。空管文化歌颂社会主义取得的伟大成就,弘扬党和人民军队的优良传统,弘扬空管战线高尚的职业精神、职业道德和工作作风,激励空管人树立崇高的精神追求,形成崇尚荣誉、崇尚职责、热爱空管、建设空管、献身空管的使命感和责任感,显示出文化育人的巨大力量。③在空管文化建设中逐步形成和不断完善的文化环境和文化氛围,如主题雕塑、文化长廊、局域网络、宣传板报、标语横幅、荣誉室、阅览室等载体,传递了空管优良传统、职业道德、典型榜样、提醒警示等导向信息,引领空管系统全体成员统一道德意识、规范行为习惯,形成良好作风,使有形的文化环境发挥了无形的文化塑造作用。④空管系统各级单位广泛开展的歌曲演唱、文艺演出、演讲比赛、技能竞赛、体育比赛、读书征文和创先争优等富有益智性、趣味性和进取性的文化活动,对广大成员陶冶情操、修养品行、提高素质和愉悦心情、释放压力、增强体质发挥有效的文化调控作用。尤其是通过学习空管建设发展进程中涌现出来的英雄人物、先进典型,以及观赏体现空管战线精神风貌的文学、影视、音乐、美术、书法、摄影和舞台艺术精品,使一代又一代空管人的精神世界受到空管文化所倡导的理想信念、价值观念、道德规范和行为准则的精神洗礼,用高尚的审美情趣发挥文化的艺术感染作用。

四、规范岗位行为

规范岗位行为,是指空管文化对空管人思想和行为的规范和制约,达到心理调控、言行自律的规范协调功能。空管文化一旦形成,就会反作用于人,影响人、约束人,尤其是其中的制度文化和行为文化,本身就具有规范性。这种规范性从本质上说,是对相同文化环境下的人建立起一套约束人的标准。约束人的文化力量大体包括两类,一类是约束思想的价值观及理念体系,另一类是约束行为的制度规范体系。空管系统是一个有机整体,空管人在岗位上的心理图式、操作程序、语言表达等都有一定的活动流程、规范标准和评判标准。制约空管人岗位行为的因素主要是空管制度文化、行为文化和精神文化等。

空管制度文化的主体是由空管的基本法规、技术法规和管理法规等构成的空管制度体系,集中反映出空管实践在法制领域的认识深度和广度,是保持和发挥空管战斗力和保障力的先决条件,对空管系统全体成员具有刚性的文化规范作用,能够提高全体成员落实条例制度的执行能力,实现用法规制度规范人的行为,用组织纪律约束人的行为,用人际关系协调人的行为,使那些具有文字约束意味的制度规范在空管实践中变成每个成员自律的意识和自觉的行动,促使全体成员以主人翁的态度,自觉完成自身心理调适和自我行为控制,自觉做到依据岗位规范和要求工作。

空管行为文化的核心是空管职业道德实践过程中自觉遵循的工作作风和行为准则,对空管岗位具有柔性的文化规范作用,具体表现为空管人的思想意识、心理情感、伦理道德、工作行为等要适应空管岗位的特定要求,自觉塑造优秀的品质、敬业的工作态度和良好的思维方式。

空管精神文化通过空管价值观的内化、空管精神的熔铸和强烈的文化熏陶等,使空管人达到自我心理约束和自我行为控制,为空管人自愿奉行文化规范提供精神支撑,实现有形的制度与无形的价值之间的高度融合。

五、激励精神斗志

激励精神斗志,是指空管文化能够激发空管人产生一种情绪高昂、发奋进取的效应,形成热爱空管、献身空管、爱岗敬业的良好氛围,展现空管人的敬业精神、形象风貌。空管文化体现了崇高的爱国主义和团队协作精神,蕴含了听党指挥、履行使命的宗旨意识,不怕牺牲、攻坚克难的战斗意志,无私无畏、乐于吃苦的奉献精神。它们是确保空管系统履行新时期、新阶段历史使命的重要保证,是提升空管运行保障能力的重要源泉,为空管系统全体成员提供强大的精神动力,必将激励广大空管人发扬光荣传统,汲取奋勇前进的精神力量,为空管事业奋斗不息、战斗不止。

空管文化的激励精神斗志功能主要表现:一是良好的空管文化能够产生精神振奋、朝气蓬勃的风气,形成你追我赶的良好环境和氛围,将空管人的被动学习转化为自觉行为,化外部动力为内在动力。良好的空管文化还能够进一步强化空管人的精神理念、共同的价值观,强化使命感、忧患意识和责任感,进而激发工作的积极性、主动性和创造性。二是空管文化能够激发空管人的创造性。一个组织的成功与否,关键是成员创造性的发挥。空管文化能够以统一的思想凝聚人心,以执着的信念聚合发展动力,以前瞻的眼光锁定发展方向,以创新的理念理清发展思路,以科学的方法破解发展难题,以坚强的意志保持发展锐势,在文化领域抢占战略制高点,提升空管软实力,才能确保国家空管科学发展不断推向前进,才能为国家统一管制体制改革实践提供高端引领和前瞻指导。三是空管文化坚持"以人为本"的理念,创造出一种人人受重视、受尊重的文化氛围。空管人取得的成绩得到肯定、赞赏,做出的贡献得到褒奖、宣传,从而进一步激励他们不断进取、不断创新。空管文化在鼓励要求成员热爱空管工作、献身空管事业的同时,也强调改善空管工作环境和生活条件,加强教育培训、文化娱乐设施建设和增加学习、培训机会等,努力将个人利益与集体利益和荣誉联系起来,使成员以主人翁的态度积极参与工作,从而使空管文化对成员产生持久的内在驱动力,成为其自我激励的一把标尺。四是空管文化形成一种激励环境及激励机制。这种环境和机制胜过任何行政指挥和命令,将"要我安全"转为自觉的"我要安全",化外部动力为内部动力,提高管理的效率。

第四节 空管文化的作用

空管文化的作用,是指空管文化在孕育、形成和运用过程中所产生的各种影响力及由此而产生的结果,是空管文化功能的外在显示。研究空管文化的作用,对于进一步认识其本质、重要性以及如何发挥空管文化的功能,具有现实意义。

一、在增强国家文化软实力中发挥重要作用

党的十九大报告强调指出："文化是一个国家、一个民族的灵魂。文化兴国运兴,文化强民族强。没有高度的文化自信,没有文化的繁荣兴盛,就没有中华民族伟大复兴。要坚持中国特色社会主义文化发展道路,激发全民族文化创新创造活力,建设社会主义文化强国。""讲好中国故事,展现真实、立体、全面的中国,提高国家文化软实力。"空管文化承载着推进社会主义文化强国建设的重要职责,不仅深刻影响着国家空管系统科学发展方向,同时作为当代最具活力、最具吸引力、最具主导力的文化分支,还有力促进着我国社会主义文化的整体创新发展,发挥引领风尚、教育大众、服务社会、推动发展的作用,成为国家"名片""识别码"以及与国际文化交流的"窗口",直接关乎我国在世界航空界的形象和话语权,是国家文化软实力的组成部分。

"软实力"(Soft Power)这一概念,是由美国哈佛大学肯尼迪学院院长约瑟夫·奈教授在1990年《注定领导世界:美国权力性质的变迁》一书及同年在《软实力》论文中最先提出并阐释的。他认为,相对于由经济、科技、军事实力等表现出来的"硬实力",以文化和意识形态体现出来的"软实力"是一种吸引力和影响力,可以让别的国家不由自主地跟随你。我国学者认为:"国家繁荣富强靠什么呢? 主要靠两种力:一种是硬实力,一种是软实力。""在国际较量中,一个国家硬实力不行,可能一打就败;一个国家软实力不行,可能不打自败。"[6]"缺少文化高度的软实力是短视的,缺少文化深度的软实力是肤浅的,缺少文化包容的软实力是狭隘的,缺少文化创新的软实力必然会僵化和萎缩。因此,从根本上看,软实力之所以关乎民族兴衰、国家强弱、人民贫富,主要由其中的文化软实力因素决定。"[7]

以此为鉴,空管文化是贯穿国家空管软实力的经纬,是维系国家空管软实力的灵魂。我们加强空管文化研究和建设的根本目的,就是通过提高空管文化软实力,对内凝聚人心,对外展示形象。一是从"发展手段"向"发展目标"转型,充分认识文化的战略地位,科学看待文化与发展的关系,自觉把空管文化建设与设施设备建设一道置于空管现代化建设的总体布局。二是从"软任务"向"软实力"转型,不断强化空管文化的"国力意识"。文化作为软实力是综合国力的重要组成部分。强化空管文化"软实力"意识,既要注重文化发展数量和规模,更要注重文化发展的结构和质量;既要强调发展速度,更要注重全面协调可持续发展;既要注重实力的增强,更要注重体制机制的构建,将文化"软实力"建设当作"硬任务"来抓。三是从"小文化"向"大文化"转型,自觉树立科学的文化发展观。空管文化相当于空管行业的精神文明,它是个"大文化"概念,而不是行业文学艺术类的"小文化",要统筹思想道德与科学技术、文学艺术的发展。军民航空管部门要以提高空管人素质为核心,以文化精品生产为重要载体,以改革创新为重要动力,担负起推进空管文化改革发展的政治责任,把文化建设摆在全局工作重要位置,纳入空管系统发展战略之中。四是进一步增强走出去的紧迫感,在对外交流与合作中发展强大。"沧海横流,方显出英雄本色。"空管文化在对外交流与合作中展示形象、赢得主动、提升核心竞争力。文化交流具有对外宣传的功能,其重要意义不仅仅体现在文化上,要重视以文化的方式向世界宣传中国空管,妥善回应外部关切,增进国际社会对我国基本国情、价值观念、发展道路、内外政策的了解和认识,坚持以我为主、为我所用原则,努力赢得国际航空领域竞争的战略主动,实现空管制度和标准的国际化,在此基础上

建立起国际航空领域规则的"中国标准"、空管运行管理的"中国经验",从而使中国成为一个积极的国际空管文化建设的参与者、空管新模式的缔造者,影响甚至引领世界空管文化发展。

二、在确保国家空防安全与稳定中发挥基础作用

空中国防是国家运用以空军为主的有关力量,为保卫国家主权和空中安全而进行的各种活动[8]。空中国防的概念最早是由美国航空战略家、军事航空理论奠基人威廉·米切尔于1925年在《空中国防论》(图2-15)一书中提出并阐述的。他在书中指出:"一个国家没有完善组织和装备的空中力量就不能称其为强国,因为,空中力量不论从军事或经济的观点看,不仅控制了陆地,而且也控制了海洋。空中力量在未来国际竞争中,不论是在军事或民用方面都将是一个决定的因素。"[9]现代国防是由陆防、海防和空防组成的统一整体。空中国防是现代国防,尤其是那些奉行防御战略国家防务的最重要组成部分。其主要任务是,组织对空侦察、警戒、巡逻,适时处置各种异常空情,歼灭或驱逐非法入侵的飞行器,保卫国家领土主权不受侵犯和领空安全;制定领空管理和空情处置的法规、政策;部署空防力量,组织空防工程设施的建设;根据作战对象、战略方向和全国要地分布情况,划定全国防空作战区;依法对国家领空实行航空管制;组织指挥空防作战,掩护国家重要战略目标和战区空中安全,实施空中攻防作战。[10]

图2-15 威廉·米切尔及其《空中国防论》

空管系统与空防系统的有序链接,将更好地支持空中目标的监视识别、飞行动态的实时掌握、空中交通的顺畅有序,将有效提升防空作战的快速反应能力,保证国家领空安全。现阶段,尽管世界大战爆发的可能性非常低,但我国周边地缘矛盾复杂,敏感地区多,不安全因素十分突出,面临的空中威胁具有综合性、复杂性和多变性,外敌空中侦察、窜扰可能长期存在,空中军事斗争准备将会持续一个相当长的时期。对于包括空管在内的作战指挥机构和航空兵战备值班部队以及各种勤务保障部队而言,每年365天,每天24小时都要处于战备状态,随时监督、控制飞行动态,处理各种空情、特情。同时,随着国家利益垂直向上和平面向海洋拓展,责任空间和活动空间由航空空间向临近空间、外层空间上延,由内陆本土向国家战略利益区外溢,国家安全和发展对空管提出了更高、更全面的战略需求,维护国家空天安全、保障空天资源开发和利用的重任责无旁贷地落在空管人肩上。

从国家空防安全与稳定的高度定位空管的责任,这是空管文化的根本所在。

空防安全实践,孕育着空管文化,也催生着空管文化,迫切要求空管人在精神层面上进

行深刻变革,以扩展的眼界、敏锐的目光、宽广的胸怀、创新的思维,把握国家空防安全战略需求,树立科学的空天价值观、空天安全观和空天力量运用观,增强凝聚力、创造力、战斗力,高标准、高质量、高效率地完成确保空防安全与稳定的使命任务。

担起国家空防安全与稳定的责任,这就是空天时代国家需要的、必须塑造并践行的空管文化的精髓所在。空管是国家空防警戒系统的组成部分,承担的责任是战略责任、国家责任。为了支撑国家利益存在和拓展,空管必须将领空管理与新的空天一体化建设相结合,将空域管理与新的公海空域管理相结合,将维护空中交通秩序与应对空中突发事件相结合,将飞行动态监视与监视领土领海争议区的空情相结合,支撑国家经略空天和空间利益存在,以适应国家航空事业快速增长和多元化发展趋势对空管文化提出的新要求。

三、在实现航空强国战略中起到支撑作用

实现航空强国是我国航空界立足现实、面向未来做出的战略选择,体现了我们党和国家与时俱进、科学发展的信心、决心和远见。一个国家是否达到航空强国有两个重要指标:一是航空硬实力,二是航空软实力。硬实力主要包括:拥有世界先进水平的设施和设备;拥有适应本国需求的航空运输网络;运营水平和管理效率居于世界前列;本国航空公司国际竞争力强、运输市场份额大。软实力主要包括:主导和参与国际民航规则和标准制定的能力强;维护本国利益的国际谈判能力强。[11]可见,航空强国不仅表现为民航业在国家经济社会发展中发挥战略作用,而且具有很强的服务大众能力、国际竞争能力和创新发展能力。而这一切都有赖于统一全行业的思想认识,集中全行业共同的智慧和力量,强调以行业文化为基石,以共同的奋斗目标和价值取向为保障。放眼国际上美欧等航空强国,他们不仅有庞大的运输市场,充足的运力保证,更重要的是,他们是国际规则的制定者,他们是全球市场的支配者。这种优势恰恰植根于长久积淀的深厚行业文化底蕴。自由创新的文化精神激励一代代的科学工作者掌握民航领域的尖端科技,执着进取的行业精神鼓舞企业家打造出一个个享誉世界的国际品牌,坚强自信的民族传统激发行业管理者率先创立起自己的行业系统规则,并向世界推广。因此,航空强国"强"在内涵,"强"在灵魂,强大的行业文化支撑是建设航空强国的内在要求。空管作为我国航空运输的三大主体之一,在从航空大国迈向航空强国的征程上,扮演开创者、探路者角色。

首先,在全球空管一体化大背景下,与国际接轨,广泛学习航空发达国家经验,建设满足民航发展需要的运行管理系统,推进新技术研发及应用,加快基础设施建设,提高安全管理水平,使空管文化建设同航空强国战略相吻合,坚持用社会主义核心价值观凝心聚力,用高尚的精神统一思想,用科学的管理规范行为,用优秀的品牌提升形象。通过空管文化的塑造,促进空管人思想认识和观念实现科学统一,并争取在世界空管理论和文化领域的话语权,对实现航空强国做出独特而重要的贡献,为实现由航空大国向航空强国的历史性跨越争取到必要的"土壤、阳光、雨露和春风"。

其次,建设航空强国归根结底要靠人,人的问题要靠文化解决。从文化的功能角度来分析,空管文化的功能总的来说有整合和导向功能,针对个体、群体和整个行业等不同层面作用的表现又不一样。针对个体,空管文化具有塑造人格、精神约束的作用;针对群体,空管文化起着目标、规范和行为整合的作用;就整个行业而言,空管文化具有社会整合和导向的作

用。尤其在当前这个思想活跃、认识多元、资源重组的时期,更需要有一个沟通桥梁和情感纽带,把全空管行业紧密地凝聚在一起,心往一处想,劲往一处使,共同为一个目标而奋斗。这条纽带正是空管文化。另一方面,空管文化作为空管运行管理的有益补充,说到底是对人的管理,最科学、最完善的制度也只能管到人的行为,永远不能管到人的内心深处。空管文化正好能弥补制度管理的不足,它以人为中心,以确立空管价值观为核心内容,构筑空管行业独特、先进的文化态势,凝聚全员的斗志和智慧,形成独特的空管精神。

最后,空管文化内涵要符合建设航空强国需求。赋予空管文化什么样的内涵,决定了要建设什么性质的空管文化,也决定了空管人的思维导向。周恩来总理曾做出重要批示:"保证安全第一,改善服务工作,争取飞行正常。"这成为我国航空工作长期坚持的指导方针,对促进空管大发展起到积极促进作用,是历史上空管文化内涵的典型示范。新时代空管文化内涵的典型范例是"空管持续安全理念、系统安全理念",并成为空管安全文化建设的指导思想。因此,我们要把握住世界航空强国发展的基本规律,科学认识和吸取国外空管文化建设的经验,以先进的空管文化激发空管人投入工作的积极性、主动性和创造性,增强团队的凝聚力、向心力和战斗力,发挥空管人的奉献精神、进取精神和创新精神,全面提升空管人的安全素质。

四、在推动空管系统科学发展中具有引领作用

空管具有跨国际、跨军地的特点,涉及空域管理、管制指挥、法规标准、科研教育等多个领域。当前,我国空管建设发展正处在新的起点上,进入深化改革、加快转变发展方式的攻坚时期,军民航空管联合运行和低空空域改革正有计划、有步骤地实施。到2030年,我国空管将走出一条把国际空管发展规律与我国实际相结合的发展道路——中国特色国家统一管制模式。新型国家统一管制模式的组织形态、运行机制、架构层次、业务流程及标准规范将赋予空管工作新的内涵;新型国家统一管制模式的战略定位、目标愿景、能力标准及运行环境,将使空管的使命任务比以往更丰富、更艰巨。面对新任务、新形势和新挑战,稳步推进空管系统科学发展,客观上需要先进的空管文化引领。这是因为:

第一,国家空管体制改革本质上是思想文化的转型,空管大发展呼唤文化大繁荣。当前,我国空管领域人员的思想、精神状态总体上是良好的,是符合空管大发展要求的,但文化建设与空管系统科学发展的要求不适应,已经成为当前制约空管事业进一步发展的因素之一。军民航空管人只有振奋精神、艰苦奋斗,以统一的思想凝聚人心,以执着的信念聚合发展动力,以前瞻的眼光锁定发展方向,以创新的理念理清发展思路,以科学的方法破解发展难题,以坚强的意志保持发展锐势,在文化领域抢占战略制高点,提升空管软实力,才能确保国家空管科学发展不断推向前进,才能为国家统一管制体制改革提供高端引领和前瞻指导。

第二,空管文化是协调空管物质文明建设与精神文明建设全面发展的"调节器"。空管文化对行业发展的影响,一方面通过其核心价值观来选择、判断发展战略是否符合空管价值取向,会不会偏离发展的基本宗旨;另一方面建立对空管使命、愿景、价值观的广泛认同,支持空管发展战略的实施。也就是说,我国空管事业发展,不仅要靠物质投入、空管设施设备现代化、空管教育训练正规化等有形的物质文化建设为基础,而且还要靠先进的群体意识、理想信念、科学知识等无形的空管精神文化的塑造加以调控,才能保证其健康持久发展。而空管文化建设正是融二者为一体,促使其协调发展,是配置、驱动空管"硬件"的"软件"。

第三,空管文化的创新和发展是空管现代化建设的"推进器"。空管现代化是一个包括空管物质技术系统、空管制度体系、空管行为方式等方面在内的整个空管文化方式的变迁过程。这个变迁过程的实质,就是实现空管文化方式质的飞跃。空管物质技术现代化,若没有历史唯物主义的生产力观和现代科技文化意识作先导,是难以实现的。空管人才队伍综合素质现代化,若没有科学的教育观、正确的用人观,不重视人的主体性和潜能调动,空管队伍素质就难以提高。空管运行管理现代化,若没有科学的系统观、价值观以及完善的制度文化体系等,也难以实现人与物的有机结合。空管意识形态现代化是空管现代化的最高层次,确立先进科学的空管核心价值观、道德意识和行为规范等,是指导和推动空管现代化建设的思想基础和精神动力。因此,空管现代化需要变"控制人""管理人"为"激励人",不断进行分类指导,充分挖掘潜能,充分运用智慧;变"硬管理"为"软引领",大力营造积极向上的文化氛围,弘扬高尚的思想情操,培育良好的行为习惯;变"由上而下的推动"为"由下而上的能动",充分调动广大空管人参与文化建设的积极性,努力使空管人产生一种归属感,一种归属于一项重要任务、一种神圣事业的使命感。它既为空管运行管理提供了精神源泉和动力,又为空管思想政治工作找到了物质载体,形成了人与物相结合、以人为本的现代空管运行管理观念,从而增强其吸引力和感染力。

总之,在国家大发展、文化大繁荣、社会大转型的时代进程中,在中央空管委统一领导下,我们要深刻领会十九大精神,在习近平新时代中国特色社会主义思想指导下,着眼实现社会主义文化强国的宏伟目标,以社会主义核心价值体系为统领,坚定理想信念,努力提炼和践行空管精神及核心价值观,并将其融入空管战略筹划、军民航空管联合运行、教育培训和研究开发的全过程,贯穿于国家统一管制体制改革、军民航联合运行和低空空域改革领域,体现到精神文化产品创作生产传播各方面,在全领域、全行业形成统一的指导思想、共同的理想信念、强大的精神支柱和基本的道德规范,全力打造凝聚时代精神和行业特征的空管文化,树立起空管文化的时代品牌。

本章参考文献

[1] 徐长安,刘宝村,陶军,等.军事文化学[M].解放军出版社,2009.

[2] 李晶,华昕.浅析影响管制员行为的心理因素[J].江苏航空,000(003):11-12.

[3] 刘清贵,机长视野[M].中国民航出版社,2008.

[4] 谢林岩,陈建平,王贵忠,等.解析由"地面近点"实现"空中远点"[J].空中交通管理,2005(3).

[5] 乔文炳.《航空管制》中的历史[J].航空管制,2020(3).

[6] 张国祚.中国文化软实力研究大有可为[N].光明日报,2009-12-15.

[7] 郑飞.软实力研究中的若干重大问题——访中国文化软实力研究中心主任张国祚[N].中国社会科学报,2010-3-9.

[8] 威廉·米切尔.空中国防论[M].李纯,华人杰,译.解放军出版社,2005.

[9] 中国空军百科全书(上卷)[M].航空工业出版社,2005.

[10] 国际观察.空防空管一体化监视识别系统[N].解放军报,2005-12-21.

[11] 贾进.民航强国发展战略研究[J].综合运输,2011(1).

第三章
空管文化的价值取向

　　精神理念表征的是行业发展的精神动力和精神风貌；核心价值观表征的是行业服务方向和根本任务。二者集中反映了空管人共同的价值追求、行为准则和精神支柱，是空管系统整体面貌、能力与水平、特长与特色以及生命力、创造力、凝聚力、感召力的体现。

价值取向既是文化存在的外在表现,又是文化力的主要体现。就空管系统而言,价值取向是空管文化研究的一个基本理论问题,是每一位空管人都无法回避的。确立正确的空管文化价值取向并构建其核心价值体系,是空管文化建设的首要问题。它既对空管文化建设的理论与实践起着导向作用,也有利于空管系统形成共同的价值追求和强大的精神动力。

第一节 价值取向的概念与特征

价值取向是价值体系中的一个问题,它是对价值的定位及认识,表现出突出的特点。研究空管文化的价值取向必须首先明确价值取向的基本概念及其主要特征。

一、基本概念

价值取向(Value Orientation)是价值哲学的重要范畴,关于价值取向和价值观的探讨,最早的经验性研究出自文化人类学中的文化与人格学派。文化人类学家克拉克洪(C. K. M. Kluckhohn)认为,价值是一种外显的或内隐的,有关什么是"值得的"看法。[1]值得与不值得意味着人们在认识上面对各种事物现象所做的抉择或所寻求的行动方向,这就是所谓的价值取向。20世纪80年代,随着"价值热"在我国哲学论坛上的兴起,价值取向这个词就在日常生活或在文章著作中经常使用。但究竟什么是价值取向?尽管不同的学者、从不同的角度和不同的层面对价值取向的概念认识有一定的差异,但在揭示价值取向与人们行为的密切相关性方面却是一致的,并认为:价值取向是指一定主体基于自己的价值观,在面对或处理各种事务、矛盾、冲突、关系时所持的基本立场、态度以及所表现出来的基本倾向。就日常生活而言,价值取向常常表现为一种"热":如出国深造作为一种价值取向,就表现为"出国热";领导干部重视相应的学历教育,作为一种价值取向就表现为"读研热"等。就一个组织而言,价值是组织的行为标准和思维准绳,一切取舍都由价值取向确定。组织文化的价值取向是文化与主体需要之间的关系在人们意识中的反映,是人们对一种文化价值的主观认定、理性判断、情感体验和意志保证。其实质就是组织对其文化价值的定位及认识。这既区别于组织文化的知识体系,又区别于组织文化的思维方式。弄清楚组织文化的价值取向,就等于组织文化建设者掌握了文化建设的方向和途径。就人类社会而言,实践的第一个内在动力是人的需要,第一个外在指向就是价值取向。没有需要,就没有物质资料的生产,就没有人类其他一系列认识活动和实践活动。没有价值取向,人们就不知道如何组织生产和活动,不知道如何构建并保证社会诸系统结构的合理性和运动机制的畅通。因此,社会文化的价值取向不是一个孤立的文化因素和文化现象,它是整个社会价值系统有机构成的一部分,既深刻反映着特定社会条件下的一般社会价值取向,反映着该社会的性质和面貌,又极大地影响着社会各种价值观念的形成和发展,同时还指示着一定社会文化建设方向,左右着该社会文化发展的基本格局。

综上所述,文化的价值取向问题,是文化建设中一个带有根本性的理论和实践问题,不同的文化价值取向体现着不同的价值体系。空管文化作为一种组织文化,上承社会文化的价值取向,下接组织个体的价值取向。其价值取向是空管人共有的基本信念,是他们在空管行业建设发展中所持的基本价值立场、价值态度以及所表现出来的基本倾向,集中反映了空管人共同的价值追求、行为准则和精神支柱。空管文化价值取向集中体现了空管行业的思想精神、是非标准和行为准则,是空管文化的精髓,在空管文化建设中居于统摄和支配地位,决定着空管行业的发展方向。建设空管文化肯定是有价值的。而这种价值的指向性是什么,这种指向性有何作用,以及如何构建这种价值指向性等,这些问题直接影响空管文化建设的成败,关系到空管事业的科学发展。

二、主要特征

价值取向是一种文化学层面的社会价值理念,是一个时代人文精神的集中体现,具有多样性、历史性和实践性等特点。

(一)多样性

价值多元化和价值取向多样性是现代社会的一大显著特点,也是世界各国空管文化差异性的具体表现。目前,世界各国国情不同,空域资源的特点不同,航空运输业的发展现状也不同,这些都决定了各国空管系统的建设、运行和管理等方面各不相同,但概略上都属于以下三种体制模式:一体化模式、联合模式和协调模式。这些不同管制体制模式背后却隐含着各自国家文化的独有性及价值取向的多样性。

美国由联邦航空局(FAA)制定统一的法律、规章,管理整个国家的空域,对美国领空内的空中交通实施管制,以便为使用美国领空的所有用户提供空中交通服务。FAA 的隶属关系是灵活的,平时属于运输部,战时划归国防部。其特点是管制权限高度集中,和平时期国家空域资源可得到最有效的利用。多年来,FAA 时刻围绕着"提供全球最安全高效的空域管理系统"的使命,其下属的空管机构制定的战略管理计划和商业计划一直贯穿着"安全、服务、价值"的远景目标,其政策、组织结构改革和调整始终围绕着"基于服务和面向工作绩效"的价值取向。

在欧洲地区,中小国家林立,飞机半个小时内就可飞越多个国家,因此飞机主要用于国际航行。但是如果各国的空管法规千差万别,通信、导航、监视及空中交通管理设施五花八门且互不相容,欧洲地区的国际航空就不可能得到安全、快速的发展。鉴于欧洲空域结构的复杂性,2001 年,欧盟委员会通过了加强航空安全管理的"一揽子计划",主要包括采取紧急状态应对办法、统一航空安全规范和建立"单一欧洲天空"。其中,"单一欧洲天空"计划是要在全欧洲范围内建立统一、高效的空中交通管理系统,涉及安全、用户需求、国家主权、防务和环境责任等问题,具体包括空域的组织管理、流量管理、航路和终端管制、航站交通管制等方面。这既是欧洲安全航行组织(ECAC)的任务,也是 ECAC 追求的价值目标。[2]

(二)历史性

价值哲学认为,价值取向的产生和形成不是偶然的,而总是体现出历史性的特征。在人类社会发展过程中,价值取向的形成总是与当时社会的政治、经济、军事、科技等多种因素有关。追溯世界空管的发展历史可以看出,早期的航空技术不成熟、管制手段落后,保证飞机起降安全和防止航空器空中相撞成为空管文化价值取向的主要内容。1930 年后,随着航空科学技术和航空工业突飞猛进地发展,尤其是第二次世界大战中空中力量的空前使用,空管的功能从机场和航路保障逐步延伸到作战指挥系统之中,空管文化的价值取向强调战区空域管制和空防安全等。20 世纪 80 年代,世界范围内的航空业飞速发展,跨洋飞行和远距离飞行活动频繁,国际交流与合作不断加强,人们对航空安全的要求越来越高,同时系统工程、人机技术和安全技术广泛应用于空管领域,空管自动化程度不断提高,"安全、顺畅、合作、效益、服务、创新"等成为这一时期空管文化的价值取向。

在我国空管文化经历的起步、成长和蓬勃发展的三个历史阶段,其价值取向也呈现出特有的历史轨迹。早在中华人民共和国成立前夕的 1949 年 3 月,中国人民革命军事委员会便成立军委航空局。5 月,在军委航空局设立航行管理处。随后,我国依托空军建立国家空管体制和运行机制,在空军司令部下设航行处,并在全空军从上至下建立下属的空管机构。这是一种睿智,更是一种战略,符合中华人民共和国成立之初百业待兴、大规模社会改造和恢复经济建设的现实情况,适应了当时国际形势的需要。这种价值取向明确反映出强调空管工作在军队建设中的重要地位,也为空管文化在核心理念、政治觉悟、道德共识、行为规范等方面烙上浓厚的军队文化色彩。1978 年改革开放后,随着我国经济建设的不断发展和对外开放的进一步深入,我国的航空事业特别是民用航空运输业出现了前所未有的发展势头。为适应形势发展的需要,我国成立了国务院、中央军委空中交通管制委员会(简称"国家空管委",现为中央空管委),负责统一领导全国的空中交通管制工作,并由空军统一组织实施全国的飞行管制工作。为了紧紧围绕国家经济建设这个中心,确保航空事业的快速发展,对我国境内飞行高度层配备方法进行多次改革,优化了空中飞行流量管理,提高了空域资源的利用率。这一时期,以经济建设为中心,是空管文化的价值取向最鲜明的特征。1993 年,我国确立空管体制改革的战略目标,以实现国家统一管制为价值取向,形成了以开拓创新、科学发展的进取精神为核心的空管文化。

(三)实践性

恩格斯说:"我们不应该为了观念的东西而忘掉现实主义的东西。"基于这个思想,我们同样可以说,当人们观察和研究某种文化价值取向时,不能忘记从这种文化精神的背后深入探寻其植根于现实的物质关系和现实的社会价值关系。也就是说,人们不能忘记考察价值取向的实践性。价值取向的实践性一方面指价值取向的形成依赖于社会实践,另一方面指价值取向反作用于社会实践。首先,价值取向的形成依赖于社会实践。价值取向虽然同个人的选择有关,但这并不表示价值取向具有个别性。没有现代航天技术的高度发达,人们不可能产生遨游太空的价值追求;没有领先的信息技术,就不可能提出"信息主导"的价值观念。如果某一种价值取向脱离了科学技术的发展和生产工具的应用水平,这种价值取向就会因不可能实现而成为虚假的价值取向。其次,价值取向反作用于社会实践。价值取向对社会实践的反作用具体体现在价值取向的社会功能上。价值取向反映了人们在长期的社会实践活动中所形成的某种共同的价值理想,凝聚着社会主体对自身利益和自身创造活动的根本态度和强烈追求,具有强大的凝聚力和渗透力,影响和支配着社会主体的实践活动,有效地协调和规范着社会生活各领域。

价值取向一旦形成就具有某种稳定性,规定着社会主体所进行的价值评价、价值选择、价值创造等活动,成为社会主体认识世界或改造世界的内在尺度。价值取向之所以具有这种社会规范功能,是由人的活动所特有的个体性和社会性决定的。空管文化中的"国家""责任"等核心价值理念决定了空管人必须树立忠于职守、高度负责和乐于奉献的工作态度,

"高效"核心价值理念决定了空管人必须发扬科学严谨、精于指挥和勇于创新的工作作风。"和谐"核心价值理念决定了空管系统必须倡导以人为本,极力营造和谐共赢的工作氛围。同时,空管文化推崇的价值取向必然对当代空管人的思想行为具有统摄、导向、激励、凝聚和规范作用,它引导空管人摆脱各种消极、落后价值观念的束缚,确立与履行使命任务相适应的价值观念。

第二节 空管文化价值取向的主要内容

在空管系统长期的建设实践中,我国空管文化逐渐形成了内容丰富、形式多样、行业特色鲜明的价值取向,在全系统形成共同的理想信念、强大的精神支柱、统一的指导思想和基本的道德规范,使之成为引领空管系统建设发展方向,凝聚空管人意志力量,推动空管事业发展的精神动力。新时代空管文化建设的价值取向把党和国家的大政方针与空管系统建设的实际相结合;把国家赋予的使命任务与时代特点相结合;把空管系统发展与个人发展相结合,突出使命至上、以人为本、安全第一、倡导和谐和激励创新等要义。

一、使命至上

使命至上,是我国空管文化建设的永恒主题,是全系统空管人员的价值追求,必须始终牢记,坚定不移。这种价值取向主要源于空管系统的工作性质。空管组织是经过国家授权,利用一定的设备,运用相应技术手段来执行统一标准,管理和利用特定领空,代为行使部分领空权(权利、权益、义务)的事业单位。其使命任务主要体现在四个层次:一是对人在空中各类活动中的行为管理;二是对空域资源的配置管理以及空域内各种活动的秩序管理;三是确保空中活动的安全、高效、快捷;四是对国家领空的保卫与警戒、控制与管理,这一点是空管的核心使命任务。正是基于这些特殊的使命任务,大家才聚集在一起。通过不同人、不同岗位完成任务的过程,把忠诚使命、不辱使命、履行使命、献身使命的博大情怀和理想信念,渗透于空管系统建设的各个领域,深深熔铸于空管人的生命力、凝聚力和创造力之中。从这个意义上说,空管文化就是使命文化,构成了空管文化的品质和特色。

70多年来,我国空管系统坚定理想信念,秉承"使命至上",胸怀政治责任感和国家使命感,坚决执行党中央、国务院、中央军委的决策部署。"5·12"汶川大地震后,西南空管局成都区域管制中心的全体官兵迅速行动起来,很快融入轰轰烈烈的全国性的抗震救灾洗礼中。空管技术人员深深感到自己肩负着神圣的使命,时时刻刻都在心里高喊着"灾情就是命令、值班就是战斗"。在几个月的救灾斗争中,他们一直以高度的责任感和使命感,全身心地投入到抗震救灾空管设备技术保障工作中。他们通宵达旦地紧急增设一条条临时通信和雷达线路。在连续奋战的日子里,困了,就在值班室沙发、地板上或墙角处稍作休息,醒来后接着继续干;饿了,只能用方便面和面包充饥;工作中出现了难题,大家就集思广益,积极主动地出谋划策,齐心协力,共克难关。西南空管局成都区域管制中心的技术人员用自己的行动诠释了忠于职守、履行使命的道德情操和价值追求。

70多年来,我国空管系统的全体人员时刻牢记使命和责任,在岗位上坚守使命任务,克服重重困难,发挥着积极重要的作用,确保了飞行安全,取得了巨大的经济、军事和社会效益。在抗美援朝保障志愿军空军作战中,我空军航管人员不畏强敌,保障各类飞行 12 万多架次。在国土防空作战、解放东南沿海岛屿联合作战和边界自卫还击作战等重大任务中,航管部门保障飞机出动几万架次。在平时完成军事训练和作战战备任务的同时,积极参加和支援国家的各项建设事业;为积极响应国家号召,推进航空节能减排,不断新辟临时航线;始终把忠于党、忠于祖国使命意识深深扎根于搞好专机保障的工作;始终以积极弘扬、倡导和履行使命任务为价值取向,在空中划出条条航路,忠实履行开发空域、空中防卫和强国富民的职责使命。

进入新时代,空管人一如既往地将"使命至上"这一价值取向贯穿于空管系统建设发展各领域全过程,始终坚持空管文化与使命任务同频共振、同步拓展,使空管人达成思想信念、价值取向和行为规范的认同感,并将"使命至上"价值取向融入空管系统建设的实践之中。面对全球空管一体化的新形势,空管系统要有效履行使命,胸怀不辱使命的强烈责任感、使命感,从战略高度深层次地思考问题,顺应经济全球化和全球空管一体化的要求,全面推进"六大体系建设",逐步实现"五个转变",加快空管建设发展步伐,使我国空管在设施、技术、管理、运行和文化建设等方面尽快与国际接轨;构建富有时代特色的先进空管文化,争取在世界空管理论和文化领域的话语权,为我国空管事业发展争取到必要的"土壤、阳光、雨露和春风",为空管腾飞营造一个全球广泛关注、热情投资参与、大力支持的良好国际环境;坚持围绕中心任务,彰显空管文化的服务属性,把文化建设贯穿到空管系统建设的具体实践中,着力提高空管人的全面素质和履行使命的能力;努力树立和展示空管人的空天理想和蓝天情怀,培育空管人敢于担当、挑战极限、追求卓越的人格气质;坚持突出行业特色,充分体现空管活动的实践性、特殊性和内在规律性等鲜明特征,为履行使命任务提供思想保障和精神动力。

二、以人为本

十九大报告强调,必须坚持以人民为中心的发展思想,不断促进人的全面发展、全体人民共同富裕。这构成习近平新时代中国特色社会主义思想的重要内容。空管文化应贯彻我们党以人为本的核心立场和习近平新时代中国特色社会主义思想坚持以人民为中心的发展思想。空管文化突出以人为本的价值取向(图 3-1),是因为:其一,人是空管工作的主体,是管制工作的执行者,也是在安全管理工作中的执行主体;其二,人为因素在安全工作中至关重要,近年来人为因素研究得到高度重视;其三,坚持以人为本是构建和谐空管的重要内容。[3] 为此,空管文化强调要尊重人的文化主体地位,提高人的综合素质,建立一种尊重人、关心人、激励人的空管文化。

尊重空管人的文化主体地位,发挥空管人的创造精神,是以人为本的根本要求,也是加强空管文化建设的基本原则。人是经济发展中超越物质的最为珍贵的资源,人不但是生产力,更是组织发展的目的。因此,组织文化建设必须关注人在实践中的地

图 3-1 以人为本的空管安全管理理念

位与发展,要在全部管理要素中以人为本,以文化为统帅,注重启发人的创造能动性和自觉性。首先,要重视劳动者的利益满足,关注空管人各种实际要求,积极协调解决空管人生活中的困难、消除思想上的困惑,积极创造团结、和谐、乐观、向上的整体氛围,实现个人与空管事业的和谐发展;其次,要尊重人的自然属性,在岗位工作、值班流程、运行设计、运行管理当中考虑人的能力、人的缺陷、人的失误等,想方设法调动人性中积极的一面,弥补或消除人性消极面的影响,激发空管人的安全责任心和工作积极性;最后,要加强"人性化"的管理,坚持尊重和关心人的原则,重视人的价值和潜能,发挥人的创造性和主动性。尊重每一位空管人在安全管理中的主体地位,努力营造有利于成员得以发挥个人才干、激发个人工作热情、实现个人归属的文化氛围,达到空管事业和谐健康发展的目的。

　　培养人、教育人、提高人的综合素质,是以人为本的主要做法。借鉴国外的先进经验,结合我国空管人员的素质现状,应着力提高空管人三个方面的能力素质:一是思想政治素质。以提高政治素质和能力建设为重点,加强岗位运行人员、管理人员和技术保障人员教育培训,坚持不懈地用党的理论创新成果武装空管人的头脑,引导他们始终坚定理想信念,保持正确的政治方向,始终坚持与时俱进、求真务实的理论品质,自觉确立与空管建设发展相适应的新思想新观念。二是科学文化素质。以提高综合素质和岗位技能为重点,建立完善空管教育培训体系;以新技术应用推广为重点,加强专业技术人员培训;广泛开展学习竞赛活动,引导空管人确立知识是战斗力的理念,自觉把学习掌握现代科学技术、空管知识作为加强自身建设的基础工程抓紧抓好。三是身体心理素质。认真组织空管人学习心理科学知识,熟悉心理学基本原理,掌握分析心理现象、维护心理健康和解决常见心理问题的方法,加强心理调节能力和防御能力训练,培养良好的心理素质,提高心理承受能力。

　　以事业感召人、以机制激励人,营造健康向上的文化环境和氛围,丰富空管人的文化生活,是以人为本的根本途径。空管系统的人员构成中,年轻人居多,专业技术人员占大多数,他们拥有良好的文化水平和较高的专业技术能力。空管人从事的事业,不只是谋生的手段,更是实现人生价值的体现。在积极推动空管文化建设的过程中,一方面要以事业感召人,除了尊重人才和培养人才外,还要发挥空管人的主人翁作用,鼓励空管人积极发挥主体性和能动性,积极为其发展创造条件,为他们搭建实现人生理想的平台,让他们感到干事有舞台、发展有空间,有成就感和价值感。另一方面,要确立突出人的价值的管理理念,建立有效的激励机制,激发成员的动机,引导成员的行为,调动成员的积极性,让他们分享改革发展成果。同时,由于空管岗位的工作特点,决定了空管人与社会接触相对较少,空管人的精神生活质量难以得到满足。因此,如何保持一个相对和谐与轻松的工作氛围,建立和谐、健康的空管文化,就显得尤为重要。例如,中国民航局空管局通过各地区空管局每年定期举办"安康杯"竞赛活动,将竞争机制、奖励机制、激励机制应用于安全生产活动,既丰富了管制员文化娱乐生活,又促进了安全运行,提高了安全意识、掌握了安全知识、增强了安全技能,促进了团队凝聚力。

三、安全第一

　　安全是航空系统亘古不变的永恒主题。确保空中活动的安全、高效、快捷是空管事业的主要工作。防相撞又是空管工作的重中之重，事关人民群众生命和财产安全，事关国家改革发展稳定大局，事关国家形象和政治声誉。因此，空管文化建设必须确立"安全第一"的价值取向，始终把安全放在首要的位置，从根本上提高空管人员安全文化素养，使安全成为每个人共同的、有效的、自觉的行动。

安全第一的价值观。唯物史观认为，人的属性是自然属性与社会属性的统一。生存权是人类首要的基本的人权[4]。人自有生命开始就惧怕危险，具有寻求安全的本能。安全是人生存权的根本保证。安全是一切活动的前提与基础，属于马斯洛的层次需求理论的基础需求。因此，保证飞行安全是空管使命完成和愿景实现的基础和核心，"安全第一"是空管文化价值体系的主体和支柱。然而，空中交通活动是人和物的组合运动形式，诸多因素相互作用具有正、负效应，随时空变化的危害因素有时难以完全监测和控制。ICAO 认为："安全是一种状态，即通过持续的危险识别和风险管理过程，将人员伤害或财产损失的风险降至并保持在可接受的水平或其下。"因此，以管制为中心的情报、通信、导航、监视和气象等空管职能部门要将安全理念贯穿于航空活动的整个过程，将航空安全管理工作当作一项主官工程、群体工程、保底工程和持久性工作来抓；要充分认识航空系统人、机、环境中的危害因素及其演变规律，采取针对性措施减少不安全因素及危害；要始终保证空管系统内部运行的稳定性以及内外部系统要素间协作的可靠性；要把确保安全作为自身工作和彼此间协作的出发点、立足点，作为检验自身工作成败的重要标志。

重视生命的情感观。"民生问题安全第一，安全问题生命至上。"安全维系人的生命与健康，"生命只有一次""健康是人生之本"；事故对人类安全的毁灭，意味着人的生存、康乐、幸福、美好的毁灭。在飞行事故中，虽然航空器相撞事故是小概率事件，但其造成的人员伤亡通常是单机事故的数倍，一旦发生，往往伤亡惨重，十分凄惨，震动全球。例如，1977 年 3 月 27 日，分属美国泛美航空公司和荷兰航空公司的两架波音 747 客机在西班牙特内里费岛上的洛斯德斯机场起飞时，在地面相撞，共有 583 人同时罹难，造成全球航空史上最大的空难。由此可见，充分认识人的生命与健康的价值，强化"善待生命，珍惜健康"的理念，是每一个空管人都应该建立的情感观。这种情感观则应通过"责任重于泰山""知识、能力、态度"（KSA）等教育培养，深怀对生命的敬畏之心，常有"如履薄冰"之感，规范"掌、监、协、指、调"❶管制活动的内容、程序和方法，杜绝"错、忘、漏"，减少人为差错，用"热情"做好防相撞宣传教育，用"真情"建立军民航防相撞工作机制，用"绝情"纠正飞行员差错，用"无情"发现、识别和处置飞行冲突。总之，"以人为本"首先是要以人的生命为本，科学发展首先要安全发展，而空管工作中重视生命的情感观，正是习近平同志提出的培育和践行社会主义核心价值观的重要体现。

预防为主的科学观。航空系统是一种典型的人造系统或人为设计系统，这种客观实际给防止飞行事故提供了基本的前提。所以说，飞行事故是可预防的；引发飞行事故的人、机、环境等不安全因素在特定时空中演变遵循因果律，航空安全具有确定的和不确定的因果性；飞行事故是不安全因素失控导致，人的失误行为和物的不安全状态耦合可能产生事故，人是安全保障的根本；人—机—环的各要素始终处于变化之中，只有防微杜渐，将安全工作的"关

---

❶ 即"掌握飞行情报、监督飞行活动、航空管制协调、实施飞行指挥和调配飞行冲突"。

口"前置,才能有效降低飞行事故的风险。"安全的要则是预防。"预防是"预"与"防"两个不同阶段的工作,是一个统一的人机整体。"预"是一种思维活动,"防"则是在"预"的指导下的实际行动。古人云:"凡事预则立,不预则废。"空管工作更是如此。不出事故不等于没有隐患,只有预在先才能防在前,将不安全因素消灭在萌芽状态。正如"海恩法则"所揭示的那样,每1次严重事故背后,必然有29次轻微事故和300起未遂先兆,以及1000次事故隐患。在不安全事件、飞行冲突、危险接近、空中/地面相撞事故这条逐步放大的事故链上,首当其冲的是空管不安全事件,有效地防止空管不安全事件,正是践行空管工作预防为主科学观的体现。所谓"思危于未形,绝祸于方来",说的就是这个道理。因此,空管工作中,要善于运用辩证的思想,拓展工作思路,从更广泛的视野,考虑可能发生事故的环境因素、人为因素以及可能的设备失效等各种诱因,增强预防工作的全面性。运用矛盾的观点,处理好"两点论"与"重点论"的关系,增强系统性和针对性。做到早防,把一切事故的隐患和苗头及早排除,"补牢"不待"亡羊"时;做到重防,对管制指挥岗位、重要时节、关键环节、事故多发航段要及时监控、督查、提醒,防止可能产生的麻痹和疏漏。

3-1 空管风采

按语:防相撞是保证飞行安全的一项重要工作,直接关系到国家的政治形象和人民生命财产安全,是建设和谐社会的必然要求。

防相撞工作三字经[5]

作者:94826 部队航管处 杨江虹

防相撞,连政治,影响大,关全局;
建机制,强领导,严制度,明职责;
前关口,移重心,控苗头,重预防。
军民航,密协同,举会商,互交流;
部门间,集众思,凝合力,齐共管;
上下级,信畅通,区缓急,勤沟通。
宣与教,分时机,进驻前,指示时;
多媒体,讲法规,研案例,提认识。
析形势,要经常,依特点,重细节;
风险点,应研析,矛盾点,辨清晰;
查隐患,订措施,明时限,抓落实。
战备班,绷紧弦,讲政策,守规章;
精细化,须记牢,错忘漏,似死敌;
常预想,求主动,严监控,尽责任。
遇问题,厘思路,先准备,再核实;
清程序,按权限,共协查,及上报;
大任务,预协调,共商讨,善方案;

军民间,依机制,联络员,互派遣。

抓业务,不间断,强素质,是关键;

练指挥,精调配,针对性,为实战。

施考核,样式多,现场查,理论测;

不胜任,须补考,合格后,方保障;

讲尽责,论功过,看绩效,施奖惩。

装设备,日巡视,周维护,月检修;

避故灾,预在先,措施力,防未然。

安全事,岗位防、技术防、管理防;

筑意识,群施策,求实效,保无虞。

四、倡导和谐

空管文化强调团结和谐的价值取向,既是贯彻落实不忘初心,牢记使命,坚持人与自然和谐共生的现实需要,也是由空管行业自身的性质所决定。和谐可以维护安全,不仅有利于协调好安全与发展的相互关系,而且有利于健全安全发展机制,优化安全发展秩序,从而为航空业发展提供一个稳定有序的空管环境。和谐可以促进发展,空管系统人与人之间和谐相处,就能在团结协作中互帮互学、彼此鼓励,在交流合作中共同进步,共同促进空管事业整体发展。"倡导和谐"的价值取向在空管文化建设中应体现在不同层次,具体包括我国空管与全球空管一体化间的和谐发展,空管发展的各项战略与空管文化之间相互适应和促进,空管系统与社会环境的和谐相处,军民航空管部门之间相互信任、相互支持、和谐共赢,空管内部人员、岗位之间以及与运行管理领导之间的和谐相处等内容。

我国空管与全球空管一体化之间的和谐。全球空管一体化是世界空管发展的总体趋势,涉及国家安全、政治、经济、军事和外交等敏感重大问题,将对世界各国空管发展产生重大而深远的影响。随着我国在更大范围、更广领域、更高层次上参与国际经济技术合作和竞争,我国与国际空管领域的交流合作不断增加,给我国空管发展带来了前所未有的机遇和挑战。面对新形势,我国需要从战略的高度深层次地思考全球空管一体化问题,科学认识和吸取国外空管文化建设的经验,形成一整套适应国家空管科学发展需求的新理念、新理论、新知识、新标准、新规范;加快空管建设发展步伐,使我国空管在设施、技术、管理、运行等方面尽快与国际接轨;顺应经济全球化和全球空管一体化的要求,通过空管文化的塑造,促进空管人员思想认识和观念实现科学统一,营造良好的、和谐的外部环境,努力实现我国空管与全球空管一体化之间的和谐统一。

军民航空管部门之间的和谐。空管具有跨军地属性,决定了"团结和谐"必然是空管文化内核的组成部分,"倡导和谐"是空管文化价值取向的重要内容。"倡导和谐"就是要牢固树立"一盘棋"思想,增强责任意识和使命意识,正确处理全局利益和局部利益的关系,继承发扬军民融合、团结协作的优良传统,强化沟通、协调与合作,团结一致,切实形成合力,走军民航空管联合运行、融合式发展路子,在内合外顺的环境中共同推动我国空管事业的科学发展。解决军民航的飞行矛盾是一个复杂的系统工程,需要从各个领域、各个层面入手,我国现有的军民航管制协调的具体方式主要有会议协调、文电协调和"面对面"应急协调等。控制飞行冲突和搞好军民航协调是我国军民航管制部门责无旁贷的职能任务之一。它对于防止航空器空中相撞,实现航空器空中有序流动十分重要,历来受到空军和民航局的高度重视。近年来,在中央空管委的领导下,强化军民航协调,严密监控飞行动态,精心指挥调配,严格实施管制,飞行冲突明显减少。然而,面对民用航空飞行量的递增和军事飞行训练任务的加重,我国的军民航协调形势还很严峻,还存在许多问题和不足。为促进我国航空事业迅速发展,确保军民航飞行活动的安全和顺利实施,军民航空管人必须从实际出发,完善军民航协调体制,通过增进相互沟通和了解,明确军民航协议内容,及时进行飞行情况通报,严格管制指挥程序等途径,提高空域使用的效率,减少对空域的使用限制,稳步形成协调快速、有效的反应体系。

军航、民航内部单位之间的和谐关系对空管建设也有重要的影响。军航空管部门需要与作战、通信、领航、机要、气象、雷达等分队之间建立团结和谐氛围;民航空管内部的管制、通信、导航、监视、气象、情报等多工种之间更要追求内部关系融合、协调。

管理者与一线空管人、空管人之间的和谐。众人"皆言"谓之"谐",和谐的本意是每个人拥有平等的发言权,实质是人与人之间的和睦共处。充分尊重空管岗位上每个人"自我实现"的精神需求,对每个人的民主言论权利的充分尊重;强调平等原则、民主管理,在自由发表看法、平等交换意见的基础上,使广大空管人能以主人翁的姿态积极参与到空管的各项工作中来,正确行使空管人的民主权利;强调团结协作的团队精神,强化协作意识,树立集体观念,把个人才智与集体力量融为一体,通过团结协作和联合攻关,形成创新合力和群体优势;管理者与成员、成员与成员之间,要在思想上讲大局、讲信任、讲风格,在工作中相互支持、相互配合、相互团结、密切协作,主动为别人创造条件、提供方便、解决困难,保证空管各保障项任务的圆满完成。

"和谐"的空管文化强调营造一种"风正、心齐、气顺"氛围,凝聚人心,增强向心力,使各岗位人员的需要和向往,同组织的要求和目标统一起来,使上下级关系更加融洽,最大限度地发挥好每个人的积极性和创造性。

五、激励创新

创新是一种信念、一种品质、一种责任、一种追求,创新也是空管工作能够始终高效运行的灵魂。激励创新,是空管文化的本质特征,是空管人的品格风范,必须始终秉承、大力倡导。唯有永不停滞的创新才是保持空管系统建设发展的不懈动力,空管文化是一种推崇创新、开拓进取的文化类型,始终把锐意创新作为自己的价值追求和文化特色。

大力发扬勇于创新优良传统。我国空管发展史本身就是一部空管人攻坚克难、勇攀高峰的奋斗史。我国空管事业靠自力更生起步、在自主创新中发展,走出了一条符合我国国情、具有中国特色的空管发展道路。在我国空管发展的历程中,正是勇于创新的精神激励空管人谱写了无数光辉的历史篇章,给中国空管发展与进步注入了强大的动力。我国空管建设从白手起家、到逐渐与国际接轨,积极引进空管自动化系统,采纳并运行 ICAO 统一标准,逐步完善高度层改革、空域改革、区域管制中心建设等,无不凝结着空管先驱者勇于创新的心血。尤其是经过改革开放 40 多年的投入与积累,我国空管系统积累了一定的创新经验,汲取了多方面的教训,系统创新已具备了相应的基础。目前,无论从国外空管技术升级趋势看,还是从我国空管发展的进程看,加快我国空管系统的自主创新已刻不容缓。新时代更需要我们以洞察科技前沿的睿智和不惧艰险的勇气,不忘初心,牢记使命,大力发扬勇于创新的优良传统,抓住机遇,奋力拼搏,提高管制技术设备、系统评估、教育训练等方面的自主创新能力,努力开创空管现代化建设新局面。

主动推进空管创新发展。在科学技术的牵引和航空事业的推动下,管制手段将更先进,方法更科学,体制更合理,运行更高效。高技术尤其是信息技术的发展,全球通信、导航、定位、自动相关监视和卫星技术已广泛运用于空管系统,空管系统必将向信息化、扁平化、一体化的方向发展。空管系统信息化,是信息技术及其成果广泛应用于空管领域的结果,其本质是对管制主体、客体、手段等诸要素进行全方位的彻底改造;科技进步推动空管体制的发展,要求空管机构必须高度融合,趋于扁平化,即空管体制的外部形态应表现为横宽纵短:各空管单位和机构联结在一起形成空管体系,这个体系应该是横宽纵短的扁平化外部形态。随着信息流程的不断优化,飞行活动各要素间的联系进一步紧密,一体化成为空管的基本理念,具体说就是全球一体化、军民一体化、空管空防一体化。

积极谋划空管创新文化建设。空管文化具有与时俱进、激励创新的先进性特征。从文化发展自身的规律而言,任何一种文化要保持先进性,保有勃勃生机和经久不衰的生命力,除了自身精神和智慧的积淀之外,还要紧跟时代创新发展,广泛吸纳其他文化的优秀成果。随着以信息技术为核心的高新技术的迅猛发展,信息在获取、存储、传输和运用方面不断迈上新的台阶,这使空管系统信息化成为发展趋势。顺应空管系统信息化,美国等航空大国积极发展和更新其空管概念和系统操作概念。美国提出的"自由飞行",欧洲提出的欧洲飞行管理系统(EATMS)均不同程度地对传统的管制方式进行了变革。同时,美军将自动化空域管理系统与先进的自动化指挥控制系统联为一体,使战场管制能力增强,空情处理显示容量增大,识别准确率提高。这使指挥官能够及时掌握空中战场的各种情况,快速做出决策,进行实时管制指挥。在伊拉克战争中,美军指挥官可了解主战场90%以上的重大事件,将空域管制指令下达给作战单元只需5秒钟。美军空域管理系统的地面部分,具有每天控制2000架次以上飞行活动的管制指挥能力,可对100批空中目标进行指挥引导。还可通过E-3A预警机机载空中预警与控制系统(AWACS)的数据处理系统同时跟踪600批目标,处理300~400批目标。他山之石,可以攻玉。借鉴美国空管系统信息化建设成果,可以为我们大胆创新,应对空管系统信息化发展趋势提供有益的启示。

要解决空管系统发展中遇到的矛盾与问题,避免空管成为航空事业快速发展的"瓶颈",就要在新的发展阶段摈弃过时的思维观念和管理模式,用更高、更远的目光来审视空管发展的环境,用战略发展的眼光谋划空管创新文化的建设,站在航空运输国际化和全球化的高度,营造与空管发展战略相匹配的理念创新、机制创新、技术创新和管理创新的氛围。坚持理念创新,培养正确的安全运行效益观和系统观;坚持机制创新,逐步建立一套基于安全管理体系(SMS)的安全运行长效机制;坚持手段创新,通过开发、吸收和利用现代科学技术推进空管事业全面协调发展;坚持管理创新,通过丰富、提升空管文化内涵,践行空管核心价值观,实现空管运行与管理的程序化、制度化、规范化与科学化。

当前我国空管工作正处于一个全新的发展阶段,新理念新技术日新月异。我国空管与世界先进国家相比尚有一定差距,我们必须主动应对空管创新发展的新趋势、新方向,与时俱进、大胆探索、开拓创新。以技术创新,尤其是信息技术的创新加强我国空管系统信息化,不断开辟我国空管系统自主创新的路子;以体制创新促使空管机构高度融合,增强空管组织结构的整体功能,提高空管效率;以理论创新强化空管一体化先进理念,实现空管安全、有序、高效运行。

第三节　我国空管系统的核心价值体系

空管文化建设要坚持中国特色社会主义文化发展道路,用习近平新时代中国特色社会主义思想武装和教育广大空管人员。用中国特色社会主义共同理想凝聚力量,用以爱国主义为核心的民族精神和以改革创新为核心的时代精神鼓舞斗志,用社会主义核心价值观引领空管文化创新发展。经过70多年的探索与实践,空管系统逐步形成了实践证明对于引导空管事业快速发展、科学发展、和谐发展具有重要指导作用的价值体系。包括行业使命、共同愿景、空管精神、核心价值观等在内的价值体系,不仅是空管系统建立、健全统一的制度体系、行为规范和基础设施的重要基础,也是空管行政管理、业务管理与政治思想工作进一步整合的重要依据。

一、行业使命

空管行业使命,就是空管系统在国家安全、社会进步和经济发展中所应担当的角色和责任,主要包括:组织实施管制保障和确保空防安全与稳定。

我国空管系统既要服务于国家经济建设,充分开发和利用国家空域资源,为高效、快速、安全的航空运输提供保障,又要为军事训练、专机飞行、国家和军队的重大活动提供空域和保障安全。空管系统的目标主要有四个:一是安全,保障我国空域空中交通安全;二是容量,在有限的空域里能容纳更多的飞机;三是顺畅,维持空中交通秩序,科学安排飞行活动;四是效率,能够最大限度提高飞行效率。可见,管制保障是空管行业的核心使命之一,也是空管工作的首要任务。其主要工作分为静态管理和动态控制。①静态管理。根据国家颁布的航空法规,制定全国性的、地区性的和临时性的飞行管制规定,划定飞行管制区、飞行管制分区和机场飞行管制区,划定航路、航线和各种飞行空域,在重要地区或海域上空划定禁止或限制航空器飞行的空中禁区、空中限制区和空中危险区,在飞行密集地区和国(边)境线附近划定供航空器进出的空中走廊,规划和设置通信导航和雷达设施。②动态控制。审查批准飞行管制区内的、飞行管制区间的和国际飞行申请,根据军事飞行和民用飞行特点实施飞行调配,监督飞行计划的执行情况,按照飞行管制规定指挥飞行活动,提供有关的飞行资料和情报,向防空部队通报本国和外国航空器的飞行动态,提供需要搜寻救援的遇险航空器的情报。对军事演习地域内的飞行、专机飞行和科学试验飞行实施特殊的控制。围绕着这一使命,我国空管系统始终把握世界空管发展的总体趋势和阶段特征,着力调整发展思路、转变发展方式、推进自主创新、完善安全管理,努力提升实现"安全、容量、效率"目标的能力和水平,加快推进空管系统"五个转变"。

空管是国家实施领空主权的象征,是国家空防指挥警戒系统的重要组成部分,是战区空域管制的主体力量。空管系统能够充分利用军民航管制雷达系统对空中实施不间断监视,严格监控边境地区飞行的航空器,维护飞行秩序,依据飞行计划掌握飞行动态,对空中目标实施动态监控,及时发现和识别不明空情,为各空域使用部门提供信息,对出现的不明空情进行查证、澄清,并采取相应处置措施,日常防空责任重大。一是空管系统担负着全国日常防空战备任务,每年365天,每天24小时处于战备状态,随时监督、控制飞行动态,处理各种空情、特情;二是空管系统利用掌握的飞行计划,对空中目标实施动态监控,及时发现和识别不明空情,协助空防指挥警戒系统识别空中目标;三是空管系统负责监督航空器严格按照批准的计划飞行,禁止未经批准的航空器擅自飞行,禁止未经批准的航空器飞入空中禁区、临时空中禁区;四是空管系统发现不明空情,立即进行查证、澄清,确定不明空情出现位置,跟踪其航迹,确定其坐标和运动参数,全时段、全空域地协助指挥警戒系统掌握潜在不明空情活动情况;五是遵照指挥部下达的命令,对外发布管制通告,按照规定的时限和范围组织净空、禁航。适时调整、关闭部分航路(线),协助指挥民用航空器避让、备降或返航;六是负责战区空域管制,掌握战区的各类飞行活动,在第一时间监测到不明空情,快速澄清目标性质、来袭方向及意图,协调反空袭航空兵作战力量及地面防空部队的行动,为指挥员提供第一手敌情信息。负责监督和控制战区空域活动,禁止其他航空器进入作战空域,以防止误击、误伤、互撞。

空管系统与空防体系,从信息获取处理到对空指挥实际上是分工不同的一个有机整体。空管系统掌握着飞行计划和军民航飞行情报,并配置有近程、中程、远程空管一次、二次雷达和雷达信息处理、监视和传输设备,对空中实施不间断监视,消除空防体系的雷达覆盖盲区,对边境地区、领海上空和重要目标上空的航空器飞行动态重点监控;运用空情感知处理系统,及时发现和辅助识别不明空情,判断处理空中来犯之敌,运用空情探测系统和防空兵力保护国家领空安全[6];在战时,空管系统是空战场管制平台,协调空中作战行动,担负着战区的空域管制任务,并实施作战协同,参加制定空中作战计划,统筹作战区域使用,解决空域使用矛盾,防止误击、误伤事件。

二、共同愿景

共同愿景,是我国空管系统中所有成员共同的、发自内心的意愿。这种意愿孕育无限的创造力,激发强大的驱动力,形成长期的凝聚力。其主要内容是:实现国家统一管制,建立起完善的、现代化的、具有中国特色的和谐空管体系,综合服务保障实力全面增强,国际引领作用显著提高,步入空管强国行列。

我国空管系统以"服务国家、服务空防、服务航空"为宗旨,坚持"军民一体、和谐天空"的发展方针,致力于实现国家统一管制,体现了空管行业基于自身使命而对空管发展愿望与发展前景的美好憧憬,对未来空管发展目标与发展效果的理想追求,是空管系统价值体系的重要内容之一。为实现这一愿景,一代代空管人奋发图强,做出了艰苦卓绝的不懈努力,空管建设取得了举世瞩目的巨大成就,空管体制改革有序推进,空管设施设备全面升级,管制方式不断进步,空管保障能力大幅跃升,为经济建设和空防安全提供了重要支撑。当前,依据国务院、中央军委确定的我国空管体制改革"三步走"战略,结合我国的具体国情、发展阶段、空域活动特点及空管体制现状,提出我国"国家统一管制"的战略定位、基本模式、组织形态、运行机制、架构层次、业务流程及标准规范,并基于对我国空管发展近期、中期和远期需求的预测,研究设计未来一段时期内实现"国家统一管制"的具体目标。主要包括:一是空域管理体制科学先进。建立科学合理的空域管理模式,全面实施动态监控和科学调配,初步形成国家空域系统管理体系格局。二是运行管理体系健全完善。建立军民联合的一体化运行机制,使空管运行管理和运行保障更加安全高效顺畅。三是空管基础设施完备融合。空中交通管理系统实用先进,基础设施健全高效,信息化、国产化率显著提高。四是法规标准体系齐全配套。航空与空管法律规章较为完备,管理和技术标准体系兼容,运行法制化、规范化水平全面提升。五是人才队伍结构素质优良。人才培养和科技研发能力全面加强,形成具有中国特色的空管协同创新体系。六是空管要素相互协调。空管精神发扬光大,形成特色文化,创新动力显著提高,服务保障体系融合发展。

三、空管精神

一个没有精神理念的行业,就等于没有灵魂。精神理念是无形的但却影响和决定着行业有形的发展。我国空管系统长期以来基本形成了"忠于职守、精于指挥、甘于吃苦、乐于奉献"的精神理念,但随着我国空管事业跨越式发展,自强不息,自主创新,敢于超越,走出一条符合国情、具有特色的空管发展之路,成为时代需求的最强音,迫切要求重新解读空管精神理念。为了用简约的文字来概括空管精神理念的主要旨义,我们深入军民航空管基层进行访谈和问卷调查,形成了关于空管精神理念的初步表述建议,即忠于职守、精于指挥、乐于奉献、勇于创新,并对其主要旨义作如下阐释。

(一)忠于职守

忠于职守,是空管精神的精髓。它不仅是政治上的忠诚,还包括对空管职业和岗位的忠诚。具体讲,就是要忠诚于党、忠诚于国家、忠诚于人民、忠诚于空管事业。忠诚于党就是坚持党的绝对领导,我国空管事业从无到有、从小到大、由弱到强,尤其是改革开放以来取得的巨大成就,无不是在党的领导下有序推进;忠诚于国家,就是要以赤诚之心爱国,立足空管使命报国,以确保国家空防安全与稳定为己任,以保障国家经济建设为中心,充分发挥主人翁精神;忠诚于人民,就是要热爱人民、服务人民,始终坚持人民利益高于一切的原则,为航空运输提供安全、便捷、高效、准点的空管服务;忠诚于空管事业,就是要扎根空管、建设空管、献身空管,将个人发展、价值实现与空管事业发展紧密结合起来,立足本职,不辱使命。

70多年来,无论是在抗美援朝、国土防空等惊心动魄的作战行动和日常战备值班中,还是在北京奥运、国庆阅兵等举世瞩目的大型活动中,抑或在唐山、汶川抗震救灾等紧急危难的时刻,我国一代代空管人将自己的理想、意志和激情凝聚在高远蔚蓝的天空,用小小的话筒指挥着战鹰翱翔,擎起了"空中生命线",用无形的指挥棒奏起空中战场的"交响曲",用胆略、智慧和忠诚搭建起一座座看不见的"立交桥",谱写了一曲曲激荡人心的壮歌,践行着"忠于职守"的铮铮誓言。

(二)精于指挥

精于指挥,是空管精神的关键,是中国空管人对使命责任的内化,是爱岗敬业的追求,是精湛技能的完美体现。精于指挥源于高尚的职业操守和精湛的专业技能。高尚的职业操守蕴涵职业道德修养的长期训练和人文积淀;精湛的专业技能养成对空管岗位技术持续的刻苦钻研,包含着"精、准、细、严、实"的职业精神。精,即精心、精细、精到、精益求精;"准"是精准、可控制、可衡量;"细"是把工作做细致、做到位;"严"是严格、严谨、一丝不苟;"实"是求实、落实。

《细节决定命运》一书说得好:我们从来都不缺少雄韬伟略的战略家,缺少的是精益求精的执行者;绝不缺少各类规章、管理制度,缺少的是对规章制度不折不扣的执行。面对"高风险、高强度、高技术"空管岗位,需要以高度负责的责任感、严谨的作风、规范的动作和沉稳的心态,严密组织、精心策划每一次飞行任务、精心指挥每一架次起落。1976 年唐山大地震后,唐山机场的通信、导航、调度指挥设备毁坏殆尽,负责唐山飞行管制分区任务的空军某军航行处在伤亡严重、设备瘫痪的情况下,为保证军民航 13 种救援飞机,他们运用原始的指挥手段,连续指挥 3000 多架次救援飞机安全起降,最多一天指挥 354 架次,最短起飞间隔仅 26 秒,表现出空管人的忠诚与胆略,被称为世界航空史上的奇迹! 1990 年 3 月 24 日,原南空航管部门(现东部战区空军航管处)成功地指挥一架民航班机脱离撞山的险境,使机上 259 名旅客转危为安,南空司令部航行处值班员王荣义、田德启因此荣立一等功。

(三)乐于奉献

乐于奉献,是空管精神的基石。奉献是一种高尚的品德,是无声无息、积极地为他人、为集体、为社会做出有益的事情;是相互关爱、相互理解、相互支持的桥梁和纽带。奉献又是一种责任,是一种主动的、自觉的、真诚的、发自内心的无私无悔的积极行为。空管工作常常是有了成绩时,看不出它的直接效果,而出了问题时,责任大于天,事故马上就显现出来的特殊职业,尤其需要空管人长年累月、持之以恒。这一切都需要甘居幕后、甘当人梯、默默无闻、任劳任怨的乐于奉献精神引领。

我国空管事业从无到有,从低级到高级,取得了世所瞩目的成就。这种发展势头和成绩的取得,得益于为保证飞行安全做出突出贡献的先进单位和个人,以及一代代爱岗敬业、无私奉献的空管人。在历次国庆阅兵和重大活动中,无数的空管人以高度负责的精神严密组织、精心指挥、密切协同,确保国庆盛典受阅飞行精准无误,确保 2008 奥运、世博会期间飞行安全、正点、顺畅,确保专机、重要任务、航班和战备训练等各类飞行安全,顺利完成了"神舟"系列飞船发射、涉外联合军事演习等重大空管保障任务。当前,空管系统科学发展,更需要乐于奉献的人,自觉地充分认识到自身利益与空管利益的一致性,能够树立起高度的责任感、使命感,全身心地投入工作中,踏踏实实把工作做好。

(四)勇于创新

勇于创新,是空管精神的时代写照,是推动我国空管事业发展的不竭动力。创新是一种信念、一种品质、一种责任、一种追求。我国空管事业的伟大实践,印证了一个深刻的道理:对于一个矢志复兴的民族来说,发展是第一要务,自主创新是掌握发展命运的关键之举。我国空管事业靠自力更生起步、在自主创新中发展,走出了一条符合国情、具有特色的空管发展道路,是创新谱写了空管无数光辉的历史篇章,是创新给予中国空管的发展与进步、启迪与使命、憧憬与奋斗。

我国从早期的"电话通报、雷达标图"航行调度,到20世纪70年代空管系统工程建设的初创阶段,直至具有里程碑意义的"八五"规划以及随后的"九五""十五"空管系统工程规模建设阶段,以及具有自主创新"十一五"空管自动化系统建设,我国始终坚持敢于超越、勇于创新,基本形成了空管系统的"系统化、网络化、信息化",空管系统的自动化水平已经有了很大的提高,管制手段和工作方式也发生了质的变化,空管综合保障能力有了显著提升,有力地促进了我国航空事业的发展。当前,我国空管转型建设正在深入发展,新思想不断涌现,新技术不断更新,新问题也接踵而至,如何推动空管事业在新时代发展,确立创新发展的理念,激活空管系统的理论创新和实践创新是关键。以先进的技术和精湛的工艺,不断开辟我国空管系统自主创新的路子;以追求卓越的勇气、先进的理论和科学的方法,实现空管安全、有序、高效运行;以通达全球、通联全维、通贯全域的开放胸怀,与国际标准接轨,学习借鉴发达国家的先进经验和遵循国际惯例;以空管使命任务为牵引,以高远的视野、高超的谋略和广博的知识,架设空中"立交桥",铺设通天航路,永葆空管事业青春永驻。

四、空管核心价值观

空管核心价值观,是空管系统价值体系的高度凝练和科学概括,表征的是行业服务方向和根本任务。它是一项政治性很强的工作,研究的过程是极其严肃、规范和科学的,以什么简约的词汇来表述虽然是学术问题,但终究还是政治决断。本节分别从政治属性、职业要求、工作目标、运行环境和运行效率五个方面比较全面且层次分明地概括空管核心价值观的主要旨义,主要包括:国家、责任、服务、和谐、高效。

(一)国家

领空管理、空中交通管制服务、保障飞行安全运行是国家特权和统治权的一项重要内容。空管系统是经过国家授权,代为国家行使领空权(权利、权益、义务)的特殊职能部门,它是国家综合交通运输体系、应急保障体系和空防体系的重要组成部分。空管在国家经济建设和国防建设中占有十分重要的地位。做好新世纪新阶段的空管工作,确保空中交通安全经济高效运行,事关国家和人民生命财产安全,事关经济建设、国防建设和航空事业的发展,事关国家、军队的良好声誉和形象,事关部队战斗力和联合作战整体效能的提高。因而,空管人必须以国家利益为重,始终把国家利益放在首位,确立"国家至上""忠于祖国""报效国家"的价值观念,以确保国家空防安全与稳定为根本。

国家至上。从国家利益全局的高度定位空管的责任,这是空管核心价值的根本所在。祖国的利益高于一切,空管核心价值观体现着一种国家至上的爱国精神。在空管组织、筹划、建设和运行过程中,当部门利益、个人利益与国家利益有冲突时,以国家需要为最高需要,以人民利益为最高利益,摒弃部门偏见和局部利益,使国家空域资源发挥出最大的效益。无论是战争年代,还是和平时期,空管系统都始终肩负着维护国家领空主权、服务国家经济建设、管理国家空域资源和保障飞行安全顺畅的神圣职责。为了国家、人民的利益,不畏艰险、迎难而上,出色地完成各项任务。2008年汶川发生特大地震后,各级空管部门迅速反应,连续作战,严密组织,采取超常措施,迅速搭建空中生命通道,编织空中救援网络,开创了我军历史上单日出动飞机最多、飞行架次最多和单位时间内空中飞机最多、集结速度最快的空中记录,出色完成了专机、空运、空投等飞行保障任务。2010 年玉树大地震发生后,空军积极开辟至灾区的临时航线,打通了一条条空中通道,确保了人员和物资畅通运输。在历次重大自然灾害空管保障中,空管人都是以国家、人民的利益高于一切的崇高信念,全力以赴投入抢险救灾活动,受到了社会的高度评价。

忠于国家。空管人是国家领空的守护者,空管的使命任务来自国家授权。空管核心价值观始终倡导锤炼"忠于国家"的品格,追求"天下兴亡,匹夫有责""先天下之忧而忧,后天下之乐而乐"的道德境界。空管人无论何时何地都把个人荣辱与国家命运紧密相连,怀着对国家无比忠诚的情感而履职尽责、奋发进取。在开国大典、抗美援朝、自卫反击作战、载人航天、抢险救灾、奥运空管、国庆阅兵等重大历史事件中,空管人用忠诚履行使命,用热血书写责任,为国防和经济建设做出了巨大贡献。

报效国家。空管人平时以国家经济建设为中心,战时以空战场管制为己任,志存高远,甘愿奉献,不断增强神圣的使命感和责任感,牢记使命,为国建功。一代代空管人以自己的爱国之情、报国之志、效国之行,共同铸就了空管伟业。我国空管专家陈志杰院士,始终践行"忠于祖国"信念,针对我国与航空发达国家空管的差距,潜心研究,奋发进取,开拓创新,顽强奋战在空管第一线,攻克了一个又一个科技难关,实现了空管技术发展的跨越。

(二)责任

空管事业关乎国家和人民的安危,安全责任是空管核心价值观的永恒主题。空管核心价值观强调"责任"是与其职能任务和工作性质紧密相关的。一方面,空管系统是国家空防体系的重要组成部分,充分发挥空管系统在空防指挥警戒系统中的作用,协助查明不明空情,组织实施空战场管制,是确保国家空防安全与稳定,打赢未来高技术局部战争的基本要求。另一方面,空管是一项高科技、高风险、高强度的工作,空管人员的一次不经意的"错、忘、漏"具有无限放大性,因而确保飞行安全、做好防相撞工作是空管工作的核心职能。从国家主权、领空安全、空中资源、空中秩序、交通运输和飞行安全等重大和全局性的高度认识空管工作责任,是空管文化建设的根本要求。

恪尽职守,空管人始终强化战备值班和组织实施全国飞行管制的"双重"职责任务。战备值班是各级管制中心的日常工作,也是重点工作。空管全体人员严格落实战备工作制度,严守工作岗位,真正按照"战备工作无小事"的要求,认真处理每一个电话,精心安排每一件事情;尽职尽责,空管人始终保持强烈的责任心,将保证飞行安全、防止航空器相撞作为重中之重;责任重如泰山,空管人始终把专机工作作为头等大事,摆在"高于一切、重于一切、大于一切"的位置,70 多年来,专机飞遍了祖国大江南北,空管部门保障了国家领导人国内视察和外国国家元首、政府首脑来我国访问期间的境内飞行,以及每年一度的接送"两会"代表、委员专机任务,确保专机工作绝对安全。知责思为,空管人为高密度的飞机设计出一座座看不见的空中"立交桥",提高空域利用率,保障着国家航空事业健康发展。从 1950 年开辟的天津至重庆和天津至广州两条航线,实现国内航线的正式开航,到目前,我国共划设数十条国际航路,在国边境(海上)划设了多个进出点,与多个国家(地区)通航,平均每天有多个航班进出我国境内。国内形成了纵横交织的空中交通网,在全国 10 多个城市划设了空中走廊,每天有众多架次民航班机在飞行。

"安全系于责任,责任重于泰山"。责任存在于每一位空管人的心里和空管组织的每个岗位,既是一种客观需要,也是一种主观追求;既是一种自律,也是一种他律。"我的岗位无差错,我的工作请放心。"责任心不仅是严格执行规章制度、严守操作规范、恪尽职守地做好各项工作的必要前提和保证,而且也是每一位空管人精神面貌、道德境界的生动体现。忧患意识、岗位意识必须深深地扎根于空管人的心中,成为空管核心价值观的关键因素,如图 3-2 所示为天津民航安全文化建设。忧患,是一种前瞻意识,是一种进取精神,是一种强烈的责任感,可以使人时刻保持清醒头脑,克服盲目乐观。它不仅是空管运行人员能力构成的一种要素,同时也是管制员必须具备的素质。空管系统的安全运行既是系统的、相互关联的,同时又具有很强的独立性,尤其是管制岗位,往往是个人单独操作,是安全防范关口的"前沿阵地",诸多不安全事件的发生往往就是个人"失手""失语"造成的。

图 3-2 天津民航安全文化建设

(三) 服务

空管核心价值观强调服务,这是 ICAO 对各国空管工作的基本要求。ICAO 对设立空管部门的目的进行专门的界定,即"为了促进空中交通的安全、有序和加速流量,为了促进空中航行的安全效率"以及航空单位、飞行员对空管服务的需要和期望,并在《国际民用航空公约》(附件 11)的"国际标准和建议措施—空中交通服务"中明确指出:"空中交通服务包括空中交通管制服务、飞行情报服务、告警服务三部分。"空管是代替国家行使权力的活动,虽然也承担一部分行政职能,但从整个系统性角度看,其实质上却是一个服务环节。

余秋雨在《何谓文化》一书中写道:"文化是一种手手相递的炬火,未必耀眼,却温暖人心。"文化传递着希望的光芒,可以是无声的交流、内心的感受和精神的依托,对于空管服务而言,文化又以其特有的感染力、影响力和亲和力,在提升服务品质、创造服务价值、赢得顾客满意中发挥着不可替代的作用。空管的服务对象是空域用户,即便是空域管理和流量管理,目的也是为了更好地提供空中交通服务,因而其工作性质也是服务。空管工作的优劣可用"服务质量"来衡量。在保证"安全第一"的前提下,牢固树立"空管就是服务"的观念,主动、及时、准确地为飞行提供优质服务,是空管核心价值观不可或缺的内容。尤其在我国,"人民空管为人民",服务国家、服务人民是空管行业的根本宗旨。这样的价值理念确定了我们的一切工作都要从人民利益出发,服从服务于人民的根本利益。当前,在军航开始雷达管制试点和民航实现雷达管制的情况下,要求空管行业以服务创品牌、向服务要效益,强化"五心级"服务标准,即"保障技术放心、指挥用语暖心、空管思路贴心、工作环境舒心、沟通交流开心",让服务理念成为空管核心价值观的重要组成部分。

(四) 和谐

和谐(图 3-3),是中国特色社会主义的本质属性,是社会主义核心价值观的基本原则,也是空管核心价值观的基本内容。和谐为空管系统安全、高效运行和科学发展提供了有利的人文环境和文化氛围。沟通是从冲突走向和谐、从对抗走向协调的润滑剂,是避免和化解矛盾的一味良药。空管核心价值观强调和谐,就是要求在空管工作中正确对待我国空管系统的现实矛盾,统筹考虑军航、民航、通航对空管的需求,加强空管系统内外、上下的沟通协调,营造内和外顺的空管环境。创设共生共赢的空管氛围,形成内部沟通顺畅、外部协调有力的和谐局面,实现空管文化与空管战略的和谐统一,空管发展与个人发展的和谐统一,全力打造军方满意、民航认同、人民认可的和谐空管。

图 3-3　日暮和谐

空管"和谐"核心价值观的内容主要包括:系统和谐、军民和谐以及人与自然和谐。系统论认为,世界上任何事物都是由要素构成的系统。空中交通管制活动通常包括四个构成要素,即管制主体、管制目标、管制手段和管制客体。在空管系统中,四要素是相互依存和相互作用的。空中交通管制活动的本质就是对其构成要素合理地配置与使用,实现系统和谐,从而快捷、有效地实现管制目标。

军民和谐主要体现在通过空管对军民航关系的协调,实现军民航之间和谐共生的关系。军民航协调是军民航管制部门为实现飞行活动安全、顺畅进行而相互限制、相互妥协的过程,是解决双方飞行矛盾的必要手段,是完成飞行任务的可靠保障,是充分利用有限空域资源的重要途径。我国的军航与民航之间已建立了相对稳定的协调运行机制,但这种协调机制能否针对未来充分实现空管职能而发挥优势,是我们在空管规划与建设中值得思考的问题。空管部门必须立足我国军民航现行协调机制,深入分析不同层面协调的组织形式、做法及特点,着眼未来国防建设与民航业的发展,根据未来军民航协调的诸多特点及需求,进一步探索并建立一种协调快速、有效的反应体系,完善军民航协调机制,提高空域利用率,减少对军方使用空域的限制,增强安全性和机动性。

人与自然的和谐主要体现在通过空管系统的生态环境保护工作,优化空管运行条件,改善空域环境,积极促进绿色航空发展,实现人与自然之间的和谐关系。环境保护是国际民航界最为关注的三项议题(飞行安全、航空安保、环境保护)之一。民航环境保护的核心是节省燃油和减少排放。为更好地实现能源节约,保护生存环境,国家先后出台了《节能中长期专项规划》《国务院关于加强节能减排工作的决定》等一系列政策,大力加强节能减排工作。民航局也相应制定了《民航行业节能减排规划》以及配套措施,而且还在研究拟制《民航业节能减排工作的指导意见》《民航节能减排考核及表彰奖励暂行办法》等,努力构建促进民航节能减排的良性机制与制度保障。

（五）高效

空管核心价值观强调高效,是由空管的基本矛盾决定的。空管的基本矛盾是日益增长的用户需求与空域资源的有限性之间的矛盾。对一个国家来说,空域是一种战略性资源,这种资源是由空气空间资源、航路资源、信息资源及空管人力资源等构成的一个体系。在一定时期和地区,受客观条件限制,这种资源的量却是有限的。与生物资源、矿产资源等不同,空域资源在使用过程中虽然总量不会减少,但却具有强烈的排他性,即在一定空间和时段只能有一架航空器运行,否则可能会导致航空器发生相撞。对于一个国家或地区来说,虽然空域资源是有限的和固定的,但空域具有天然的可塑性。空域的这种可塑性正是人们强化空域管理,解决空管基本矛盾的依据。强化空域管理是解决空管基本矛盾,提供高效的空管保障和服务的根本途径。

空管人经略空域,在天空中划出条条航路,维护飞行秩序,塔台上精心指挥,荧屏前精确导航,高效保障着国家航空运输大动脉畅通无阻,让各种航空器安全顺畅地各行其道;高效保障军事飞行训练,强化战备值班和特异情正确处置,保障国家空防安全与稳定。近年来,空管系统结合全国空域分配使用情况,优化资源配置,改善空域使用环境,相继优化调整了北京、上海、广州、成都、重庆、昆明等地区的空域结构。2007 年开始,民航对高空管制区进行合并调整,将现行的 22 个高空管制区合并调整为 8 个,最终实现了全国 8 大高空区域管制运行,并在飞行繁忙地区划设统一管理的终端区。通过军民航密切协调配合,解决了航空枢纽发展瓶颈问题,满足了北京、上海、广州等飞行繁忙地区的空域需求,提供了高效的空管保障和服务。

我国空域资源的分布很不均匀,军民航空域使用矛盾还比较突出,空域分类问题未完全解决,这些都影响了我国空域使用效率的提高。日益凸显的空管基本矛盾迫切要求从体制、法规、技术等多个层面不断强化空域管理,提高空管效力,实现空管保障和服务的"高效"运行。具体需要从以下四方面努力:一是加强空域管理相关理论研究,提高空域管理的科学性。空域管理理论是对国家空域资源进行合理规划、配置、开发和管理的重要依据,是空域战略管理层正确决策的客观基础。应以空管相关专业科研单位和院校为基本依托,重点加强空域容量评估理论及数学建模、航空器安全间隔标准评估理论、航路规划与设计理论、终端区划设理论和划设方法、飞行程序设计理论、自动化飞行调配理论、区域导航理论、空域管理体制和空域灵活使用方法、飞行流量管理理论等方面的研究,用科学理论对空域资源进行合理规划与管理。二是制定空域管理相关法规,提高空域管理的规范性。建立健全空域管理相关法规标准体系,是组织实施空域规划与分类管理的重要保障。目前,我国还没有关于全国空域管理的专门法规,迫切需要组织制定国家空域管理规则及相关配套法规,对空域规划的方针原则、审批权限、实施程序步骤、职责分工等相关工作进行明确。按照空域规划和分类管理的要求,制定设备建设标准,指导航管设备建设。三是建立空域资源信息系统,提高空域管理的有效性。为了强化空域管理,应建立一套全国性的空域资源信息系统。空域资源信息系统是各种空域管理实时数据和空域管理理论相结合的自动化网络系统,是科学规划与管理空域的有效手段。四是加强空域动态管理,提高空域使用的灵活性和利用率。利用多种技术手段开发空域资源,进行统一调整和安排,实现空域资源的最佳配置。

五、职业操守

职业操守是人们从事职业活动中必须遵从的基本岗位标准,具有基础性和制约性等特点。它既是对从业人员职业生活中的行为要求,又是对社会所承担的道德、责任和义务。空管行业的职业操守可以依据行业特点及价值归纳为"五提倡,五反对",即提倡积极进取,反对消极懈怠;提倡严谨规范,反对主观随意;提倡沉着果断,反对遇事慌乱;提倡学习创新,反对守旧不前;提倡团队协作,反对单打独斗。

提倡积极进取,反对消极懈怠。就是要把工作当事业干,把岗位当作实现人生价值的"战场",树立"精益求精"的心态,不能仅仅满足于保住了安全底线,要向更高的效益方向努力,不能在日复一日的重复性劳动中消退了曾经的豪情满怀和对空管事业的满腔热血,保持昂扬向上的工作状态。

提倡严谨规范,反对主观随意。严格执行空管法律法规和规章制度,是由空管行业的职能任务决定的,也是无数次空管经验教训的总结。空管人员必须心中有法,行为有据,不偏不倚,恰到好处,小到一句指令,大到运行流程,严格执行规章制度,任何的随意妄为都可能导致不可挽回的安全危机局面。

提倡沉着果断,反对遇事慌乱。突发事件处置能力和飞行冲突消解水平是管制员必须具备的职业素质,突发事件的突然性、危险性、不确定性和紧迫性,必然要求管制员在极端环境下,迅速判明情况,正确果断决策,依"案"而动,避免手忙脚乱,仓促应对。

提倡学习创新,反对守旧不前。空管学科综合性特征明显,涉及航空宇航科学、交通运输科学、信息科学、控制科学、管理科学、军事学等多学科的综合交叉应用,空管新技术发展日新月异,全球一体化空管理念深入推进,新时代的空管人必须紧跟世界空管发展动向,创新空管理念、空管技术和空管方式,要有能力危机和本领恐慌感,不懈探索,敢于突破,以时不我待、只争朝夕的精神处理好学习与工作的关系,坚持"充电",持续"放电"。

提倡团队协作,反对单打独斗。就是要实现空管系统运行、保障、监管系统的团结协作,实现军民航空管系统的协调一致,实现空管系统与航空公司、机场的同频共振。树立空管系统观和大空管理念,建设内部团结协作,外部关系顺畅的空管环境,聚力与借力相结合,团结协作保安全。

六、行业规范

行业规范是行业成员共同制定的行为规范和标准,较职业操守的适用范围更广,不仅限于岗位活动,更强调社会责任。空管行业规范包括:遵章守法,树立形象;牢记使命,奉献社会;管防并举,保障安全;公平公正,服务航空;以人为本,开拓创新。

遵章守法,树立形象。自觉遵守国家的有关法律、法规和政策,落实国家空管路线、方针,践行社会主义核心价值体系,规范行业行为,加强行业自律,弘扬求真务实的空管作风,营造风清气正的空管内部环境,树立严谨规范的空管外部形象。

牢记使命,奉献社会。积极履行空管社会责任,牢记行业使命,发挥空管在国防体系、运输体系、应急体系中的支撑作用,保障空中安全、顺畅。充分进行空管内外、上下沟通,加强管制、通信、导航、气象业务部门协作,加大上下级空管、军民航空管协调力度,密切空管与机场、航空公司(飞行部队)的沟通深度,实现空管业务部门协调发展和国防效益、经济利益的协调统一。站位国家整体利益,瞄准行业长远发展,正确处理行业发展与国防建设、经济建设的关系,使社会责任成为推动行业发展的内在要求和重要动力。

管防并举,保障安全。坚持国家"安全第一、预防为主、综合治理"安全生产方针,居安思危,防患于未然,完善特情预案,扎实提高业务技能,杜绝"错、忘、漏",落实"无后果违章报告""免责报告制度",防止因空管原因出现的事故征候、飞行冲突、危险接近、空中相撞,筑牢空中安全基础。

公平公正,服务航空。坚持公平公正的空管工作基本原则,严格执行空管法律、法规、规章和标准,依法管制,按章指挥,对所有空管保障对象一视同仁,摒弃小集体主义思想,不徇私情,不掺杂个人好恶,牢固树立服务保障思想,摆正位置,用好手中权力,服务航空用户。加强航油节约和环境保护,充分发挥空管在节省航空油料方面的特殊作用,合理选择地面滑行线路,减少航空器地面滑行时间,优化空域结构,适时开辟临时航线,分离进离场航线,减少航空器空中飞行、空中等待的时间,通过空管优质服务,节省航油,促进绿色航空发展。

以人为本,开拓创新。坚持以人为本,重视空管人员工作条件、环境改善,重视空管人员思想道德教育和业务技能培训,尽力满足其物质、文化需求,尊重知识、尊重人才、尊重创新,关心人、培养人、塑造人,立足空管人员职业规划和终身发展,依靠人的进步挖掘行业发展潜力,依靠人的能动性激发行业创新活力,依靠人的凝聚力增强核心竞争力,实现空管人员与空管行业的共同成长。

> **3-2　空管风采**
>
> 　　按语:70多年来,十大空管人在祖国的疆土大地,以执着追求和无私奉献的精神情怀,全力维护祖国蓝天的安宁,保障作战飞行训练的安全,为人民生命财产的安全和国家的声誉贡献率积极的力量,以航管事业作为个人生命的依托,一丝不苟地守护着祖国的蓝天,聚力祖国航管事业的蒸蒸日上。

航管,我生命的依托[7]

作者:常守峰

　　我总以为,有春风拂过的地方一定会留下生机盎然,因为春风满含着生命的活力;我总相信,有人走过的地方一定会留下阳光明媚,因为我们的足迹是那么自然清晰;我总回忆,自己从事航空管制工作27年历程,时刻触摸着祖国航空管制脉动的历史……

　　青春勃发的我,曾经带着玫瑰色的梦来到军营。憧憬穿上白大褂做一名医生,为人们解除痛苦,救死扶伤。然而,命运使我选择了航空管制。在这里,我能做些什么?一个个的问号敲打着我的灵魂。我知道我是一个平凡的生命,需要崇高的事业来依托,才能闪耀着个性的风采,我总在想这是我理想的岗位吗?

　　无论如何,自己的角色已经转变,切身的体会胜过言语万千。我第一次明白了航管人员的苦与累,平凡与无私。没有鲜花陪伴,没有掌声共鸣,有的只是忙忙碌碌的工作,有的只是肩头沉甸甸的责任。

当年航空管制人员"看不见"空中飞机飞行活动情况,掌握飞行活动的管制手段主要靠雷达标图、飞行计划的通报、无线电守听等方法;掌握飞机活动的位置,靠计算的结果和雷达标图给出的位置;组织实施飞行调配,防止空中飞机相撞是由管制人员用手工标绘调配图,识别飞行冲突和制定飞行调配方案。为了做好航空管制工作,自己查找了很多航空管制业务书籍和有关资料规定,平时抓紧时间学习,刻苦背记,在实践中认真摸索,注意总结点滴经验,业务水平不断攀升。

人只有在不断的挑战中才能挖掘出自己潜在的创造力,人只有在运用自己天赋的创造力,才能建筑属于自己完美的宇宙世界。1989年5月的一天,某部一架运输机执行转场飞行任务,飞到山东省德州市附近,一台发动机突然故障,造成单发飞行,如果得不到及时处置,后果将十分严重。当时值班的我迅速进入角色,准确掌握了飞机的位置,沟通了通信联系,立即指挥飞机在附近的空军某机场安全降落,保障了人机安全。这次空中排险,激发了我极大的工作热情,再一次坚定了我为航管事业奋斗的决心和信心。

"海阔凭鱼跃,天高任鸟飞。"一切生命的个体,超越时代与潮流的超凡的人,他们都有一片自己的精神天地,他们以自己的存在方式显示其生命的力量与魅力。航空管制工作不像人们想象的那么轻松自如;他是一门技术性和政策性都很强的工作。当我学会了飞行指挥,才体会到这关系到人民生命财产的安全和国家的声誉;当我学会了航空管制才体会到"肩负着神圣使命,捍卫祖国蓝天"的真正内涵。心中那模糊的认识已经变得越来越清晰和真实。

更为可喜的是,我的职业生涯伴随着祖国航管事业飞速发展也蒸蒸日上。国家经济改革开放,使航空管制工作日新月异。空管工程建设,改善了航管设备,真正为我们装上了"千里眼、顺风耳",使我们对空中飞机一目了然,能看得见、联得上,飞行安全有了可靠的物质基础。每当看到战斗机完成了任务胜利返航,民航班机顺利通过军用机场上空,自己深感肩负的重任,每当看到军功章在航管人胸前闪烁时,自己倍感工作的神圣。我愿继续以航管事业作为我生命的依托,一丝不苟地守护着祖国的蓝天。

本章参考文献

[1] 翟学伟.中国人的价值取向:类型、转型及其问题[J].南京大学学报,1999(4):118-116.

[2] 张军.现代空中交通管理[M].北京航空航天大学出版社,2005.

[3] 王世刚.以人为本是空管文化建设的精髓[J].空中交通管理,2007(4):52-53.

[4] 张景林.安全学[M].化学工业出版社,2009.

[5] 杨江虹.防相撞工作三字经[J].航空管制,2009(1):33.

[6] 刘钢.现代一体化空管新理念,面对全球空管一体化新趋势[N].解放军报,2004-5-19.

[7] 常守峰.航管,我生命的依托[J].航空管制,2005(1):21.

第四章
空管文化建设的理论基础

人的思想是万物之因。你播种一种观念，就收获一种行为；你播种一种行为，就收获一种习惯；你播种一种习惯，就收获一种性格；你播种一种性格，就收获一种命运。总之，一切都始于你的观念。

当今世界,正处在大发展、大变革、大调整时期。文化越来越成为民族凝聚力和创造力的重要源泉,越来越成为综合国力竞争的重要因素,越来越成为经济社会发展的重要支撑。在这样一个历史背景下,要求我们必须认真学习科学理论,正确把握文化建设的前进方向,努力掌握科学方法,积极探索和研究空管文化建设理论和方法,从而以规律性的理论指导空管文化建设的实践,不断增强空管文化工作的自觉性和坚定性。空管文化建设涉及与文化相关的多学科理论和与建设相关的人才、组织、管理多个领域,其理论基础主要包括相关的文化建设指导理论、哲学社会科学理论和管理科学理论等。

第一节　文化建设的重要思想及其指导作用

中国共产党是一个有着高度文化自觉的党,自成立之日起,就高度重视文化工作,牢牢把握先进文化的前进方向,把文化工作作为唤起群众、教育人民、凝聚民族意志、弘扬民族精神的战略任务来抓。从革命战争年代,到社会主义建设时期,再到改革开放的新时期,党和人民的事业之所以能够不停地从胜利走向胜利,不断发展进步,一个重要原因就是党始终牢牢把握先进文化的前进方向,以先进文化为号角和旗帜,为人民提供了强大精神力量。从毛泽东同志倡导建设"民族的科学的大众的文化",邓小平同志提出"建设高度的社会主义精神文明",江泽民同志号召"代表中国先进文化的前进方向",胡锦涛同志强调"加强社会主义核心价值体系建设",到党的十八大提出"扎实推进社会主义文化强国建设",再到党的十九大习近平同志强调"坚定道路自信、理论自信、制度自信、文化自信""没有高度的文化自信,没有文化的繁荣昌盛,就没有中华民族伟大复兴",一个共同的灵魂就是牢牢把握文化建设的正确方向。总结和梳理党关于文化建设的重要思想,有利于进一步认识加强空管文化建设的重要性和紧迫性,为更加自觉、更加主动地推动空管文化建设提供理论指导。

一、中国共产党关于文化建设的重要思想

中国共产党关于文化建设的一系列重要论述,集中反映了党关于文化建设的重要思想和基本精神,全面展现了党的文化理论的基本内容和主要观点,为进一步凝聚全党智慧、形成社会合力,建设社会主义文化强国提供了有力的思想武器。这些论述内涵丰富、思想深刻,贯穿了马克思主义的立场、观点和方法,反映了党关于文化建设的重要思想和基本精神,体现了党在文化上的高度自觉和政治上的远见卓识。这既是党的文化工作的根本,是建设文化强国的基石,也是空管文化的理论基础。

(一)关于文化建设的重要地位

毛泽东在《新民主主义论》中曾对文化建设的地位做了重要阐述,他说:"一定的文化(当作观念形态的文化)是一定社会的政治和经济的反映,又给予伟大影响和作用于一定社会的政治和经济。"[1]663-664他还说:"革命文化,对于人民大众,是革命的有力武器。革命文化,在革命前,是革命的思想准备;在革命中,是革命总战线中的一条必要和重要的战线。而革命的文化工作者,就是这个文化战线上的各级指挥员。'没有革命的理论,就不会有革命的运动。'"[1]708由此可见,革命的文化运动对于革命的实践运动具有何等的重要性。他在

《文化工作中的统一战线》中明确指出:"没有文化的军队是愚蠢的军队,而愚蠢的军队是不能战胜敌人的。"[2]1011

在社会主义建设新时期,邓小平对文化建设的重要地位也作了一系列重要论述。1977年9月14日,他在会见日本新自由俱乐部访华团谈话时说:"社会主义制度的优越性表现在它的文化、科学技术水平应该比资本主义发展得更快、更先进,这才称得起社会主义,称得起先进的社会制度。"[3]他还说:"我们要建设的社会主义国家,不但要有高度的物质文明,而且要有高度的精神文明。所谓精神文明,不但是指教育、科学、文化(这是完全必要的),而且是指共产主义的思想、理想、信念、道德、纪律,革命的立场和原则,人与人的同志式关系,等等。"[4]367他在中国共产党全国代表会议上的讲话中强调指出:"不加强精神文明的建设,物质文明的建设也要受破坏,走弯路。光靠物质条件,我们的革命和建设都不可能胜利。过去我们党无论怎样弱小,无论遇到什么困难,一直有强大的战斗力,因为我们有马克思主义和共产主义的信念。有了共同的理想,也就有了铁的纪律。无论过去、现在和将来,这都是我们的真正优势。"[5]144

江泽民在论述中国特色社会主义时对文化建设的重要地位作了全面阐述,他说:"社会主义的优越性不仅表现在经济政治方面,表现在能够创造出高度的物质文明上,而且表现在思想文化方面,表现在能够创造出高度的精神文明上。贫穷不是社会主义;精神生活空虚,社会风气败坏,也不是社会主义。现代化建设的实践告诉我们,越是集中力量发展经济,越是加快改革开放的步伐,就越是需要社会主义精神文明提供强大的精神动力和智力支持,以保证物质文明建设的顺利进行。必须充分认识到,两个文明建设缺少任何一个方面的发展,都不成其为有中国特色的社会主义。"[6]在《高举邓小平理论伟大旗帜,把建设有中国特色社会主义事业全面推向二十一世纪》的重要讲话中,他进一步强调指出:"有中国特色社会主义的文化,是凝聚和激励全国各族人民的重要力量,是综合国力的重要标志。它渊源于中华民族五千年文明史,又根植于有中国特色社会主义的实践,具有鲜明的时代特点;它反映我国社会主义经济和政治的基本特征,又对经济和政治的发展起巨大促进作用。"[7]33在题为《全面建设小康社会,开创中国特色社会主义事业新局面》的党的十六大报告中,他强调:"全面建设小康社会,必须大力发展社会主义文化,建设社会主义精神文明。当今世界,文化与经济和政治相互交融,在综合国力竞争中的地位和作用越来越突出。文化的力量,深深熔铸在民族的生命力、创造力和凝聚力之中。"[8]

胡锦涛对文化建设的重要地位也作了一系列重要论述。2006年11月10日,他在中国文联第八次全国代表大会、中国作协第七次全国代表大会上的讲话中指出:"当今时代,文化在综合国力竞争中的地位日益重要。谁占据了文化发展的制高点,谁就能够更好地在激烈的国际竞争中掌握主动权。人类文明进步的历史充分表明,没有先进文化的积极引领,没有人民精神世界的极大丰富,没有全民族创造精神的充分发挥,一个国家、一个民族不可能屹立于世界先进民族之林。"[9]7522011年7月1日,他在庆祝中国共产党成立90周年大会上的讲话中强调:"社会主义先进文化是马克思主义政党思想精神上的旗帜。面对当今文化越来越成为综合国力竞争重要因素的新形势,我们必须以高度的文化自觉和文化自信,着眼于提高民族素质和塑造高尚人格,以更大力度推进文化改革发展,在中国特色社会主义伟大实践中进行文化创造,让人民共享文化发展成果。"[10]

十八大以来,习近平总书记在不同场合,多次强调文化发展对于国家民族的重要性。2013年7月29日,习近平在视察北京军区时发表了重要讲话,强调指出:"要坚持把思想政治建设摆在首位,坚持不懈用中国特色社会主义理论体系武装官兵,持续培育当代革命军人核心价值观,发展先进军事文化,加强各级党组织建设,确保思想政治上特别纯洁、特别过硬、特别坚定。"[11]2013年11月26日,习近平在山东曲阜考察孔子研究院时曾指出:"一个国家、一个民族的强盛,总是以文化兴盛为支撑的,中华民族伟大复兴需要以中华文化发展繁荣为条件。"[12]2016年11月30日,习近平在中国文联十大、中国作协九大开幕式上的讲话强调:"实现中华民族伟大复兴,需要物质文明极大发展,也需要精神文明极大发展。……坚定文化自信,是事关国运兴衰、事关文化安全、事关民族精神独立性的大问题。"[13]2018年8月,习近平在全国宣传思想工作会议上的讲话中明确提出:"兴文化,就是要坚持中国特色社会主义文化发展道路,推动中华优秀传统文化创造性转化、创新性发展,继承革命文化,发展社会主义先进文化,激发全民族文化创新创造活力,建设社会主义文化强国。"[14]

以上关于文化建设重要地位的论述,对深化中央关于文化改革发展决策部署的认识具有重要意义。这些重要论述,提纲挈领、简明扼要地抓住了文化建设对国家发展的重大意义,为理解和把握空管文化建设在空管事业中的地位提供了基本依据,对深入探索和研究空管文化的理论与实践以深刻启迪。

(二)关于文化建设的指导思想

理论来源于实践,又反过来指导实践,离开理论的实践只能是盲目的实践。进入新世纪新阶段,空管文化建设在继承和发扬中华优秀传统文化的同时,更要适应时代发展,与时俱进,以中国特色社会主义理论为指导方针,以社会主义核心价值观为导向,不断推进理论创新与实践验证的协调发展。

1940年1月,毛泽东在《新民主主义论》中指出:"民族的科学的大众的文化,就是人民大众反帝反封建的文化,就是新民主主义的文化,就是中华民族的新文化。"[1]708-709 1942年5月,他《在延安文艺座谈会上的讲话》中强调:"我们是马克思主义者,马克思主义叫我们看问题不要从抽象的定义出发,而要从客观存在的事实出发,从分析这些事实中找出方针、政策、办法来。我们现在讨论文艺工作,也应该这样做。"[2]853 1945年4月,《在中国共产党第七次全国代表大会上的口头政治报告》中,他进一步强调:"我们历史上的马克思主义有很多种,有香的马克思主义,有臭的马克思主义,有活的马克思主义,有死的马克思主义,把这些马克思主义堆在一起就多得很。我们所要的是香的马克思主义,不是臭的马克思主义;是活的马克思主义,不是死的马克思主义。"[15]

在改革开放新的历史时期,邓小平对文化建设的指导思想做了重要论述。1983年10月12日,他在《党在组织战线和思想战线上的迫切任务》中指出:"思想战线上的战士,都应当是人类灵魂工程师。……作为灵魂工程师,应当高举马克思主义的、社会主义的旗帜,用自己的文章、作品、教学、讲演、表演,教育和引导人民正确地对待历史,认识现实,坚信社会主义和党的领导,鼓舞人民奋发努力,积极向上,真正做到有理想、有道德、有文化、守纪律,为伟大壮丽的社会主义现代化建设事业而英勇奋斗。"[5]40 1986年11月9日,他在《用坚定的信念把人民团结起来》中指出:"我们建设社会主义,准确地说是建设有中国特色的社会主义,这样才是真正地坚持了马克思主义。我们历来主张世界各国共产党根据自己的特点去继承和发展马克思主义,离开自己国家的实际谈马克思主义,没有意义。"[5]191

1991 年 7 月 1 日,江泽民在《当代中国共产党人的庄严使命》中指出:"坚持马克思列宁主义、毛泽东思想的指导地位,是我们立党立国的根本,也是社会主义文化建设的根本,决定着我国文化事业的性质和方向。"[16]158 1997 年 9 月 12 日,他在党的十五大报告中强调:"建设有中国特色社会主义的文化,就是以马克思主义为指导,以培育有理想、有道德、有文化、有纪律的公民为目标,发展面向现代化、面向世界、面向未来的,民族的科学的大众的社会主义文化。"[7]17-18 2000 年 6 月 28 日,他在中央思想政治工作会议上的讲话中指出:"思想文化阵地,马克思主义、无产阶级的思想不去占领,各种非马克思主义、非无产阶级的思想甚至反马克思主义的思想就会去占领。"[17]97 2001 年 7 月 1 日,他在庆祝中国共产党成立八十周年大会上的讲话时强调:"牢牢把握中国先进文化的发展趋势和要求,坚持以马克思列宁主义、毛泽东思想、邓小平理论为指导,立足于建设有中国特色社会主义的实践,着眼于世界科学文化发展的前沿,不断发展健康向上、丰富多彩的,具有中国风格、中国特色的社会主义文化,满足人民群众日益增长的精神文化需求,引导广大人民群众从思想上精神上正确武装和不断提高起来。"[17]276-277

2003 年 12 月 5 日,胡锦涛在全国宣传思想工作会议上的讲话中强调:"要高举邓小平理论和'三个代表'重要思想的伟大旗帜,全面贯彻十六大精神,着眼于巩固马克思主义在我国意识形态领域的指导地位,着眼于服务经济建设这个中心和全党全国工作大局,着眼于促进社会全面进步和人的全面发展,坚持解放思想、实事求是、与时俱进,坚持以科学的理论武装人、以正确的舆论引导人、以高尚的精神塑造人、以优秀的作品鼓舞人,坚持贴近实际、贴近生活、贴近群众,努力形成体现中国先进生产力的发展要求、体现中国先进文化的前进方向、体现中国最广大人民的根本利益的理论指导、舆论力量、精神支柱和文化条件,引导和激励全党全国人民为实现全面建设小康社会的宏伟目标而团结奋斗。"[18] 2006 年 10 月 11 日,他在中共十六届六中全会第二次全体会议上的讲话中明确指出:"要巩固和发展马克思主义在意识形态领域的指导地位。马克思列宁主义、毛泽东思想、邓小平理论和'三个代表'重要思想,是我们立党立国的根本指导思想,是全党全国各族人民的共同精神支柱,也是我们战胜艰难险阻、抵御错误思想干扰的强大思想武器。我们说要建设社会主义核心价值体系,马克思主义指导地位是最根本的。"[9]684-685

思想道德建设是发展中国特色社会主义文化的重要内容和中心环节。人民有信仰,国家有力量,民族有希望。加强思想道德建设,提高人民思想觉悟、道德水准、文明素养,提高全社会文明程度,前提是要开展理想信念教育。2012 年 11 月 19 日,习近平在十八届中共中央政治局第一次集体学习时强调指出:"理想信念就是共产党人精神上的'钙',没有理想信念,理想信念不坚定,精神上就会'缺钙',就会得'软骨病'。"[19] 意识形态决定文化前进方向和发展道路。这是新时代文化建设的政治保证问题。为此,习近平在 2013 年 8 月 19 日召开的全国宣传思想工作会议上的讲话中强调指出:"意识形态工作一定要把围绕中心、服务大局作为基本职责,胸怀大局、把握大势、着眼大事,找准工作切入点和着力点,做到因势而谋、应势而动、顺势而为。"[20]

空管事业是党和国家建设全局中的重要事业,必须始终坚定不移地坚持用中国特色社会主义理论武装空管人的头脑,用社会主义核心价值理想凝聚团队力量,在建设过程中不断强化道路自信、理论自信和制度自信,以空管文化建设促进空管事业发展,为中国特色社会主义建设提供有力支持。

(三) 关于文化建设的基本方针

坚持什么样的文化方向,推动建设什么样的文化,是一个政党在思想上精神上的一面旗帜。牢牢把握文化建设的正确方向,是文化改革发展沿着正确道路前进的根本保证。毛泽东、邓小平、江泽民、胡锦涛和习近平同志关于文化建设基本方针的重要论述,是我们坚守正确的文化立场,坚持中国特色社会主义文化发展道路、努力建设中国特色的空管文化的思想武器。

1940 年 1 月,毛泽东在《新民主主义论》中指出:"清理古代文化的发展过程,剔除其封建性的糟粕,吸收其民主性的精华,是发展民族新文化提高民族自信心的必要条件;但是决不能无批判地兼收并蓄。"[1]707-708 1956 年 4 月 25 日,他在《论十大关系》中明确指出:"我们的方针是,一切民族、一切国家的长处都要学,政治、经济、科学、技术、文学、艺术的一切真正好的东西都要学。但是,必须有分析有批判地学,不能盲目地学,不能一切照抄,机械搬用。"[21]41 1957 年 2 月 27 日,他在《关于正确处理人民内部矛盾的问题》中指出:"我们的教育方针,应该使受教育者在德育、智育、体育几方面都得到发展,成为有社会主义觉悟的有文化的劳动者。"[21]226

1979 年 10 月 30 日,邓小平在中国文学艺术工作者第四次代表大会上的祝词中指出:"我们要继续坚持毛泽东同志提出的文艺为最广大的人民群众、首先为工农兵服务的方向,坚持百花齐放、推陈出新、洋为中用、古为今用的方针,在艺术创作上提倡不同形式和风格的自由发展,在艺术理论上提倡不同观点和学派的自由讨论。"[4]210 1980 年 1 月 16 日,他在《目前的形势和任务》中指出:"我们坚持安定团结,坚持四项基本原则,同坚持'双百'方针,是完全一致的。"[4]256

1991 年 7 月 1 日,江泽民在《当代中国共产党人的庄严使命》中强调:"必须坚持为人民服务、为社会主义服务的方向和百花齐放、百家争鸣的方针,繁荣和发展社会主义文化,不允许毒害人民、污染社会和反社会主义的东西泛滥;必须继承和发扬民族优秀文化传统而又充分体现社会主义时代精神,立足本国而又充分吸收世界文化优秀成果,不允许搞民族虚无主义和全盘西化。"[16]158 1994 年 1 月 24 日,他在全国宣传思想工作会议上的讲话中指出:"必须以科学的理论武装人,以正确的舆论引导人,以高尚的精神塑造人,以优秀的作品鼓舞人,不断培养和造就一代又一代有理想、有道德、有文化、有纪律的社会主义新人。"[22]

2007 年 10 月 15 日,胡锦涛在党的十七大报告中明确指出:"积极探索用社会主义核心价值体系引领社会思潮的有效途径,主动做好意识形态工作,既尊重差异、包容多样,又有力抵制各种错误和腐朽思想的影响。……要坚持为人民服务、为社会主义服务的方向和百花齐放、百家争鸣的方针,贴近实际、贴近生活、贴近群众,始终把社会效益放在首位,做到经济效益与社会效益相统一。"[23] 2011 年 7 月 1 日,他在庆祝中国共产党成立 90 周年大会上的讲话中指出:"要坚持发展面向现代化、面向世界、面向未来的,民族的科学的大众的社会主义文化,推动社会主义先进文化更加深入人心,推动社会主义精神文明和物质文明全面发展,不断开创全民族文化创造活力持续迸发、社会文化生活更加丰富多彩、人民基本文化权益得到更好保障、人民思想道德素质和科学文化素质全面提高的新局面,建设中华民族共有精神家园。"[10]

习近平在 2013 年 8 月 19 日召开的全国宣传思想工作会议上的讲话中强调指出:"坚持团结稳定鼓劲、正面宣传为主,是宣传思想工作必须遵循的重要方针。……宣传思想工作创新,重点要抓好理念创新、手段创新、基层工作创新。"[24]建设社会主义文化强国,需要培养高度的文化自觉和文化自信,坚定不移地走社会主义文化发展道路,就是要遵循新时代中国特色社会主义文化建设的基本纲领和基本要求,遵循党的十九大报告中提出的"发展中国特色社会主义文化,就是以马克思主义为指导,坚守中华文化立场,立足当代中国现实,结合当今时代条件,发展面向现代化、面向世界、面向未来的、民族的科学的大众的社会主义文化,推动社会主义精神文明和物质文明协调发展。要坚持为人民服务、为社会主义服务,坚持百花齐放、百家争鸣,坚持创造性转化、创新性发展,不断铸就中华文化新辉煌。"[25]

中国共产党关于文化建设的基本方针全面深刻地分析了文化建设面临的各种矛盾,在破解矛盾的过程中揭示了文化建设的一般规律和基本方法,对于空管文化建设确立指导思想和原则、明确战略目标及思路、凝炼主要内容和抓手都具有十分重要的指导意义。

(四)关于文化人才队伍建设

1939 年 12 月 1 日,毛泽东在《大量吸收知识分子》一文中指出:"没有知识分子的参加,革命的胜利是不可能的。"[1]618 1957 年 3 月 12 日,他在中国共产党全国宣传工作会议上的讲话中强调:"我们的国家是一个文化不发达的国家。五百万左右的知识分子对于我们这样一个大国来说,是太少了。没有知识分子,我们的事情就不能做好,所以我们要好好地团结他们。"[21]270

1979 年 10 月 30 日,邓小平在中国文学艺术工作者第四次代表大会上的祝词中强调:"必须十分重视文艺人才的培养。在一个九亿多人口的大国里,杰出的文艺家实在太少了。这种状况与我们的时代很不相称。我们不仅要从思想上,而且要从工作制度上创造有利于杰出人才涌现和成长的必要条件。"[4]212-213 1986 年 4 月 19 日,他在《教育是一个民族最根本的事业》中指出:"四化建设的实现要靠知识、靠人才。政策上的失误容易纠正过来,而知识不是立即就能得到的,人才也不是一天两天就能培养出来的,这就要抓教育,要从娃娃抓起。"[26]

1992 年 10 月 12 日,江泽民在《加快改革开放和现代化建设步伐,夺取有中国特色社会主义事业的更大胜利》中指出:"要努力创造更加有利于知识分子施展聪明才智的良好环境,在全社会进一步形成尊重知识、尊重人才的良好风尚。"[27]1996 年 1 月 24 日,他在《宣传思想战线的主要任务》中强调:"加强队伍建设,要把思想政治建设放在首位,首先要确保在政治上过得硬。要努力培养和选拔一批政治坚定、作风正派、业务上有发展前途的比较年轻的同志,给他们压担子,使他们尽快成长起来,确保党的宣传文化事业后继有人。"[28]

2006 年 10 月 11 日,胡锦涛在中共十六届六中全会第二次全体会议上的讲话中强调:"加强党的意识形态工作,必须紧紧依靠广大知识分子。要切实加强马克思主义理论队伍和哲学社会科学队伍建设,注重培养一批德才兼备、在国际学术界有影响的专家学者。"[9]687 2008年1月22日,胡锦涛在全国宣传思想工作会议上的讲话中进一步指出:"要继续实施好宣传思想文化领域"四个一批"人才培养工程,建立健全培养、选拔、考核、激励机制,做好培育人才、吸引人才、使用人才工作,努力造就一大批各门类拔尖人才、经营管理人才、专业技术人才。""要认真贯彻尊重劳动、尊重知识、尊重人才、尊重创造的方针,研究落实国家荣誉制度,表彰有杰出贡献的文化工作者,充分调动他们的积极性、主动性、创造性。"[29]

2013年11月5日,习近平主席在视察国防科技大学时强调指出:"要牢牢扭住培养高素质新型军事人才这个中心任务,深入研究现代军事教育特点和规律,坚持走以提高质量为核心的内涵式发展道路,努力培养造就能够担当强军重任的优秀军事人才。要坚持面向战场、面向部队,围绕实战搞教学、着眼打赢育人才,使培养的学员符合部队建设和未来战争的需要。要更新教育理念,创新培养模式,全面提高师资队伍整体素质,走出一条有利于高端军事人才成长的新路子。"[30]2014年6月9日,他在中国科学院第十七次院士大会、中国工程院第十二次院士大会上的讲话中指出:"千秋基业,人才为先。实现中华民族伟大复兴,人才越多越好,本事越大越好。我国是一个人力资源大国,也是一个智力资源大国,我国13亿多人大脑中蕴藏的智慧资源是最可宝贵的。知识就是力量,人才就是未来。我国要在科技创新方面走在世界前列,必须在创新实践中发现人才、在创新活动中培育人才、在创新事业中凝聚人才,必须大力培养造就规模宏大、结构合理、素质优良的创新型科技人才。"[31]

搞好文化建设,关键是人才,基础也是人才。空管文化建设必须从发现培养人才、尊重使用人才等方面入手,做好中长期文化专业人才队伍建设。坚持用符合文化建设需要的思想和理论教育引导各个岗位的空管人员,使每个空管人都成为文化建设的人才,为空管文化建设奠定广泛而坚实的人才基础。

(五)关于党对文化建设的领导

1955年12月,毛泽东在《对中央关于知识分子问题的指示草案的批语和修改》中指出:"为了改善对于知识分子的使用,进一步地进行对于知识分子的改造,大批地培养知识分子,以加速我国科学文化事业的发展,必须加强党的领导。"[32]1957年2月27日,他在《关于正确处理人民内部矛盾的问题》中强调"实行百花齐放、百家争鸣的方针,并不会削弱马克思主义在思想界的领导地位,相反地正是会加强它的这种地位。"[21]232

1979年10月30日,邓小平在中国文学艺术工作者第四次代表大会上的祝词中指出:"党对文艺工作的领导,不是发号施令,不是要求文学艺术从属于临时的、具体的、直接的政治任务,而是根据文学艺术的特征和发展规律,帮助文艺工作者获得条件来不断繁荣文学艺术事业,提高文学艺术水平,创作出无愧于我们伟大人民、伟大时代的优秀的文学艺术作品和表演艺术成果。"[4]213 1983年10月12日,他在《党在组织战线和思想战线上的迫切任务》中强调:"把我们党建设成为有战斗力的马克思主义政党,成为领导全国人民进行社会主义物质文明和精神文明建设的坚强核心。"[5]39

1996年9月26日,江泽民在《舆论导向正确是党和人民之福》中指出:"舆论导向正确,是党和人民之福;舆论导向错误,是党和人民之祸。党的新闻事业与党休戚与共,是党的生命的一部分。可以说,舆论工作就是思想政治工作,是党和国家的前途命运所系的工作。因此,我们党一贯强调,要把新闻舆论的领导权牢牢掌握在忠于马克思主义、忠于党、忠于人民的人手里;新闻舆论单位一定要把坚定正确的政治方向放在一切工作的首位,坚持正确的舆论导向;新闻舆论工作要紧紧围绕经济建设这个中心,服从和服务于全党全国工作的大局。"[16]564

2003年12月5日,胡锦涛在全国宣传思想工作会议上的讲话中强调:"党管宣传、党管意识形态,是我们党在长期实践中形成的重要原则和制度,是坚持党的领导的一个重要方面,必须始终牢牢坚持,任何时候都不能动摇。"[18]2006年10月11日,他在中共十六届六中全会第二次全体会议上强调指出:"各级党委和各级领导干部特别是主要负责同志都要从提高党的执政能力、巩固党的执政地位、完成党的执政使命的战略高度来谋划意识形态工作,加强和改进对意识形态工作的领导,提高做好新形势下意识形态工作的能力,牢牢掌握意识形态工作的领导权和主动权。"[9]684 2008年6月20日,他在人民日报社考察工作时强调:"要牢固树立政治意识、大局意识、责任意识、阵地意识,把坚持正确导向放在新闻宣传工作的首位,坚持团结稳定鼓劲、正面宣传为主,唱响主旋律,打好主动仗,更加自觉主动地为人民服务、为社会主义服务、为党和国家工作大局服务。"[33]

2013年8月19日,习近平在全国宣传思想工作会议上的讲话中强调指出:"各级党委要负起政治责任和领导责任,加强对宣传思想领域重大问题的分析研判和重大战略性任务的统筹指导,不断提高领导宣传思想工作能力和水平。"[24]2013年8月30日,他在沈阳军区视察时发表了重要讲话,强调指出:"要始终扭住听党指挥这个强军之魂,以积极主动的工作占领部队思想阵地、文化阵地、舆论阵地,确保部队绝对忠诚、绝对纯洁、绝对可靠,任何时候任何情况下都坚决听从党中央、中央军委指挥。"[34]

坚持党的领导是中国各项事业取得进步的根本保证。空管文化建设必须牢固树立这个理念,既要在思想上明确党的指导地位的历史必然性,更要在具体建设过程中落实党的决策、实现党的意图,在空管文化建设的各个方面体现党的意志,坚持用党的坚强领导确保空管文化建设取得实效。

二、新时期党的创新理论对空管文化建设的指导作用

新时期,中国共产党人坚持以毛泽东思想、邓小平理论、"三个代表"重要思想和科学发展观为指导,根据新的发展要求,深刻认识和回答了新形势下实现什么样的发展、怎样发展等重大问题,形成了习近平新时代中国特色社会主义思想创新理论。新时期党的创新理论同马克思列宁主义、毛泽东思想、邓小平理论、"三个代表"重要思想,科学发展观既一脉相承,又与时俱进,是马克思主义关于发展的世界观和方法论的集中体现,是马克思主义中国化最新成果,是中国共产党集体智慧的结晶,是发展中国特色社会主义必须坚持和贯彻的指导思想。党的创新理论作为研究发展问题的重大理论成果,对社会主义各项建设提供了思想、方法和原则指导,也成为空管文化建设重要的理论基础。党的创新理论提供了推进空管文化建设的基本理论遵循,指明了推进空管文化建设的现实发展路径,强调了安全发展是推进空管文化建设的本质要求。

(一)提供了推进空管文化建设的基本理论遵循和方法路径

新时期党的创新理论是指导经济社会发展的重要理论,也为空管文化建设提供了重要理论支撑和方法路径。空管系统建设是中国特色社会主义建设全局中的重要一环,其承担

的任务随着我国经济、政治、社会和文化建设的不断发展而日益繁重艰巨,其建设质量将对其他各项建设乃至全局都具有举足轻重的影响。作为促进空管系统更好更快发展的重大举措,建设具有中国特色的空管文化是一项相当庞大的系统工程,在建设中必须始终坚持以党的创新理论为理论指南,充分发挥党的创新理论强大的引领和支撑作用。

党的创新理论为空管文化建设提供了思想依据。如习近平新时代中国特色社会主义思想是辩证唯物主义和历史唯物主义在新的历史条件下具体而生动的运用,体现了认识规律、遵循规律的科学精神,不仅为中国现代化建设提供了世界观方法论指导,也为认识和把握空管文化建设提供了思想"总钥匙"。空管事业是党和国家事业的重要组成部分,是国家层面的战略问题,涉及国家主权、领空安全、空中资源、空中秩序、交通运输和飞行安全等重大和全局性问题。空管文化建设根植于空管实践,同时又从文化建设层面推动引领空管事业的健康发展,必将深刻影响国家空管系统科学发展方向。

党的创新理论为空管文化建设指明了根本方向。经过多年的深入探索和实践,空管文化建设已经取得了明显成效,但在文化建设上仍存在着一些突出矛盾和问题。如文化建设总体上起点低、基础薄和投入少;空管文化建设行为短期,没有一个明确的空管文化机构;缺乏刚性的制度安排等。党的文化建设理论表明,空管文化建设从根本上说是一个发展问题,必须转换理念、改进模式以提升建设效益。空管文化建设坚持以习近平新时代中国特色社会主义思想为指导,必须围绕工作重点,用科学和系统的方法,理清空管转型建设诸要素、诸环节之间的内在联系,寻求解决问题的有效对策,抓住主要矛盾实施突破,保证空管系统转型健康、有序、高效地发展。党的创新理论为推动空管文化建设提供了科学方法,指明了建设的思路、办法及途径,对更新思想观念、理清发展思路、完善发展规划、创新政策措施、统筹各方面的资源条件、协调各项建设发展,研究解决空管系统转型建设的突出问题,推动空管文化建设全面、协调、可持续发展,都具有宏观的方法论指导意义。

党的创新理论指明空管文化建设的现实发展路径。如主题主线重大战略思想,具体到空管系统的建设上,就是必须遵循以促进空管系统科学发展为主题,以转变空域管理方式和提高空域资源利用率为主线,使空管文化建设建立在科学世界观和方法论指导的基础之上。当前,文化建设与空管系统科学发展的要求不相适应,已经成为制约我国空管事业进一步发展的主要因素,其核心是空管文化体系、内涵和建设机制没有建立起来,文化对提升空管人的精神、道德、品质和意识的能力比较薄弱,文化促进空管建设效益的功能没有得到有效发挥。加强空管文化建设,通过空管文化的塑造,促进空管人思想认识和思维观念的转变提升,并争取在世界空管领域和文化领域的话语权,对构建富有时代特色的新型中国空管文化做出独特而重要的贡献,为空管事业发展营造一个全社会广泛关注、热情参与、大力支持的良好外部环境,将是今后一个时期,空管文化建设的核心任务和根本目标。

党的创新理论提供了协调处理好空管系统建设与重点建设的关系的具体方法论,突出两点论和重点论的统一。空管系统是由诸多要素构成的一个复杂系统,空管文化包括精神文化、制度文化、行为文化、语言文化和物质文化等要素。但其中最基本的要素主要包括精神文化、制度文化和物质文化。没有精神文化,就没有统一的意志和共同的信念;没有制度文化就没有严整的秩序、有效的工作;没有物质文化,就没有存在的基础、发展的后劲。这几方面必须协调发展,才能保证空管运行安全、有序和高效。21世纪是空天竞争世纪,空天主宰地位已然凸显并加速增进,国家安全和发展对空管提出了更高更全面的战略需求,空管的使命任务比以往更丰富、更艰巨,责任空间和活动空间由航空空间向临近空间、外层空间上延,由内陆本土向国家战略利益区外溢,不仅要有效维护国家空中安全,保障空天资源的开发和利用,而且还将参与维护其他国家战略空间的安全。新的职能、新的战场、新的环境、新的运用样式,迫切要求在文化领域,尤其是在精神文化层面进行深刻变革。同时也要求在环境文化、行为文化等方面有所作为,为文化建设主体工程提供必要的配套支持。

(二)强调了安全发展理念是空管文化的本质要求

安全发展理念是在我国社会建设发展实践中提出的,有深刻的时代背景和强烈的现实针对性,它抓住了社会发展中日益突出的重视发展而忽视安全这一现实问题,是对科学发展思想的重要深化和重大拓展。

第一,安全发展理念是科学发展的题中应有之义,也是空管文化的核心理念。实践证明,一个国家的发展强盛不能只局限在经济的繁荣和发展上,还需要社会全面发展、和谐发展,而要实现全面、和谐发展,必须以安全发展为前提。空管的目标任务就是维护国家空防安全与稳定、确保空中交通安全,保护国家和人民生命财产安全。空管系统的安全建设、安全发展是人命关天的大事,紧抓防相撞工作,确保飞行安全是军地空管部门共同的中心工作,它直接关系到我国航空事业发展的全局、人民群众的生命财产安全、国家改革发展稳定的大局,关系到国家形象和政治声誉。因此,空管系统安全发展是空管文化的本质要求,空管文化建设必须遵循安全发展理念,在文化建设中突出体现安全发展思想。

第二,安全发展理念突出了安全在发展中的战略意义,也是空管文化建设的重要内容。安全发展理念的提出,给"安全"这个普通概念赋予了极大的理论品质和突出的实践价值,为各项建设,包括文化建设提出了全新的要求。对空管系统而言,坚持安全理念、确保安全发展具有特殊重要性和极端重要性。空管系统是国家综合交通运输体系、应急保障体系和空防体系的重要组成部分,是保障公共运输航空、军事航空和通用航空发展的重要基础。既有对人在空中各类活动中的行为管理,也有对空域资源的配置管理以及空域内各种活动的秩序管理,更有对国家领空安全的保卫与警戒、控制与管理,因此,确保空中活动的安全、高效、快捷,是空管事业的永恒主题。特别是对国家领空安全的保卫与警戒、控制与管理,作为空管的核心使命任务,平时要确保空中活动安全、有序和高效,维护领空安全;战时要对空战场实施管制,在空天一体的体系化对抗中,将对战争胜负产生直接影响。因此,强化安全理念是空管文化的核心任务,必须在文化建设中牢固树立安全第一的理念,将关注安全、重视安全、确保安全的意识与责任要求贯穿到文化体系的各个子系统,反映在各个方面。在实际工作中,只有培养与空管实践相适应的安全文化自觉,使安全文化深入到空管系统建设的方方面面,并自觉地发挥作用,才能有效促进空管系统建设又好又快地向前发展。

第三,安全发展理念揭示了安全与发展的辩证关系,必须在空管文化建设中得到体现。安全发展理念对安全与发展的辩证关系作出了系统分析,为空管文化建设提供了重要的方法论指导。实践证明,如果只求发展不讲安全,或者只讲安全不求发展,其结果必然是安全与发展的同时丧失。对于空管系统而言,在安全与发展的矛盾十分突出的形势下,必须把两者和谐地统一起来。既不能片面追求发展而忽略了安全,更不能消极地追求安全而放弃了发展。在从航空大国迈向航空强国的征程上,空管人扮演开创者、探路者角色,在全球空管一体化大背景下,正在逐步与国际接轨,广泛学习航空发达国家经验,建设适应航空发展需要的运行安全管理体系,推进新技术研发及应用,加快基础设施建设。与此同时,空管系统处于思想活跃、认识多元、资源重组的时期,必须把握住世界航空强国安全发展的基本规律,科学认识和吸取国外空管安全文化建设的经验,形成一整套符合航空强国发展规律、适应国家空管科学发展需求的安全理念、安全理论、安全标准、安全规范,以安全文化影响人、以安全管理规范人,以安全形象提升品牌价值,通过空管安全文化建设促进航空强国发展战略。

第四,安全发展理念明确了推进安全发展的基本原则,必须在空管文化建设中贯彻落实。安全发展理念提出了推动发展必须遵循的基本原则,也是发展要实现的基本价值追求。安全发展理念要求实现发展的最优化。安全发展理念不是以牺牲速度为代价的消极发展,而是强调安全基础上又好又快地积极发展。目前,空管事业正处于发展模式转型期,面临内部经济社会快速发展对空管事业的巨大压力和外部航空领域全球一体化建设的巨大挑战,既要突破局限,实现跨越式发展,又要确保质量效益。因此,必须在空管文化建设中突出强调最优化的安全发展理念,以安全促发展,以发展增进安全。如果说发展的最优化强调事物发展的质,那么发展的最大化重在事物发展的量。安全发展理念本身也是以全面发展、协调、可持续发展为其价值追求的。空中交通管制是一个涉及"人—机—环"和管理的复杂大系统,其复杂性带来协调发展的复杂性,需要在坚持安全发展的意义上协调推进各项建设。空管文化建设必须反映这种复杂性,将安全发展与协调发展的要求体现在文化建设中,落实在文化的内涵和价值目标上。空管工作要维护飞行安全、维护生命财产安全,就必然具有自己独特的工作特征、工作环境和工作方式。空管文化必须具体反映空管的行业性质和优良传统、空管人的价值追求和精神风貌,这是空管文化建设必须完成的任务,也是实现推动空管事业全面发展的历史责任。

(三)开辟了空管文化建设崭新的领域

一个国家,一个民族,一个政党,没有理想则其行不远,只有产生了远大理想,精神才有时代的标高,只有创建新的思想体系,理想才能扬起风帆。2012年11月29日,习近平总书记在参观《复兴之路》展览时,向全党全国人民发出了众志成城、艰苦奋斗、实干兴邦、共筑"中国梦"的号召。实现中华民族的伟大复兴是中华民族近代最伟大的中国梦。100余年来,中国共产党始终与人民患难与共,风雨同舟。党最鲜明的特征就是在事关国家民族前途命运的大是大非面前敢于担当,从不消极懈怠。在革命战争年代,党带领人民渡过了一个个激流险滩,始终朝着正确的方向前进。在建设和改革开放时期,党以大无畏的政治勇气、理论勇气、实践勇气,披荆斩棘,破浪前行,不断开创事业发展新局面。70多年来,党带领人民实现了开放梦、回归梦、入世梦、奥运梦、飞天梦等许多梦想,开启了中华民族不断发展壮大、走向伟大复兴的历史进程。最为宝贵的是,党所开创的中国特色社会主义,为党和国家事业发展开拓了无限广阔的空间。中国梦的提出,鲜明昭示了新一届中央领导集体勇于担当民族、人民和全党重大责任的坚定意志。

中国梦是国家梦、民族梦、人民梦,这是中国梦的本质属性。同时,中国梦也是中国共产党的理想追求,是中国共产党的性质宗旨最集中和最大的表现。中国梦的理论之光,也是党的性质宗旨之光、实干精神之光。空管人必须清醒认识国际形势的发展变化,秉承"航空报国,强军富民"的使命,以更加昂扬向上的激情,加快推进空管行业的创新发展,为实现"中国梦"而不懈奋斗。成功没有捷径,事业永无止境。历史和现实告诉我们,越是接近梦想,前进的道路就会越艰辛,勇于承担、勇于挑战的空管人永远不会惧怕困难,他们谨记"空谈误国,实干兴邦",深知唯有真抓,才能直面问题攻坚克难,唯有实干,才能实现中国空管事业的持续健康发展。今天,"中国梦"的实现还任重道远,祖国的航空事业迫切需要空管人继承和弘扬空管优良传统,薪火相传,勇于创新,大力推动空管文化建设科学发展。确立科学理念,加快空管体制改革,深化理论研究,抢占航空科技制高点,续写经略空域、彩绘蓝天的辉煌,以具有中国特色的优秀文化支撑"中国梦""航空梦""空管梦"的实现。

古希腊哲人泰勒斯有一句名言:"一个民族有一些仰望天空的人,他们才有希望;一个民族只是关心脚下的事情,那是没有未来的。"面对世界航空大国如火如荼地探索空天、开发空天、利用空天,进而以天制天,直至空天一体之势,空管人需要以国家安全为核心,以安全与发展同生共进为战略命题,肩负起维护国家空天安全的重任,保障空天资源的开发和利用,支撑国家利益存在和拓展。空天安全实践,孕育着空管文化,也催迫着空管文化。担负起国家空天安全的责任,这正是空天时代国家需要的、空管必须塑造并践行的空管文化的精髓所在。空管部门需要将现有领空管理任务与新的空天一体化建设任务相结合,解决未来国家的战略空间向太空延伸,空气空间、临近空间直至外层空间将更为拥挤的问题,积极预防和消除空天活动的意外事件给国家主权和安全带来的危害,进一步提高空间资源利用效率为国家经济发展服务,确保航空器、空天飞机、航天器的有序安全运行;将现有的空域管理任务与新的公海空域管理任务相结合,在有效管理、保卫、控制和利用国家战略利益在垂直空间的拓展的同时,按照"谁有能力谁管"的管理原则,提供飞行情报服务,体现国家的实力和国际权力,体现国家对航权的管控;将现有的飞行动态监视任务与监视领土领海争议区的空情、地(海)面任务相结合,为国家遏制和处置战略利益攸关空间的危机事务提供保障;遵循《联合国宪章》的宗旨和国际法的基本原则,加强国际空天安全合作,根据空天安全的新发展,积极开展空天领域国际交流与合作,寻求在防空识别区、领空安全、公空安全、太空安全、网络安全等问题上达成共识。

第二节　管理科学理论

管理学是研究社会管理活动现象和规律的科学,是现代社会一门发展迅速、应用广泛的综合性新兴科学。管理学是指通过计划、组织和控制等一系列活动,合理配置组织内部各种资源,以达到组织既定目标的过程。现代管理科学理论为空管文化建设提供了坚实的理论基础,应用管理科学理论指导空管文化建设,应当关注人本管理、精细化管理和安全管理。

一、人本管理

人本管理是指把员工作为企业最重要的资源,以员工的能力、特长、兴趣、心理状况等综合情况来科学地安排最合适的工作,并在工作中充分考虑到员工的成长和价值,使用科学的管理方法,通过全面的人力资源开发计划和企业文化建设,充分调动员工的积极性、主动性和创造性,从而提高工作效率、增加工作业绩。人本管理思想于 20 世纪 30 年代产生于西方。其真正被有效运用于企业管理,是在 20 世纪 60—70 年代。人本管理思想是现代企业管理思想、管理理念的革命。

(一)人本管理理论

人本管理是把人作为管理活动的核心和组织最重要的资源,把组织内全体成员作为管理的主体,围绕如何充分利用和开发组织的人力资源,服务于组织内外的利益相关者,从而实现组织目标和组织成员个人目标的管理理论和管理实践活动。其主要内容包括人的管理第一、以激励为主要方式、建立和谐的人际关系、积极开发人力资源、培育和发挥团队精神等。

人的管理第一,是指在企业的人、财、物、信息四大资源要素中,人的管理是第一位的。企业的盈利性目的是通过对人的管理,进而配置物质资源来达到的。基于这种考虑,企业管理就必然是,也应该是人本管理,以及对人本管理的演绎和具体化。

激励是一个领导行为的过程,它主要是激发人的动机,使人产生一种内在动力,朝着所期望的目标前进的活动过程。未满足的需要才会引起动机,所以它是激励的起点。激励必须是领导者利用某种外部诱因,刺激人的未满足的需要,诱发人的"潜在的需要",一旦潜在的需要变成现实的需要,就会引起动机。人的需要有精神的和物质的,因此外部诱因也应有精神的和物质的,我们应该用不同的诱因刺激人们相应的需要。激励的目的是激发起人们按照管理要求和目标要求行事。

人们在一定的社会中生产、生活,就必然要同其他人结成一定的关系,不同的人际关系会引起不同的情感体验。人际关系会影响到组织的凝聚力、工作效率、人的身心健康和个体行为。实行人本管理,就是为了建立没有矛盾和冲突的和谐人际关系,达成企业成员之间的目标一致性,以实现企业成员之间的目标相容性,从而建立和维持和谐关系。

积极开发人力资源是指在组织和个人的发展过程中,重点是提高人的能力,核心是开发人的潜能。人力资源开发是一个系统工程,它贯穿人力资源发展过程的始终。企业从事生产经营活动,需要具备两个基本条件:一是占有资金,二是拥有掌握专业技能从事管理和操作的人员。两者之间,人的因素更为重要。人力资源的核心问题,是开发人的智力,提高劳动者的素质。制定和实施人才战略,是企业实现发展战略的客观要求。

培育和发挥团队精神是指企业建成一个战斗力很强的集体受许多因素的影响,需要有系统配套的措施。一是明确合理的经营目标。将导向明确、科学合理的目标战略融入每个人头脑,使每个部门、每一个员工都知道自己承担的责任和应做出的贡献,把每个部门、每个员工的工作与企业的总目标紧密结合在一起,齐心协力,众志成城。二是增强领导者自身的影响力。领导是组织的核心,一个富有魅力和威望的领导者,自然会把全体员工紧紧团结在自己周围。三是建立系统科学的管理制度。系统科学的管理制度能够确保管理工作和人的行为制度化、规范化、程序化,是生产经营活动协调、有序、高效运行的重要保证。四是良好的沟通和协调。沟通主要是通过信息和思想上的交流达到认识上的一致,协调是取得行动的一致。良好的沟通和协调是促进团队协作的润滑剂,对团队目标的实现至关重要。五是强化激励,形成利益共同体。即通过建立有效的物质和精神激励体系,形成一种荣辱与共、休戚相关的企业命运共同体。六是引导全体人员参与管理。吸引每一名成员参与管理活动,使全体人员不仅贡献劳动,而且贡献智慧,直接为企业发展出谋划策。

(二)人本管理在空管文化建设中的应用

空管作为一个集技术、指挥、管理于一身的行业,运用人本管理理论,对于提高空管系统的管理科学性,调动人的积极性和创造性,具有重要的理论意义和现实指导意义。空管文化建设必须始终坚持人本管理,将调动空管从业人员的积极性、参与意识、主人翁意识作为工作的重要组成部分,才能最大限度地调动空管人的奉献精神和主观能动性,开创空管工作的新局面。人本管理理论的有效应用,主要表现在以人为本凝聚人心、以共同愿景为统领积聚力量、以自我管理为主形成自觉三个方面。

1. 以人为本凝聚人心

人本管理的核心是以人为本,即尊重人、关心人、激发人的热情、满足人的合理需要。"人"是空管文化的缔造者,是空中交通管制活动中最活跃的因素,人力资源是最宝贵的资源。空管系统的科学发展,应充分考虑组织成员的精神需求,尊重、理解、关心组织成员,创造有利条件,激发他们的潜能,做到以人为本凝聚人心。

一是必须确立人在组织中的主体地位。建设空管文化,最根本的是建设空管人格文化,它是体现人的价值、尊严、道德品质的文化。尊重、支持空管人,保障他们的主体地位,尊重他们的劳动价值和首创精神,鼓励他们在实现"中国梦""航空梦""空管梦"中成长、成才,建功立业。关心、理解空管人,尽可能满足成员物质方面和精神方面的需求,对于那些暂时满足不了或不能解决的问题,应通过适当的方式予以说明,以求谅解。只有尊重、理解、关心空管人,才能使他们的情感得到满足,进而对空管事业产生深厚的感情,增强组织的凝聚力。

二是在尊重、理解、关心空管人的基础上,充分开发组织成员的潜能。美国心理学家马斯洛的"需要层次论"认为,人有自我实现的需要。人本管理理论把人看作是一个追求自我实现、能够自我管理的人。空管系统中的每名成员都有自我实现的需要,要给他们提供足够的个人发展空间,充分开发其潜能。个性发展是人全面、自在发展的出发点。在空管岗位安排、教育培训、提升使用等诸多方面,均应以是否有利于空管人个性的发展来考虑问题。尊重成员个性,为组织成员创造相应的环境,量才使用,充分发挥组织成员的潜能特长,是人本管理的另一个重要方面。有条件的组织可以通过创造一定的物质文化环境来推动组织成员个人素质发展,如改善工作条件、生活条件、文化娱乐条件等,营造良好的文化氛围、组织环境,为开发人的潜质、潜能提供重要支撑。

2. 以共同愿景为统领积聚力量

共同愿景是组织中共同的理想和价值观。人本管理必须以共同愿景为统领,否则就会导致组织内部出现冲突,从而使组织的最终目标难以实现。人本管理只有建立在共同愿景的基础上,才能使组织成员在进行自我管理时有方向,有约束,有内在的激励力量。

以组织的共同愿景指导、制约和统帅个人愿景,实现个人愿景与共同愿景的协调统一。依据我国空管工作的指导思想,实现国家统一管制是我们的共同愿景,国家的安全和航空安全是空管的最高价值原则。因此,空管在运行管理上强调高度控制,集体本位价值需求特征明显,它要求空管人的个人目标实现要服从于组织价值,必要时甚至要牺牲个体以取得组织价值的最大化。因此,空管强化报效国家的使命感和责任感,必须引导空管人正确处理获取与奉献、短期利益与长期利益、个人利益与集体利益的关系。

共同愿景为人们提供了一个远大的目标,可以激发人们的雄心和信心。远景目标必须讲长远利益、全局利益,这种利益必须与眼前利益密切联系。以共同愿景为统领,可以坚定空管人对共同愿景的信念,使空管目标变为成员的共同目标,激励每个人超越自我,把空管岗位视为追求自身价值实现的场所,激发出惊人的创造力,积聚力量。以共同愿景为统领可以激发组织成员的奉献精神,使组织成员能够自觉为共同愿景的实现贡献自己的智慧和力量。

空管共同愿景实现的一个关键因素在于能否有效帮助成员做好职业生涯规划。在自然、物质和人力"三大战略资源"中,唯有人力资源的"存量"和"增量"具有深度的可再开发性,具有可转化为其他社会财富的"增殖力"和"扩散力"。所以必须转变观念,调整思路,从过去注重物质基础建设,向注重教育和开发人力资源转变;把人才培养的目标设计从满足传统工作岗位需求,向满足职业生涯规划的需求转变;把教育或在职教育这种人力资源开发的目标从"学历本位"向"能力本位"转变。通过职业生涯管理,一方面提高空管吸收、开发和留住高素质人才的能力,实现空管人力资源优化,促进空管能力提升和愿景实现。另一方面,空管人有机会获得具有成就感和自我实现感的职业上升通道。这不仅有利于空管人的自我价值实现,也促使个人发展与空管发展战略保持一致,两者相互激励、相互驱动,结成利益和命运共同体。

3. 以自我管理为主形成自觉

自我管理是通过自我约束与调节来使组织成员驾驭自己、控制自己、发展自己,进而达到全面、自在发展的一种管理方法。自我管理是人本管理的主要形式,通过目标引导、制度引导、行为引导、舆论引导,通过培养组织成员的自觉意识,最终形成人本管理的价值体系和道德规范,进而为人本管理实施创造条件。

实行自我管理,必须加强沟通。组织对其成员实施人本管理是建立在信任基础之上的,而信任又需要双向大量的交流与沟通。沟通是从冲突走向和谐、从对抗走向协调的润滑剂,是避免和化解矛盾的一味良药。空管内部保持真诚的沟通,不仅能加强彼此的协作关系,也能增进成员的归属感。因此,空管管理需要建立、健全相应的体制和机制,克服制度管理中的官僚作风,促进部门与部门、干部与群众、群众与群众间的有效沟通,不仅要自上而下确保沟通的效率,也要自下而上提高沟通的效能,同时要增加水平沟通,尽可能地保证双向沟通,增加信息的透明度,增进空管内部的和谐氛围。

在人本管理中加强制度保证,可以达到既规范人、又依靠人的目的。没有制度来保障,就会形成令而不行、禁而不止的现象,使人本管理落空。以制度为准绳,通过人本管理来落实制度,反过来通过制度来保障人本管理顺利进行。在人本管理中运用制度,就是把管理人、规范人与依靠人融为一体。但最关键的是要把握好制度管理与人本管理的艺术。空管多年来坚持严格的制度管理成效显著,但也存在较大的局限性。为克服制度管理的副作用,必须增强成员制度执行的主动性。人本管理强调领导的素质,领导既是价值观的倡导者又是制度落实的先行者、监督者和保障者,因此,领导的身体力行是关键。

人本管理要想持久,必须形成人本管理文化。把以人为本的价值理念,组织的共同愿景,自我管理思想等融入人本管理文化建设之中。把人本管理思想变为组织成员的一种内在需求,一种下意识、潜意识行为,增强自我管理的自觉性。使人本管理文化逐步成为组织成员所认知、认同,并真正成为指导组织成员行动的基本价值理念,成为组织成员自觉实践的行为准则。

二、安全管理

安全管理是企业生产管理的重要组成部分,是一门综合性的系统科学。其管理与控制的对象是生产中一切人、物、环境的状态。安全管理是安全文化的一种表现形式,也是一种特殊的文化管理,安全管理促进安全文化,安全文化是安全管理的基础和背景。空管文化建设中,一个最核心的要素就是必须高度重视并始终关注航空安全管理。构建空管安全管理系统(SMS),是空管安全文化建设的重点内容,将有力地促进空管文化健康发展。

(一)安全管理理论

安全管理是管理科学的一个重要分支,它是为实现安全目标而进行的有关决策、计划、组织和控制等方面的活动。其主要运用现代安全管理原理、方法和手段,分析和研究各种不安全因素,从技术上、组织上和管理上采取有力的措施,解决和消除各种不安全因素,防止事故的发生。安全管理要求在管理中必须正确处理五种关系,即安全与危险、安全与生产、安全与质量、安全与速度、安全与效益。

安全与危险在同一事物的运动中是相互对立、相互依赖而存在的。因为有危险,才要进行安全管理以防止危险。安全与危险并非等量并存、平静相处。随着事物的运动变化,安全与危险每时每刻都在变化,进行着此消彼长的斗争。保持生产的安全状态必须采取多种措施,以预防为主,危险因素是完全可以控制的。

生产是人类社会存在和发展的基础。如果生产中人、物、环境都处于危险状态,则生产无法顺利进行,因此,安全是生产的客观要求。就生产的目的性来说,组织好安全生产就是对国家、人民和社会最大的负责。生产有了安全保障,才能持续稳定发展。生产活动中事故层出不穷,生产势必陷于混乱,甚至出现瘫痪状态。当生产与安全发生矛盾、危及人员生命或国家财产时,停下来整治、消除危险因素以后,生产形势会变好。

从广义上看,质量与安全交互作用,互为因果。安全第一是从保护生产因素的角度提出的,而质量第一则是从关心产品成果的角度强调的。安全为质量服务,质量需要安全保证。生产过程丢掉哪一头,都要陷于失控状态。

生产中蛮干、乱干,在侥幸中求快,缺乏真实与可靠,一旦酿成不幸,非但无速度可言,反而会延误时间。速度应以安全做保障,安全就是速度。我们应追求安全加速度,竭力避免安全减速度。安全与速度成正比例关系。当速度与安全发生矛盾时,暂时减缓速度,保证安全才是正确的做法。

安全技术措施的实施,定会改善劳动条件,调动员工的积极性,焕发劳动热情,带来经济效益,足以使原来的投入得以补偿。从这个意义上说,安全与效益完全是一致的,安全促进了效益的增长。在安全管理中,投入要适度、适当,精打细算,统筹安排。既要保证安全生产,又要经济合理,还要考虑力所能及。单纯为了省钱而忽视安全生产,或单纯追求高标准而不惜资金,都不可取。

(二)安全管理在空管文化建设中的作用

安全管理与安全文化有其内在的联系。安全管理是安全文化的一种表现形式,是安全文化在安全管理中的某些经验化、理性化不断发展和优化的体现,科学的安全管理也属于安全文化建设的范畴。同时,安全管理理论的创新和系统建设的发展,不仅丰富了安全文化,也反过来有力地促进了安全文化建设发展。安全管理在空管文化建设中的作用主要有以下几方面。

空管文化建设必须以安全管理为基石。空中交通系统是以物质为基础、以人为中心,由人操控航空器在特定的时空环境中运行的复杂系统。其复杂性主要表现在:空中交通系统随内外环境因素的不断变化,始终处于非稳定平衡的动态过程,受到复杂的危害因素作用,状态特性参量可能出现大幅度涨落,其结果存在不确定性与随机性。其中任何一个因素、任何一个环节、任何一个系统出现问题,都可能导致严重的飞行事故。因此,在航空安全管理理论方面,存在一个多米诺骨牌效应理论,即航空安全管理各个环节均为一张多米诺骨牌,其中任何一张牌倒下,都可能导致一连串的连锁反应,致使系统崩溃。空管在空中交通安全生产链上具有举足轻重的作用,承担着保证航空运输安全和保障空中交通顺畅的责任。安全是空管系统的生命线,空管文化建设必须以安全管理为基石。近年来,随着我国空管系统在履行使命和践行责任等方面受到社会各界、人民大众广泛的关心和关注,空管文化建设抓宣传树形象、抓服务创品牌中,包含了履行社会责任、践行岗位职责等更多内容,但这一切,无疑都是以航空安全管理为基石。

空管文化建设必须以安全管理为切入点。当前,全国空管系统的文化建设方兴未艾,不断取得阶段性成果。这些成果对于全面推进空管建设发展发挥着一定的凝聚、导向、激励、约束和形象塑造等作用。然而,有些单位把文化建设当作"装饰品",认为空管文化建设就是搞一些轰轰烈烈、热热闹闹的活动,只做些表面文章;有些单位的文化建设与安全管理不能较好地融为一体,管理是管理,文化是文化,导致文化建设与安全管理"两张皮",这样既影响了文化建设的质量,又影响了安全管理的效能。空管工作的首要任务是保证"安全第一"。空管文化建设要促进空管保障能力和服务水平,实现安全管理的目的。空管文化只有渗透到安全管理的各个环节、各个方面,与空管运行管理相融共进,在空管运行管理中落地生根,才能发挥作用。当前,我国正由航空大国向航空强国迈进,空管人没有任何理由放松自己对安全的要求,空管文化建设是安全管理的自我要求,将为空管人提供扎实的安全思想理念和工作行为准则。空管文化建设要把安全管理纳入空管文化建设战略规划,结合空管自身特点和规模,建立起有效的安全运行系统,从安全培训、安全检查监督到安全隐患的及时解决,实现对运行流程和运行管理程序的全面覆盖。因此,需要大力提高文化理念的制度化程度,充分发挥管理和制度的文化载体作用,使文化通过管理和制度发挥作用。只有安全管理和文化建设有效结合,才能保证空管文化建设长效机制的建立。

空管文化品牌建设必须以安全为最好形象"代言人"。安全既是社会文明的重要标志,也具有生产力属性。安全与生产力之间存在着内在的、稳定的本质联系,安全是生产经营单位经营者与职工利益关系的首要因素。空中交通系统也是如此,在不断追求快速发展和经济效益的同时,必须高度重视航空安全管理,充分认识到安全管理与航空效益之间的辩证关系。航空安全管理的最终目标应该是实现两个"最大化",即经济发展最大化和安全系数最大化。"安全就是效益""安全不仅能减损而且能增效",应是空管文化建设安全效益的经济观。安全对于空管这个"高技术""高投入""高风险"行业的重要性毋庸置疑,"高技术"对应科技高难点,要求掌握技术的人素质要高;"高投入"对应资本投入大,要求效益回报要大;

"高风险"则对应发生危险的概率多,要求"风险—意识—控制"螺旋式推进,即时刻洞察空管工作中存在的风险和不安全因素,始终如一地拥有安全至上的风险意识,合理地运用控制风险的方法和手段。航空系统特点决定了一旦发生飞行事故,尤其是军民航飞机相撞事故,小则航空声誉受损,降低经济军事效益,大则给人民的生命带来极大的危害,给国家财产造成巨大损失,影响国家形象。国内外血的教训举不胜举,令人痛心,因而飞行安全成为军民航永远的头等大事。空管工作的人力、物力、时间等方面的投入,不仅能给航空部门和军事部门带来间接的安全稳定的回报,产生直接的经济效益和军事效益,而且更能产生无法估算的文化效益、社会效益和政治效益。

随着全球空管一体化步伐加快,国际交流与合作越来越广泛,世界各国航空业都在千方百计地构建"安全、效益、运行、服务"的品牌以及包括履行社会责任在内的核心竞争力,在获取丰厚的品牌效应和效益的同时,其品牌形象也得到了世界各国旅客的广泛褒奖,促进航空业走上一个科学、良性发展的轨道。然而,我们可以看到,有一些国家航空公司因一次空难或重大事故,品牌形象一落千丈,甚至濒临倒闭和破产的边缘。空管是支撑国家航空体系的重要力量。空管系统的最终产品是空中交通管制服务,即为航空运输提供安全、高效的服务。构建这种服务品牌形象和声誉,不可能一蹴而就,它涉及内部科学、有效管理,涉及文化建设的正确方向,涉及外部社会环境对它所作出的效应评价等多种因素。但安全管理常常扮演着"一票否决权"。没有安全,一切无从谈起。因此,空管文化建设必须标定"安全管理"这一品牌形象"代言人",把安全管理的特色、特点作为竞争要素之一,高度关注安全,并融入品牌建设中,把安全当成一种文化,并作为品牌最重要的内涵去挖掘、推广。

三、精细化管理

精细化管理源于20世纪50年代的日本,是社会分工的精细化以及服务质量的精细化对现代企业管理的必然要求。精细化管理既是一种理念,也是一种文化。空管工作"始于技术、成于管理",精细化管理渗透于管制岗位实践的各项职能和过程之中。

(一)精细化管理理论

精细化管理融合了当代自然科学、人文与社会科学的最新发展成果,将精确化的管理理念、精益化的管理过程和精准化的管理技术融为一体,是一种多样化的管理模式集合和动态发展的科学体系。它是一项复杂的系统工程,涉及管理理念的转变、管理技术的融合和管理过程的创新。

精细化管理是一种管理理念。管理是时代的产物,精细化管理是信息时代的产物。精细化管理是在世界管理变革和社会信息化浪潮下,借助数学方法,由信息技术的发展而催生的。信息化的显著特征是系统化、智能化、缜密化,精细化管理以"精心、细致、准确、严格"为特征,是一种被反复实践证明了的先进管理理念。因此,空管工作应树立"精心是态度,精准是过程,精细是成绩"的理念,坚持以精细求安全,以精细谋效益,以精细促发展。

精细化管理是一门管理技术。管理科学是生产力发展的产物。精细化管理以信息为主导,要求有与信息时代追求精细、快捷相适应的精细化管理模式。同时,精细化管理注重系统设计和综合集成。精细化管理运用综合集成的方法,整合管理资源,优化管理力量,注重加强部门之间、岗位之间的沟通协调,注重优化信息流程,把单元力量聚合为整体力量,追求系统的整体动态最优。空管精细化管理以确保安全、保障顺畅、提高效益为标准,将现代管理理论与信息技术相融合,将管理最大限度地从"科学"转化为"技术",是一种基于信息系统的信息化、系统化、标准化的管理平台。

精细化管理是一个管理过程。精细化管理的精髓在于管理过程的精细化。它将管理科学的基本思想、基本思维和基本方法,有效地贯穿于空管工作的计划、组织、实施、控制、评估等管理全过程。精细化管理将技术变为标准化执行过程,建立科学、动态的工作制度、管理机制和考评系统,对管理对象实施精细、准确、快捷的规范与控制,以此解决现行管理中存在的笼统粗放、概略随意、信息不对称、知识不共享等问题。任何管理都要靠过程控制完成,只有实现对管理过程的精准控制,才能真正实现精细化管理。"90%×90%×90%×90%×90%=59%",这条著名的过程控制效应定律告诉我们,在一切管理活动中,仅看结果是远远不够的,必须关注管理过程,因为任何一个系统、一个环节由于计划、组织、指挥、协调的失误都可能导致管理任务无法完成。精细化管理着眼于不确定环境下管理的可控性,减少管理过程中人为的非规范因素,将不确定的人为因素尽量消解,强调"过程—结果"均衡导向。

(二)精细化管理对空管文化建设的启示

空中交通管制工作在空间、时间与环境上是一个具有复杂多层次的动态系统,其运行过程极具系统化、组织化、规范化、程序化,这就要求空管人在空间利用、时间监控、状态控制、冲突处理等方面快速获取、准确分析、正确判断信息,实施有效地协调、指挥、控制。70多年来,尽管我国杜绝了因空管原因发生的飞行事故,取得了显著的经济、国防和社会效益,但近年来由一些低级差错导致的不安全事件屡禁不止,重要原因之一就是我们的安全管理比较粗放,具体工作失之于粗,超前预见失之于准,安全管理失之于严,执行机制失之于恒。因此,加强空管文化建设,各级管理层次,尤其是运行单位需从精细化管理学起、做起,全力改变工作中不精细的地方,由粗放型向精细化方向转变,这不仅是加强空管文化建设的基本要求,也是检测一个单位文化建设水平的标尺。[35]

1.超前思考,预防一切可能会发生的安全问题是精细化管理的先决条件

空中交通管制工作最大特点之一就是信息多变、具有很大的不确定性。较大的不确定性并不等于不可预见。"海恩法则"告诉我们,每起严重事故的背后,必然有29起轻微事故和300起未遂先兆,以及1000起事故隐患。实践一再警示我们,事故及事故征候是由多起轻重不等的差错、不安全事件、未遂先兆和事故隐患所引发造成的,一句话,征候背后有征兆,征兆背后有苗头。在空管运行管理中,把危机管理放在第一位,由被动预防变为超前预防,把对结果的控制转向对过程的控制。因为事故及事故征候并不是凭空产生的,都有一个渐进的过程。在这个过程中,若各层次管理者和每个在岗的人员都能时刻提高警惕,超前思考,预见事故的可能性,把隐患消灭在结果发生之前,就能最大限度地避免事故的发生。反之,若安于现状,不做好安全预防,不重视细节,任凭事故苗头一点一滴地积累,就等于给事故征候乃至事故预备好了温床,就等于放弃了现实工作中改正失误的机会。精细化管理要求我们:一是要善于运用辩证的思想,拓展工作思路,从更广泛的视野,考虑可能发生事故的环境因素、人为因素,以及可能的各种诱因,增强预防工作的全面性。在安全管理上要防患于未然,要有如履薄冰、如临深渊、如坐针毡的忧患意识。如履薄冰,就是要时刻想到可能发生的险情,十分警醒、十分谨慎、十分细致地做好空管安全每项具体工作;如临深渊,就是要

时刻保持强烈的危机感、紧迫感，以最大的努力来防止危险的发生；如坐针毡，对工作中出现的问题和隐患就是要迅速解决，不解决就寝食难安。二是要用运用矛盾的观点，切实做到早防，把一切事故的隐患和苗头及早排除，"补牢"不待"亡羊"时；切实做到重防，对那些重要岗位、重要时节、重要环节要加强督查、提醒，防止可能产生的麻痹和疏漏。

2. **战略目标具体化、具体问题细致化是精细化管理特定的核心要义**

如果说上级制定战略目标是把复杂的问题简单化，那么基层执行战略则是把简单问题细节化。精细化管理就在于基层运行单位围绕上级安全战略细化分解，形成一条条、一项项便于操作的具体方法和措施，坚持不懈，认真执行，做细、做实、做到位。在空管安全管理工作中，弘扬细节精神，养成注重细节的习惯，形成严谨认真、一丝不苟的工作态度，是做好本职工作、确保空管安全的关键。

精细化管理是实现组织战略清晰化、内部管理规范化、资源效益最大化的重要手段，也是实现空管全局、运行单位局部乃至个人目标的需要。实践表明，确保空管安全，把每项工作、每个细节做得完美，确实不易，但往往一个细节没做好就可能对飞行安全造成影响。应该看到，在空管范围内，安全形势的发展是不平衡的，这种不平衡主要来源于对细节把握的差异，而对细节把握的差异又来源于思想及认识上的差距。在实际工作中，管理者如果仅满足于本单位没有发生大的问题，局限于现行的管理模式，长时间处于安于现状的精神状态，是难以适应和跟上快速发展的形势。任何一级管理者决不可自认为是做大事的，只要定下宏观决策、战略方向或是下达了目标与任务就完结了，细节是下属人员要做的事情。殊不知，战略目标的构成是由无数个细节聚集而成的，没有细节的落实就没有安全战略目标的实现，确保安全也就成了一句空话。虽说空管安全是一项系统工程，但落实到具体岗位往往又具有独立性，其中某一个单位、岗位或人员在某一个环节发生问题，都可能造成难以想象的后果。因此，对各级管理者来说，必须以严谨细致和求真务实的作风狠抓具体工作落实，身体力行地贯彻执行上级的战略目标和各项安全政策法规，引导广大空管人员把目标变成行动，克服那种大而化之、下达了等于落实了，着手做了等于做好了的飘浮作风，切实做到把每项目标与任务量化、细化、具体化，通过具体抓、抓具体，反复抓、抓反复，确保件件做到位，事事落到实处。

3. **"全心工作、完美执行"的理念是精细化管理的文化内涵**

安全管理实践一再表明，空管运行中发生的"错、忘、漏"顽疾屡禁不止的主要原因来自人为责任因素。然而，人总是会犯错的。一方面，人具有社会属性，难免会把生活中的一些感情或情绪色彩自觉或不自觉地带到工作中，影响心情、迟缓思维或分散注意力等；另一方面，人具有自然属性，难免在长时间紧张后存在不经意的惰性乃至随意性。因此，倡导"全心工作，完美执行"的理念，是从思想认识上解决"错、忘、漏"的最好办法，更是精细化管理的重要保证。

从精神层面上讲，就是要营造精细工作的文化氛围，养成把工作当作事业来做的习惯。增强精细意识，提高工作质量，把本职工作执行到位。培养良好的职业道德，养成从小事做起、从细节做起的习惯，营造一种人人为安全、安全靠大家的文化氛围。作为空管人员，在培养良好行为习惯和注重细节作风的同时，不可忽略生活作风的养成。众所周知，一切管理和制度都存在不足，一切管理都有结合部的空白，一切合作与协调也都有缺陷，只有在普遍关注并把握细节的文化氛围与环境下,广大成员才能逐步养成关注细节的习惯,才能有效减少管理、制度乃至具体操作中的缺失和遗漏,使本职工作真正做到位。由此可见,重视对细节的高度关注,着力对细节的把握与实践,不仅是对工作意义的理解,体现为敬业意识和专业态度,更是一种素质、一种精神、一种作风、一种境界。

从工作层面上讲,就是要养成从大处着眼、小处着手、不拒细微、踏踏实实做好每件事的习惯。平凡中蕴藏伟大,细节中体现精彩。关注细节、完美执行应当是空管人追求的一种精神和境界。细节对空管运行单位的安全来说至关重要,对每名空管人价值的实现同样重要。管理中的粗放是安全生产的大忌,习惯中的粗糙则是人生的大忌,更是妨害成功的重要原因。要改变工作中的不良习性,必须向"差不多先生"告别,以良好的职业精神认识工作的意义,以高度的自觉意识承担起安全的责任,以全心工作的态度养成注重细节的习惯。一方面,在思想和作风上要坚决克服和纠正满足于基本、好像、差不多、估计、大致等模糊状态或只求过得去的现象;另一方面,抓具体工作的落实切忌毛糙,拒绝应付,紧紧抓住当前,抓住实际,抓住问题,尤其在空中交通管制过程中,没有过得去,只有过得硬;没有模糊判断,只有准确结论;不容小误差、小故障,必须零误差、零故障。

4. 构建一种机制,控制一切不该发生的安全问题就是实现精细化管理的永续过程

精细化管理不是一场运动,而是永续精进的过程,是自上而下的积极引导和自下而上自觉响应的常态式管理模式。在安全管理实践中,为什么上级的指示和要求在一些单位往往成为空洞的口号,难以落到实处,见诸行动,重要原因之一就是缺少具体制度与机制作为保障。应当明确,空管精神理念及核心价值要变成广大空管人的良好习惯,并不是轻而易举的事,必须体现在安全管理过程中的每个细节,使空管人既有看不见的价值导向,又有看得见的制度、规范和准则。实践证明,任何真正成熟的管理,都是在对细节精确把握的基础上制定的规则和标准来运行的,这是任何成功企业管理实践的共同特征。所谓机制并不是有制度、有规则就行了,而是管理制度和规则标准的长期坚持、有效运作。变理念为行动,控制一切不该发生的问题,尤其是管制中"错、忘、漏"的发生。培养良好的安全习惯、实现精细化管理,仅有制度、标准等是远远不够的,必须建立相配套的运行机制,将安全生产全过程的每个重点部位、环节控制作为切入点,使之有落实、有监督、有反馈。每位空管人必须保持端正的工作态度,把握正确的工作方法,掌握熟练的操作程序,明确自己的岗位,对工作应当如何做、做到什么程度心中有数。从以往在安全管理上习惯于运动式大检查、大整顿,变为关注事故前的预测、预防和对"错、忘、漏"的分析总结;从更多的会议强调、层层加压变为注重现场管理和人员相互提醒的互动式管理;从安全管理是运行部门、个别职能部门的事变为整个单位各部门的全盘工作,并将精细化管理内容分别纳入各部门及其负责人的目标责任制,在机制运行的链条上全都动起来,努力使党委、支部重视摆到位,机关服务帮到位,责任明确抓到位,言传身教做到位,见微知著想到位,出了问题查到位,赏罚分明严到位,真正做到细微之处见管理,人人都是管理者。

第三节 基于多学科的人文社科理论

空管文化包括了空管系统的价值目标、行为规范、管理模式、技术方法以及理论体系等,

是在空管系统建设实践中形成的,也是在理论与实践的双向互动中不断丰富和完善的。空管文化属于文化学的理论体系,文化学是人文学科领域一个新兴的综合性学科。空管文化的理论体系建立在诸多学科的理论基础之上,其中,社会学、法理学、心理学、文化人类学及文史哲艺等人文学科的基础理论在空管文化建设中具有重要的理论奠基作用。

一、社会学

社会学是研究个人与社会的关系及其变化发展规律的一门社会科学。社会学关注的是个人与他人相互交往的问题。社会学的研究不仅可以直接作为政府决策的理论依据,而且还会引导人们迈向更加美好的生活方式,为社会管理提供相应的知识。从个人的角度看,学习社会学,最大的好处就在于能够应用一些社会学知识更加自觉地了解社会并科学地参与社会生活。可以说,社会学在整个现代社会生活中具有十分重要的作用,也是空管文化建设的基础理论。

(一)社会学理论

社会学的理论和方法,是人们深入研究社会的理论指导,也是对各种社会问题进行深入分析的理论基础。社会学是一门应用性很强的社会科学。社会学一方面关注社会生活,一方面指导社会生活。社会学理论可以指导我们有效建设和谐社会。社会学研究的就是人和人之间的社会关系,以及这种关系协调发展的各种机制。如何在信息时代利用好这些关系和机制,使之为空管工作服务,需要空管人在掌握社会学的相关理论基础上,结合具体的行业特点,拓宽思路,创造性地加以应用。

社会学的理论和方法在很大程度上对空管系统的和谐发展、对个人生活的积极引导等都具有十分重要的意义。描述性、解释性、预测性、规范性是社会学的基本功能。具体到空管文化建设,描述性是指运用社会学理论对空管系统的各种社会事实展开的探索性研究。解释性是指应用社会学的相关理论对描述性的资料加以解释,以把握空管现象背后的本质或规律。预测性是指根据空管系统现有的状况及理论分析,对行业未来发展趋势加以预测,以达到指导空管实践活动的目的。规范性是指确定空管文化建设目标,为达到预定目标而对空管人的行为加以规范。总之,空管系统是整个社会的一个组成部分,空中交通管制活动是典型的社会实践活动。在空管文化建设中,社会学理论能够引导规范空管人的社会行为,为和谐文化建设提供理论指南,从而促进空管事业协调发展。

(二)社会学理论在和谐文化建设中的重要意义

和谐文化既有民族性个性特征也有世界性共性特征;既是人们的文化自觉,也是人们的社会理想;既是优良传统的继承,也是现代社会的呼唤。建设和谐文化既是社会先进性要求,也是广泛性要求。人的行为背后有文化,社会现象的背后也有文化,和谐文化的广泛性是不言而喻的。社会和谐的广泛性,具体表现为社会成员的生活方式和在社会生活中所展现出的精神面貌。和谐文化具有先进性,我们现在所倡导的和谐文化,其中包含着对最大多数人的利益的关注,对人的生命存在、人的尊严和价值的关注,对自由、平等、正义以及幸福的追求,对人的全面发展的终极关怀,是走在时代前列的先进文化。

无论是从广泛性还是从先进性上完整准确地理解、把握和谐文化的内涵,都需要运用社会学相关理论,分析社会主体的行为背后的文化因素,分析混乱与有序、失衡与和谐等社会现象背后的文化原因。在此认识基础上,谋划如何由混乱走向有序、由失衡走向和谐,推进和谐文化建设更需要发挥社会学理论的指导作用。和谐是空管核心价值观的基本要求,倡导和谐是空管文化价值取向的主要内容。在空管文化建设中,我国空管与全球空管一体化间的和谐发展,空管系统与社会环境的和谐相处,军民航空管部门之间的和谐共赢,空管内部人员、岗位之间以及与运行管理领导之间的和谐相处本质上都是社会和谐的一部分,运用社会学理论指导、推进空管和谐文化本身就是空管文化研究的重要内容。因而,发挥社会学理论在空管和谐文化建设中的重要意义,既是社会学理论的本有之义,也是空管文化建设的内在要求。

二、法理学

通俗地讲,空管是指对载人或不载人航空器在大气层中的飞行活动的强制性管理。"管制"这一概念的本义就是强制性管理,空管的性质决定了它必然要求依法严格管制,也决定了空管文化与法律、法学理论本身密不可分的互动关系。这种关系要从法律与文化的关系上做深层次的剖析。

(一)法学与文化的关系

首先,法律本身就是文化的一部分。法律根植于文化之中,它在一定的文化范围内对特定社会在特定时间和地点所出现的特定需求做出回应。从根本上说,法律是人们认识、阐述和解决某些社会问题的一定的历史方法。在文化的框架里,法律就是其中的一个部分,并且是历史悠久和根深蒂固的一部分。文化同时也需要法律作为其存在的一种载体。简单地说,法律与文化之间的关系是"用法律去阐明文化,用文化去阐明法律"。

其次,法律同时也丰富着文化的内容,对文化产生作用。现行法律与其产生的历史以及时代的社会、经济、精神、文化和政治的潮流紧密相连。任何法律制度都是其共同文化不可分割的一部分,它同样对共同文化的历史产生着作用。法律的文化解释不仅仅是"对旧材料的重新安排和重新解释",而是一种"引入了新的立场、观点和方法,而且提出了新的主题"的研究对象和领域——法律文化。"如果法律因时、因地、因民族而有所不同,那么它所关注的对象也会不尽相同。"文化对法律的影响使人们的法律认识具有相对性,而这些具有相对性的法律认识反过来又使人们在遇到同一问题或事实时会做出不同的反应。例如,面对污染问题,日本丰田公司雇用了一千名工程师,而美国福特公司却雇用了一千名律师。依此类推,一方面空管文化本身就包含着调整空管系统各种关系的法律内容,外来文化与我们现有空管文化相互的沟通和融合,也必将体现在空管法律的发展和完善中;另一方面,空管领域的法规体系必然也体现着空管文化的内容,法律独特的视角和观点必定影响空管文化的发展。正是由于二者的联系如此紧密,因此对空管文化的全面理解必须要考察空管法规的有关内容,把握相关的法学理论。

(二)我国现行空管法律法规体现出的空管文化

空管法律法规既是空管系统在长期发展中逐渐积累起来的空管文化的有机组成部分,又因其对空管工作的独有功能而为法律所阐述,以法律形式使其明确并确保其实现。我国空管法规经过几十年的发展具有丰富的内容,涉及空管工作的各个领域,基本上形成了以宪法为总依据,以《中华人民共和国飞行基本规则》为统领,以《飞行间隔规定》《通用航空飞行管制条例》《中国人民解放军空军飞行管制工作条例》《中国民用航空空中交通管理规则》等法规为基干,以其他规章、条例、规则、细则为补充的,层次分明、结构相对完整的法规体系,有力地确保了飞行安全及空中交通秩序。我国现行的空管法律法规体现了空管文化的主要内容、功能和价值取向。主要有两方面:

一是严格依法管制。《中华人民共和国飞行基本规则》是规范中华人民共和国境内飞行活动的行政法规,它在第三、四、二十八条对飞行管制的组织领导有明确规定:"国家对境内所有飞行实行统一的飞行管制。""国务院、中央军事委员会空中交通管制委员会领导全国的飞行管制工作。""中华人民共和国境内的飞行管制,由中国人民解放军空军统一组织实施。"从法律上明确了飞行管制的统一领导和组织实施,这为依法进行飞行管制奠定了法理基础。我国空军有关飞行条令明确规定一切飞行必须经过批准,并明确了批准飞行的主要依据和各类飞行的批准权限。严格的飞行批准规定为规范飞行训练的组织实施、提高训练效益和部队战斗力提供了法律保障,体现出空管文化依法进行管制的主导思想。

二是空管法规特色鲜明的价值取向。我国空管法规是国家法律体系中的一个特殊门类,追求"领空主权、安全、秩序、效益"等独特、多元的基本价值,这些基本价值决定了空管法规特色鲜明的价值取向。尤其是领空主权原则,构成我国空管法规的基石和支柱。离开领空主权原则,空管法规就失去了法律根据。领空主权是国家主权的组成部分,国家对其领空实施完全的管辖和控制,有权禁止或准许外国航空器通过或降落。《中华人民共和国飞行基本规则》第一百一十二条指出:"外国航空器飞入或者飞出中华人民共和国领空,或者在中华人民共和国境内飞行、停留,必须按照中华人民共和国的有关规定获得批准。"表达了空管法规领空主权原则的价值理念。

(三)健全法规制度促进空管文化健康发展

目前,我国已经颁布了大量的空管法律法规,空管法律法规建设取得了丰硕的成果,为我国空管法规体系的形成奠定了坚实的基础。但由于历史的原因和我国立法的实际情况,当前我国的空管法律法规体系还有一些不太完善之处,需要进一步修改和完善,更要适时创制新的空管法律法规,满足新时期我国航空事业发展对空管行业的要求。

先进的立法实践离不开先进的文化理论的引导。因此,要改变目前空管立法滞后、立法协调困难、立法质量不高的现状:首先,要加强相关理论研究。相关理论既包括空管文化理论,也包括空管立法理论。提高空管文化理论一方面要靠深入开展理论研究,另一方面则可以通过借鉴国外的先进理论成果,通过文化间的沟通、辨异和纳新,来丰富和提升本土文化的内容。我们应该学习国外先进的空管法律制度,吸收那些能被我国空管文化接纳的法律制度,并注重空管文化的整体建设,使那些被移植过来的、先进的法律制度在我国真正地发生法律效力。其次,适应航空事业发展的新形势,以更开阔的眼光和文化视野来看待空管法制法规建设。及时清理、修订和完善空管法规制度,做好空管法规与国家相关法律、国际条约的衔接,提高空管立法质量。具体讲,一方面随着我国航空事业飞速发展,以及我军空中力量的不断壮大,《中华人民共和国飞行基本规则》的法律效力范围与其法律地位矛盾突出,迫切需要提升《中华人民共和国飞行基本规则》的立法层次,创制《中华人民共和国航空法》。这是顺应时代发展潮流的需要,适应我国航空事业发展的需要,也是与航空强国地位相匹配的标志。另一方面,要加强空管法规的普及宣传与教育工作,努力提高飞行指挥员、管制员、飞行人员以及其他与飞行有关的人员的法律意识,提高他们依法行事的责任感与自觉性,严格按照技术规范操作,确保空中交通顺畅和安全。同时,利用各种现代传播媒体,面向社会和公众,加强空管法律法规的普及宣传与教育工作。

三、心理学

人是文化的产物,人类的心理和行为不可能不带有文化的烙印。心理的发展影响了文化的生成,文化反过来也影响了心理加工过程。因此,文化建设必须重视心理因素,充分考虑文化与人的心理、行为之间的辩证关系,灵活应用心理学原理指导空管文化建设实践。

(一)心理学理论

心理学是研究人的心理现象及其发生、发展规律的科学。心理现象是心理学的研究对象。心理学研究心理现象,就是要揭示心理现象发生、发展的客观规律,用以指导人们的实践活动。人的心理可分为个体心理和群体心理。

个体心理。个体心理一般分为心理过程、心理状态和个性心理三大类。心理过程是指人的心理活动发生、发展的过程,即客观事物作用于人(主要是人脑),在一定的时间内大脑反映客观现实的过程。其包括认识过程、情绪和情感过程、意志过程。它们是相互联系、相互促进,统一在一起。心理状态是介于心理过程与个性心理之间的既有暂时性,又有稳固性的一种心理现象,是心理过程与个性心理统一的表现。个性心理是显示人们个别差异的一类心理现象。由于每个人的先天因素不同,生活条件不同,所受的教育影响不同,所从事的实践活动不同,因此这些心理过程在每一个人身上产生时又总是带有个人特征,这样就形成了每个人的兴趣、能力、气质、性格的不同。譬如,每个人的兴趣广泛性,兴趣的中心、广度和兴趣的稳定性不同;每个人的观察力、注意力、记忆力、想象力、思考力不同;有的能力高,有的能力低;各人的情感体验的深浅度、表现的强弱、克服困难的决心和毅力的大小也不同。所有这些都是个性的不同特点。人的心理现象中的兴趣、能力、气质和性格,称为个性的心理特征。

群体心理。人不是孤立存在的,人需要作为社会的一员发挥作用。群体心理分为小群体心理和大众心理。作为社会的人,彼此之间必然要发生一定的关系,进行社会交往,从而产生交往心理。群体心理是心理学中的一个重要的分支学科,即社会心理学的研究对象,其他心理学分支学科(管理心理学)也研究群体心理。

心理学是一门涵盖多种专业领域的科学。它既是一门理论学科,也是应用学科,包括理论心理学与应用心理学两大领域。心理学研究涉及知觉、认知、情绪、人格、行为和人际关系等许多领域,也与日常生活的许多领域——家庭、教育、健康等发生关联。人们在参与社会生活时,基于自身利益、年龄、学识、经验、气质、性格等不同特点而形成不同心理意识,产生具有心理共识的良好氛围。社会成员之间的信任度高,意味着社会成员之间具有共同的愿景,社会成员之间的分工与合作更为顺利,社会团结系数就高,社会凝聚力随之增强,这种由社会成员共同的心理氛围产生的凝聚力更具长久性、稳固性。事实上,在空管工作中占据主导的理念导向,空管人的思维方式、行为习惯,经过长时间养成的特有的空管环境心理氛围都属于空管文化的重要内容,其中空管人的心理状况体现着空管文化的深层结构,成为影响空管文化建设的关键要素。

(二)心理学在空管文化建设中的应用

现代组织文化理论告诉我们,尽管组织制定了详细的口号和规章制度,并积极开展文化建设活动,但组织成员能否将组织文化理念内化为行动,这中间有一个心理接受过程。因此,空管文化建设者若能掌握心理学基本理论,以心理学为指导,就会有效地促进空管文化建设健康发展。

以积极心理学为指导,抓住空管文化建设的关键。积极心理学是 20 世纪 90 年代兴起的,致力于研究正常人类的积极情感、优良品质等方面的心理因素,以促进人类家庭生活更加和谐幸福,促进社会文化、社会制度更加积极有为,进而促进人类种族更好地进化、繁衍。积极心理学有三个明确的研究方向:一是研究人类积极的情绪和体验,包括幸福、满足、快乐、希望、好奇、幽默、谦虚等;二是研究人类积极的人格,包括自尊、努力、勇敢、正直、善良、热情、关爱、感恩等;三是研究积极的人类组织系统,包括良好的社会制度、优秀的企业组织、和睦的家庭等。积极心理学认为,人都有积极情绪和积极人格,人的积极情绪体验包括满意、满足、成就、愉快、乐观等,所有这些积极情绪体验都与过去、现在、未来的需求满足相联系。因此,空管文化建设者要投入感情去关注和了解成员的需求,去积极宣讲空管的价值观和价值规范,并在倡导价值观和价值规范时,更多融入空管人的智慧,让他们更多参与。强化"人民空管为人民"的价值观念,强调"共建共享"的理念,在建设空管文化过程的每个环节自觉做到"以人为本",把关心人、理解人、尊重人、依靠人、凝聚人、培养人贯彻于空管文化建设和空管日常运行管理活动的全过程,这样空管人的积极情绪就能得到不断强化。

以心理学理论为指导,建立积极型的空管组织。文化是企业的最高管理境界,是对制度管理优缺点的一种扬弃。制度重在约束人的行为,而文化是一种心理契约。制度是有空隙的,文化引领制度,制度之间的空隙可以用文化填充。企业文化的实质,是企业通过和员工的长期交流和在利益、理念等多方面的互动,在双方之间形成一种在感情上彼此认同,在心理上彼此信赖、相互扶持。为同一目标而努力的"约定"。这种心理契约体现于外部,就是员工精神面貌、企业氛围和企业风气,具体表现为员工和企业之间的良性互动。心理学理论研究表明,调动人的工作积极性有很多方法,但最重要的是成员对工作本身的满意度以及对工作绩效的满意度。可见,制定一个工作制度或者工作任务安排,要重视人员对工作的满意度,以及可预期的绩效满意度,如果岗位人员不喜欢或者明显完不成任务,那么作为管理者就要反省,看看是否用对人或者是否要提供帮助,如加强培训、加强思想工作或者更换岗位等。人际关系贯穿空管人从入职开始到离开岗位的整个过程,这期间涉及每个人的日常工作、培训、绩效、考核、发展(职位升迁)、薪酬福利、离职等,涉及成员之间、成员与领导、成员个人问题等层面。虽然有了好的文化、好的制度,但人是情绪化的高级动物,人都有喜怒哀乐,而且人格特质可谓多种多样,所以即使同样一个事情,不同人的反应也是不同的。因此了解心理学理论有助于管理者及时化解成员的消极情绪,引导和培养强化空管人的积极情绪。

以认同心理原理为指导,增强空管文化的认同度。认同心理就是个体的一种心理归属感,指当个体将自己和另外的对象视为同类后而产生的密不可分的心理。如果这种认同感能够培养得当,就能够有效增进个人和空管行业之间的亲密性,能够对空管文化的建设起到推动作用。只有当空管人员对行业、对领导、对同事产生了认同心理,他们才会把空管系统当成自己的家,空管核心价值观才能得到认同,空管文化建设才能顺利进行。

以行为强化原理为指导,将空管文化理念内化于行。行为强化理论认为,行为能否得到终止和重复,取决于该行为反应的后果,而不是引起该行为的刺激。强化措施有正强化和负强化,其中正强化指的是对习得行为的加强作用,负强化是对习得行为的削弱作用。正强化能够使习得行为得到延续,而负强化能够终止习得行为。在空管文化建设过程中,为了使空管人的价值观和行为与岗位要求相符,空管系统必须对符合其文化的行为进行正强化,给予一定的奖赏,以此使有效的行为得到强化和延续;而对于违背价值观和文化要求的行为和观念要加以制止,并实施一定的惩罚,以终止其错误的价值观和行为。

以社会从众原理为指导,加大空管文化舆论宣传。社会从众原理是指在群体的影响下个体为了与群体中其他成员保持一致而放弃自己本来所持有的态度和改变行为的现象,也就是我们平常所说的随大流现象。在空管文化建设过程中,应该积极主动利用成员的从众心理,提升空管文化的认可程度。集体舆论就是一个群体中被大多数成员所认可并且在群体中占主导地位的观点和意识。在实际应用中,一定要营造一种强有力的集体舆论。一旦符合价值观和文化要求的集体舆论形成,组织中原来与集体舆论不相符的成员就会形成一种来自群体的心理压力,这种压力进而会使成员改变自己最初所持有的价值观,向群体价值观妥协,改变自己原来所持有的价值观和行为方式,以期与群体其他成员保持一致。另外,鉴于群体舆论对个体的强大力量,应十分重视出现的与空管价值观所不符的舆论。对于出现的错误舆论和不正之风,空管部门应该及时采取措施加以制止,防止集体舆论产生消极效果。

以模仿心理原理为指导,空管文化建设要充分发挥榜样的模范带头作用。模仿心理就是当人们受到外界刺激时,往往会产生一种模仿别人行为方式的心理。在空管文化建设时,应该对空管人的模仿心理进行积极主动的开发和利用。榜样的存在对于模仿心理十分重要。榜样是模仿产生的前提,空管各级领导者和各层级的管理者在工作中应该按照空管核心价值观严格要求自己的一言一行,身先士卒,以自己的模范言行来积极倡导空管文化。另外,空管系统应该对先进个体、劳动模范等符合行业文化发展的优秀人员进行大力表彰和宣传,使他们的先进事迹能够深入空管人生活中,发挥最大的模范作用。

四、文化人类学

文化人类学是人类学最为重要的分支学科之一,是一门以人类文化作为主要研究对象的学科。文化人类学有广义、狭义之分,狭义的文化人类学一般是指对异文化的共时性研究,通过对特定人类群体的文化现象的研究,探寻人类文化的意义;广义的文化人类学是一门运用考古学、语言学和民族学的方法,对不同时代、不同地区、不同族群的文化进行描述、分析和研究,从而探讨人类文化的本质和意义的学科。文化人类学主要研究人的文化属性,它为空管文化建设提供了直接、专业的理论基础,它在空管文化建设中的基础理论作用体现在多个方面。

（一）文化人类学理论

空管文化的理论渊源是文化人类学。文化人类学与空管文化建设之间的内在关系是显而易见的，文化人类学可以为空管文化建设提供理论指南和方法论指导。文化人类学理论与空管文化建设的关系，从文化人类学的核心概念、研究目标和研究理念等方面都可体现出来。

"文化"是文化人类学的核心概念，人们用文化来解释与他们切身利益相关的现象。就研究目标而言，文化人类学是研究人的学问，它以人为终极目标。但是，与社会学集中研究人类社会和社会制度不同，人类学"则是把人类的体质和行为（包括个体、社会、文化甚至心理）的所有方面联系起来加以研究"[36]，试图全方位、整体地研究人与自然、人与他人、人与自我的关系。就研究理念而言，文化人类学强调对人的关怀，强调文化的相对观、整体观和比较观，以求对人的全面了解。"文化"也是空管文化的核心概念，空管文化是研究空管人的学问，空管文化同样强调对空管人的关怀，致力于研究空管系统中人与环境、人与人、人与自我的关系。可以说，空管文化是文化人类学理论在空管行业的具体体现和应用拓展。

（二）文化人类学理论对空管文化建设的指导作用

文化人类学研究的主要对象是文化，研究的主要内容包括文化的概念、文化的结构与功能、文化的变迁、文化的发展以及文化的多样性。在当代文化人类学中，学者们大致是从行为角度和认知角度给文化下定义的，认为文化是人们在生活中实践和传承的思维、行为和组织的方式及其产品。按照此定义，可以把文化分为物质的、社会的（或制度的）、精神的（或意识形态的）三个层面。在空管文化建设过程中，正确理解文化、空管文化的概念和本质，完整把握空管文化结构功能，都离不开以上文化人类学基础理论的指导。本书对空管文化结构（物质载体、精神文化、制度文化、心理文化、语言文化）的研究就是依据文化人类学对文化层面进行划分的。

所有人类文化都具有一些基本特征，即共享性与习得性、实践性与功能性、符号性、整合性、普遍性与特殊性，以及适应性与变迁性。文化变迁指文化内容与文化结构的变化，创新和借用是文化变迁的主要机制。由于国家、民族的不同，生活组织方式的不同，以至婚姻家庭、社会性别的不同，人类文化展示出丰富的多样性。任何文化都必须随着人们生活实践的发展而不断创新发展。空管文化建设必须在符合人类文化基本特征的前提下谋发展、求创新，如每一种文化都既具有普遍性，又具有特殊性，那么，我国在空管文化建设中，就必须把握文化的普遍性与特殊性统一的基本特征，一方面必须顺应全球空管一体化这个世界空管发展的总体趋势，科学地认识、积极地吸收国外空管文化建设的先进经验，尽快与国际接轨；另一方面要积极构建富有中国特色的新型空管文化，争取在世界空管文化领域的话语权和地位。

（三）文化人类学方法对空管文化研究的方法论指导

文化人类学作为一门学科，有其独特的研究方法，主要包括研究策略、具体研究方法和研究伦理三个方面。在研究策略上，现代的文化人类学主要采取主位与客位、整体与专题、宏观与微观、定性与定量相结合的方法。在具体研究方法上，文化人类学广泛采用田野调查、调查研究和参与式社会评估的方法。文化人类学的研究会涉及道德问题，因此要求人类学研究要合乎伦理，即要对其研究对象负责，对学问负责，对公众负责。文化人类学的这些研究策略、具体研究方法及研究伦理对空管文化建设都具有科学的、现实的、有针对性的方法论启示。例如,田野调查是文化人类学最重要的研究方法,指的是经过专门训练的人类学家亲自进入某一社区,通过直接观察、访谈、居住体验等参与方式获取第一手研究资料的过程。田野调查大体可以分为选题、调查设计、调查前的准备工作、做调查、资料分析和写作五个步骤。这五个步骤清楚明白、详细具体,在空管文化的研究中需要循序而进、步步深入,灵活运用文化人类学的调查研究方法,结合空管岗位实践,通过岗位现场观察、运行流程再现、专家访谈和问卷调查等方法,为空管文化问题研究提供新思路。

五、文史哲艺

文学是人类所从事的一种特殊的表达人类本质的精神活动。历史包含了人类数千年来积累的丰富的经验和知识。哲学是智慧之学,是关于世界观人生观价值观的学问。艺术是反映当地社会生活、满足人们精神需求的意识形态。文学、历史、哲学和艺术的基本理论共同构成空管文化建设的人文理论基础。

(一) 空管文化建设的文学理论基础

文学存在的真正根据,就在于人类自觉自由的本质,就在于人类无限延伸的创造能力。应用文学理论指导空管文化建设,应正确理解文学在文化建设中的作用。文学对空管文化建设的理论基础作用主要体现在:第一,文学提高空管人的认识能力,提升空管人的审美境界;第二,文学具有社会组织、社会调节功能,能够调控空管人的情绪;第三,文学具有进行宣传、鼓动的作用,为空管文化建设提供教育资源。

文学的认识价值,重在体验,而不在结论。文学吸引空管人进入艺术天地,在形象思维展开的过程中,似乎身临其境地去逐渐体验和领略人生,不像在科学中,只摘取最后的、得到澄清的成果。阅读文学作品,不仅可以了解古今中外社会的风土人情,更能深入认识事物的内在本质,这对于提高个人的认识能力大有裨益。对空管人来说,阅读优秀的文学作品越多,占有的文学资源就越多,收获的教育引导作用也就越大。尤其是阅读那些反映空管建设领域的文学作品,可以起到了解空管文化发展历史、提高空管人精神境界和道德素养的作用。空管人在欣赏文学作品时获得的强烈丰富、深刻迷人的审美感受,对提高审美能力、丰富审美情趣、健全审美观念、升华精神境界、优化心理结构,发挥着十分重要的作用。在我国空管事业壮阔而艰辛的发展历程中,一代代空管人在优秀文学作品的鼓舞和激励下舍生忘死、默默奉献,用自己的言行书写着以勇敢、荣誉、尊严和牺牲为主题的英雄主义史诗。尤其是那些反映空管人、空管事业的作品,记录了空管人不畏艰险、迎难而上、战胜内忧外患、创造美好未来的伟大实践,同时也将空管人淡泊名利、无私奉献的价值取向,忙碌充实、多姿多彩的生活画面,深深镌刻在空管发展的里程碑上,流淌在空管人的血液里,成为凝聚人心、鼓舞士气、团结拼搏、夺取胜利的旗帜。

(二) 空管文化建设的史学理论基础

读史使人明智,历史是人类智慧的宝库,包含了社会发展进程中的种种变革和奥秘,包含了人类数千年来积累的丰富经验和知识。史学对空管文化建设的理论基础作用主要体现在有历史感思维方式的获得和历史教育的社会功能上。空管人了解历史,有助于丰富历史知

识,扩大眼界,增长见识,培养科学的世界观。具体说来有以下三点:

第一,史学的认识功能。史学能够为人们了解现实和预测未来提供必要的历史知识,使人们认清人类历史和各种事物是怎么发展变化的,现在有些什么有利条件和不利条件,以后将会怎么发展。恩格斯曾说:"黑格尔的思维方式不同于其他所有哲学家的地方,就是他的思维方式有巨大的历史感做基础。"加强空管文化建设,就要正确认识空管发展的历史,用科学的态度对待传统。任何团体都有自己的文化,都可追溯起源、成长和发展的脉络,也就是文化积淀、传承和发展的历史印记。我国空管系统经过70多年的积淀,形成了特色鲜明的优良传统,这是空管建设的宝贵财富,更是新时期空管人所需要的精神力量。

第二,史学的借鉴功能。史学能够为人们的实践活动提供历史的经验和教训,从而使人们以史为鉴,避免重犯人类历史上曾犯过的错误。了解空管发展史,实际上就是学习和借鉴老一辈空管人攻坚克难、勇攀高峰的奋斗历程和奋斗精神,从中汲取养分,以洞察科技前沿的睿智和不惧艰险的勇气,大力发扬与时俱进、开拓创新的探索精神,抓住机遇,奋力拼搏,扎扎实实推进空管文化建设。

第三,史学的教育功能。史学的教育功能包括道德教育、理想教育、历史眼光的教育等。有学者说,历史学是一部社会教科书,它具有多方面的社会教化和思想滋养功能,是人类认识世界、认识自我的强大理论武器,其核心是启迪心智、智慧人生,使人变得清醒、理智和成熟。学习历史,对于提高人们的人文素养、思想境界、完善人格、陶冶情操都有潜移默化的作用。加强空管文化建设就要充分挖掘、吸收、传承空管系统的优良传统,在厚实的文化底蕴中积蓄后劲、升华境界。建好博物馆和各类纪念馆、荣誉室、陈列室,使之成为传承空管精神的文化阵地。以春风化雨、润物无声的感化熏陶,使空管人了解文化传统、热爱空管事业,自觉成为空管文化的承载者、践行者和传播者。

(三) 空管文化建设的哲学理论基础

哲学思想对空管文化建设的影响体现在对空管人世界观、认识论、方法论等方面。这种影响是最基础、最根本也是综合性最强的影响。正确认识这一点,有助于空管人自觉运用哲学理论来指导空管文化建设,有助于空管人变革思维方式、提升人生境界。

第一,哲学滋长智慧。哲学是给人以智慧,使人变得更聪明的学问。它不是直接去回答和解决人们在生产活动中所遇到的各种实际问题,而是通过提高人们的理论思维能力,间接地作用于具体的实践活动。哲学的基本任务,就在于从根本上启迪人们的智慧和提高人们的理论思维能力,从总体上、方向上、方法上告诉大家如何正确地从事认识与改造世界的活动。这是其他任何的具体学科所无法替代的。

第二,哲学深邃思想。哲学理论有助于空管人深邃思想,提高敏锐性、预见性和洞察力。空管文化是由空管科学知识、价值观念和思维方法体系所构成的集合体,是空管实践活动的智慧结晶。从哲学角度看,这个集合体是通过一系列具体的空管文化形式体现和反映出来的,特别是通过空管思想文化、道德文化、制度文化、科技文化、谋略文化等文化形式具体体现和反映出来的,从而形成了空管文化的基本结构。哲学的作用就是打开你的视野,开放你的心灵,在迷茫中追寻真理的曙光。

第三,哲学指导实践。哲学是关于实践与认识活动总的知识体系,是对各门具体学科知识的总概括,对实践与认识活动各个方面都起着直接或间接的指导作用。哲学的理论与应用始终是紧密相连的,理论只能是应用基础上的理论,应用只能是在理论指导下的应用。空管人学习、研究哲学,应当同现实的空管实践活动联系起来,充分发挥哲学在空管文化建设中的指导作用,努力提高运用哲学理论解决空管文化建设中的矛盾和问题的能力。

（四）空管文化建设的艺术理论基础

深刻认识艺术对于加强空管文化建设,尤其是提高空管人的艺术修养的重要作用,是空管文化建设理论研究中的重要课题。艺术主要包括美术、音乐、舞蹈、戏剧等学科,艺术具有教育功能,艺术教育能充分开发人的潜能,培养创新思维能力,促进个性的发展和人格心智的完善。艺术教育的独特性在于,从艺术中人们可以得到有关我们自身和世界的知识、信仰和价值,这些知识、观点、体验和意义是任何其他学科不能提供和代替的。

第一,艺术陶冶情操,培养良好思想品质。优秀的艺术作品可以陶冶人的情操和灵魂。优秀的艺术作品所反映的事物,通常是经过作者的艺术加工,使生活的原形更加生动、典型化,从而更真实地反映事物的本质。作品能深刻揭示社会的本质,给人们提供美与丑、善与恶的标准,从而引起人们心灵的共鸣,使人们提高思想认识,受到深刻的思想教育。在空管事业发展的70多年里,艺术以各种形式慰藉和滋养着空管人的情感世界。艺术使空管人身心得到健康发展,造就乐观豁达的性格、高尚高雅的情操,使空管人更加热爱岗位工作,并立志在本职岗位上建功立业。

第二,艺术启迪创新思维,开启人生智慧。艺术教育实践是培养人们获得能敏锐地用眼去观察事物、用耳去感受事物、用心去体会事物的能力,它是由形象思维的训练上升到逻辑思维的过程。对于空管人来说,艺术和艺术教育的作用,就是把每个人的眼睛和耳朵的潜能唤醒、点燃、开发并发展,使其具有敏锐的观察力和丰富的想象力,使认识能力、理解能力和创造能力等综合能力得到进一步提高,从而起到启迪智慧、提高和发展创新思维的作用。无论是美术、音乐还是舞蹈、戏剧等艺术,都是通过具体可感的艺术形象来再现社会生活的现实图景。这种认识是富于理想和创造激情的,可以更容易记忆到人的脑海中去,而且会显得更加深入和持久。这种激情和创造力,可以促进智力的全面发展。空管人在感受艺术美的时候,得到美的启迪和享受,从而激发不断创造美、开拓创新空管文化的美好愿望。

第三,艺术发展优良个性,培养合作意识。完美的艺术都体现出张扬个性和合作意识的统一。个性是社会组织中丰富性和多样性的基础,同时也是个人价值实现的基础,艺术教育是最尊重和保护人的个性的课程之一。作为基础教育的艺术课程正是本着这一精神,具有典型的人文性,它关注的并非单纯艺术知识及其技能的精湛,更重要的是极力追求一种对人类生存意义和价值的终极关怀,经常表现出以人为对象、以人为中心、对人无限关爱的思想倾向,追求独特的思路、纯真的情感、心动神驰的体验、脱俗的品位、广阔的胸怀和伸张正义的勇气。艺术教育同时也强调合作意识。譬如,在音乐和歌舞表演等艺术活动中就要求具有强烈的合作意识。否则,就不能充分发挥群体的创造智慧,感受集体力量的激情和震撼。空管文化建设既要保持个性特色,又要讲求团结协作。优秀的艺术作品有助于空管人领悟张扬个性和合作意识的统一,深刻的艺术教育有助于空管人在空管文化建设中实现保持个性特色与讲求团结协作的统一。

本章参考文献

[1] 毛泽东选集(第二卷)[M].北京:人民出版社,1991.

[2] 毛泽东选集(第三卷)[M].北京:人民出版社,1991.

[3] 中共中央文献研究室.邓小平年谱:一九七五——一九九七(上)[M].北京:中央文献出版社,2004.

[4] 邓小平.邓小平文选(第二卷)[M].北京:人民出版社,1994.

[5] 邓小平.邓小平文选(第三卷)[M].北京:人民出版社,1993.

[6] 中共中央文献研究室.社会主义精神文明建设文献选编[M].北京:人民出版社,1996.

[7] 江泽民.江泽民文选(第二卷)[M].北京:人民出版社,2006.

[8] 中共中央文献研究室.十六大以来重要文献选编(上)[M].北京:中央文献出版社,2008.

[9] 中共中央文献研究室.十六大以来重要文献选编(下)[M].北京:中央文献出版社,2008.

[10] 胡锦涛.在庆祝中国共产党成立90周年大会上的讲话[EB/OL].(2011-07-01)[2019-12-01].http://www.gov.cn/ldhd/2011-07/01/content_1897720_3.htm.

[11] 中国广播网.习近平"八一"前夕视察北京军区[EB/OL].(2013-07-30)[2019-12-01].http://china.cnr.cn/news/201307/t20130730_513179601.shtml.

[12] 中国共产党新闻网.习近平在山东考察[EB/OL].(2013-11-29)[2019-12-01].http://cpc.people.com.cn/n/2013/1129/c64094-23694123.html.

[13] 习近平.在中国文联十大、中国作协九大开幕式上的讲话[EB/OL].(2016-11-30)[2019-12-01].http://www.xinhuanet.com/politics/2016-11/30/c_1120025319.htm.

[14] 张晓松,黄小希.习近平:举旗帜聚民心育新人兴文化展形象 更好完成新形势下宣传思想工作使命任务[EB/OL].(2018-08-22)[2019-12-01].https://www.ccps.gov.cn/zl/xxzyjhjszl/201812/t20181209_114782.shtml.

[15] 中共中央文献研究室.毛泽东文集:第三卷[M].北京:人民出版社,1996.

[16] 江泽民.江泽民文选(第一卷)[M].北京:人民出版社,2006.

[17] 江泽民.江泽民文选(第三卷)[M].北京:人民出版社,2006.

[18] 新浪网.胡锦涛在全国宣传思想工作会议上发表重要讲话强调坚持用"三个代表"重要思想统领宣传思想工作[EB/OL].(2003-12-08)[2019-12-01].http://mil.news.sina.com.cn/2003-12-08/169258.html?domain=mil.news.sina.com.cn&vt=4&from=wap.

[19] 中华人民共和国中央人民政府门户网站.习近平在十八届中共中央政治局第一次集体学习时讲话[EB/OL].(2012-11-19)[2019-12-01].http://www.gov.cn/ldhd/2012-11/19/content_2269332.htm.

[20] 中共中央文献研究室.习近平关于社会主义文化建设论述摘编[M].北京:中央文献出版社,2017.

[21] 中共中央文献研究室.毛泽东文集:第七卷[M].北京:人民出版社,1999.

[22] 江泽民.论党的建设[M].北京:中央文献出版社,2001.

[23] 中共中央文献研究室.十七大以来重要文献选编(上)[M].北京:中央文献出版社,2009.

[24] 中国文明网.全国宣传思想工作会议在京召开[EB/OL].(2013-08-20)[2019-12-01].http://www.wenming.cn/xj_pd/ssrd/201308/t20130820_1422721.shtml.

[25] 中华人民共和国中央人民政府门户网站.习近平:决胜全面建成小康社会 夺取新时代中国特色社会主义伟大胜利——在中国共产党第十九次全国代表大会上的报告[EB/OL].(2013-08-20)[2019-12-01].http://www.gov.cn/zhuanti/2017-10/27/content_5234876.htm

[26] 中华人民共和国教育部,中共中央文献研究室.毛泽东　邓小平　江泽民论教育[M].北京:中央文献出版社,2002.

[27] 中共中央文献研究室.十四大以来重要文献选编(上)[M].北京:人民出版社,1996.

[28] 中共中央文献研究室.十四大以来重要文献选编(中)[M].北京:人民出版社,1997.

[29] 中共中央宣传部,中共中央文献研究室.论文化建设——重要论述摘编[M].北京:学习出版社,2012.

[30] 中国青年网.习近平视察国防科技大学　强调培养新型军事人才(2)[EB/OL].(2013-11-07)[2019-12-01].http://edu.youth.cn/2013/1107/132646_2.shtml.

[31] 人民网.习近平在中国科学院第十七次院士大会、中国工程院第十二次院士大会上的讲话.[EB/OL].(2014-06-09)[2019-12-01].http://politics.people.com.cn/n/2014/0609/c1024-25125311-3.html.

[32] 中共中央文献研究室.建国以来毛泽东文稿:第5册[M].北京:中央文献出版社,1991.

[33] 央视网.胡锦涛在人民日报社考察工作时的讲话[EB/OL].(2008-06-26)[2019-12-01].http://news.cctv.com/china/20080626/103354.shtml.

[34] 中华人民共和国中央人民政府门户网站.习近平视察沈阳战区部队:不断提高履行使命任务能力[EB/OL].(2013-08-30)[2019-12-01].http://www.gov.cn/ldhd/2013-08/30/content_2477794.htm.

[35] 汤仁华.精细化管理是空管安全文化建设的基本要求[J].空中交通管理,2009(6):33-35.

[36] 周大鸣.文化人类学概论[M].广州:中山大学出版社,2009.

第五章

空管文化建设的实践基础

　　如果说文化是硕果，那么实践就是富有养分的土壤。枝繁叶茂、硕果累累的大树必然扎根在无尽的养分之中。空管文化的产生必定凝结于特定的实践之中，越是丰富的实践，越是能孕育出独特的文化。空管文化蕴含了空管人与蓝天的互动，深藏着人类在面对神秘莫测的天空时所表现出来的智慧和勇气。

文化是人类社会实践的产物,在历史的长河中积淀,在时间的积累中升华。空管文化作为空管行业意识形态的主体和灵魂,其孕育、形成和发展深深地根植于人类空管活动的实践过程之中。跟踪世界空管和我国空管的发展历程,把空管发展过程中我们熟知的历史事件、典型案例与文化的特征联系起来,追寻空管文化的形成轨迹;把实证经验、技术创新与文化的观点相联系,追寻空管文化的传承脉络;把体制机制、法规制度与文化的建设相联系,揭示空管事业发展的内在规律,总结空管文化建设的基本经验,拓宽思路、明确方向,正确看待空管事业发展过程中的矛盾和问题,增强空管文化建设的针对性、实效性,在"中国梦"的感召下,传递中国空管正能量,指导空管事业的未来发展。

第一节　世界空管的发展历程及其文化传承

历史孕育着文化的基因,文化延续着历史的血脉。空管,作为一种社会实践活动,有着几乎与人类航空文明一样的悠久历史,经历了从无到有、从简单到复杂、从手工作业到自动化的历程。与之相对应,空管文化也经历了从无意识到有意识、从单一到全面、从零散到相对完整的发展脉络。本节以文化视角跟踪世界空管从奠基、产生、成熟到发展的历史过程,沿着空管系统"从旗帜到自动化"演进印迹,追寻世界空管文化从其基本的物质和精神文化"基因"走向多元化的传承脉络,领略空管文化积淀散发出来的浓郁芳香。

一、奠基阶段:飞行安全和畅通的需求引发空管安全文化

世界空管发展的奠基阶段(1903—1929年),既是开创人类动力飞行的新时代,也是空中交通管制概念初步形成的阶段,同时也是简单的空管设备逐步出现的历史时期。1903年12月17日,当莱特兄弟在美国北卡罗来纳州基蒂·霍克小镇的沙滩上,驾驶着自己设计的"飞行者1号"跌跌撞撞地离开地面的时候,虽然只持续飞行59s,航程也仅有260m,却开启了人类航空文明的新纪元。由于早期的航空技术不成熟,航空器少,飞行事故的主要成因以航空器故障和飞行员失误为主,因管理不当造成的飞行事故并不多见。但1910年发生了人类有记录的第一次航空器空中相撞事故后,空中交通管制问题正式进入人们的视野。人们从保障飞行安全和畅通的实际需要出发,运用简单的工具,制定相应的规章制度,并由此也引起了空管安全文化的探讨。

一是空中交通管制观念的初步形成,防相撞工作逐渐进入人们的视野。20世纪初,虽然航空飞行被称为是"冒险者"的事业,但人们对航空效益和军事应用的需求却有增无减。尤其是第一次世界大战以后,随着军事领域对航空器和飞行员的需求减少,各航空大国纷纷转向民用航空制造业和航空运输,年轻的航空工业迎来了难得的发展机遇,航空活动在世界范围内迅速兴起,航空器的数量、种类、性能以及空中飞行活动的航程、高度和密度不断提高。法国、英国和美国等纷纷都成立商业航空公司。1918年,柏林—汉诺威/科伦之间建立了航空邮运业务,巴黎—布鲁塞尔之间首次开辟国际定期航空邮运航班。1919年,继伦敦—巴黎之间开办国际航空旅客运输服务后,欧洲各国首都之间基本上都建立了定期国际航班。航空技术取得较大突破,航空事业迅猛发展,极大地促进了人类社会的进步与发展,但人们在享受着航空科技发展所带来的巨大变化的同时,又被迫承受着飞行事故带来的巨大压力

与损失。1910年9月24日—10月3日,在意大利米兰市举办的世界航空博览会期间,发生了人类有记录的第一次航空器空中相撞事故。10月3日当天,法国飞行员勒内·托马斯在米兰市上空,驾驶着一架"Antoinette Ⅳ"单翼飞机从尾后撞向了英国陆军中尉伯特勒姆·迪克森驾驶的"农夫Ⅲ"双座飞机(图5-1),两架飞机毁坏[1]。从此,人们对保障飞行安全和空中交通畅通的意识逐渐强化,防相撞工作从无意识走向有意识。

a)Antoinette Ⅳ　　　　　　　　　　　　　b)农夫 Ⅲ

图5-1　人类有记录的第一次空中相撞事故中的航空器

　　二是空中交通管制范围限于机场空域,指挥器材、设备简陋。文化,一方面是一种观念形态,另一方面也是一种物质形态。早期的航空器航程只有几百千米、飞行时速不过220km,而且航空器一般只在昼间简单气象条件下飞行。人们利用望远镜、信号弹、信号旗(一般同时用红旗和绿旗)或手势,指挥控制飞机起降、按照规定路线滑行或停放。但由于打手势、摇旗子等方式对目视条件要求较高,易受天气和黑夜的影响,人们又想到用信号灯来取代手旗,确保在目视条件不好的情况下指挥飞机。很快,人们又在机场上设置了各种标志(跑道中心线、滑行道中心线)和灯光(跑道灯、滑行道灯、障碍灯、限制使用区灯)辅助引导飞机,以有效地防止航空器相撞或者迷航,出现了最早的空中交通管制。1921年,伦敦克来伊顿机场(Croydon Airport)成为世界上第一个使用空中交通管制的机场[2]。人们沿航空邮政航线建立火光信标灯塔(1923年改装为旋转信标灯,图5-2)。1926年,人们在机场和航路上设置了各种标志和灯光(如每隔10海里设置一个旋转信标灯)来辅助引导飞机;同时,由于飞机航程较短,人们每隔50海里建立一个简单的中转机场(图5-3)。

图5-2　旋转信标灯　　　　　　　图5-3　中转机场

　　三是第一个国际航空法典《空中航行管理公约》(简称1919年《巴黎公约》)出台,并成立空中航行国际委员会(ICAN)(是 ICAN 的前身),标志着严格意义的空中交通管制诞生。

文化是法规制度之母,法规制度是文化的重要载体之一。《巴黎公约》的技术附件4(D)和附件7(G)提出的目视飞行规则(VFR),在世界空管发展史上第一次实现了航空活动在法律和技术方面的统一。根据VFR,飞行员在目视状况下,依据"see – and – aviod"(发现与规避)规则,通过目视观察,判断飞机之间、飞机与障碍物之间的距离间隔,按照事先标绘的航图,依据比较醒目地理标志或检查点(如公路、铁路、河流和山川等)进行领航,或者依据时间、空速、距离和方向通过计算进行领航。

即便人们为飞行安全付出了巨大的努力,但灾难还是无法避免。1922年4月7日,一架英国客机德哈维兰德DH.18A(图5-4a)与一架法国航空邮政"农夫"F – 60(图5-4b)在法国皮卡第上空相撞。此次事故成为人类有记录的第一次民航客机与其他飞机空中相撞事故,两架飞机毁坏,机上7人全部死亡。人们在检讨"see-and-aviod"规则局限性的同时,将最新的无线电通信和导航等技术引入空管领域,空中交通管制从此摆脱摇信号旗(灯)引导飞行的目视管制局限,逐步进入了通过陆空对话和无线电导航实施空中交通管制的新时期。空管安全文化也相应地从孕育阶段进入"破土而出"阶段,并逐步成为世界各国空管的永恒主题。

a)德哈维兰德DH.18A   b)"农夫"F-60

图5-4   人类有记录的第一次民航客机与其他飞机空中相撞事故

二、产生阶段:全空域管制的出现催生了空管使命文化

1929—1945年,是世界航空科学技术和航空工业发展突飞猛进的重要时期,也是空中力量得到空前使用的历史阶段,更是空中交通管制迅猛发展的黄金时期。这一时期,人们对规范航空秩序和防止航空器相撞的呼声越来越强烈,空管安全文化已从自发走向自觉。同时,随着空中力量在第二次世界大战中的空前使用,以及战略轰炸理论、制空权理论、航空兵集中使用原则和空地协同作战等先进空中作战理论在战争实践中的验证,人们对战区空域管制的重要性认识不断加强,纷纷在指挥所内设立空中交通管制、对空侦察、指挥引导等专业分队,空中交通管制的功能已从机场和航路保障逐步延伸到作战指挥系统之中,空管使命文化的作用逐步显现。

一是无线电技术的发展推动管制塔台出现,塔台自此成为空管物质文化的典型标志之一(图5-5)。1919年,飞机上安装了真空管收发报机,地空之间实现了双向电报通信。1921年前后,地空通信使用了无线电话,取代了摩尔斯电报,保障了对飞机的指挥。1925年,美国在7个主要的机场建立了无线电通信站,航路导航设备也从早期的航路灯塔逐步发展为全向无线电导航和随后出现的甚高频全方位无线电导航。1928年,短波无线电话通信设备首次安装在飞机上,开创了机载话音通信的历史[3]。无线电导航设备与话音电台构成了最早的机载航电设备。1929 年,世界上第一个管制塔台在美国圣路易斯兰伯特机场建立,从此人类告别了用旗帜指挥引导飞机起降的时代。美国人阿尔奇·里格也成为世界上第一位专职管制员。随后,各国相继建立了机场管制塔台,配备有专职管制员,无线电通信设备和灯光枪,并实现了机场间的地地通信联络。1930 年,美国俄亥俄州克利夫兰机场管制塔台第一个率先装配无线电通信设备,通信距离为 24km。到了 1935 年,更多的机场管制塔台装配无线电通信设备,飞机与地面之间已基本实现双向无线电通信。

图 5-5　早期的管制塔台及管制员

二是第一代空中交通管制系统出现,全空域的程序化管制模式形成(图 5-6)。1935 年 5 月 8 日,美国参议员布郎森·卡丁在密苏里州亚特兰大附近的一次空难中不幸遇难,航空安全再次成为人们热议的话题。这次事故后,各国加速了空管设备设施的研制,对管制方法和飞行程序进行了认真的研究。1935 年 12 月,美国在新泽西的纽瓦克(Newark)建立了世界上第一个航线交通管制单位(ATCU)。1936 年,美国航空署(BAC)建立了第一个仪表飞行规则。随后,各航空大国也制定了使用仪表进行安全飞行的规则,并建立起全国规模的航路网和相应的航站、塔台、管制中心或航路管制中心。以此为标志的第一代空中交通管制系统出现。人们沿航路布置一些低频导航站,飞行员通过导航掌握航向,靠保持沿航路飞行的时间或飞越固定点的时间间隔来避免相撞。管制员利用无线电设备获取飞机的位置数据,并在地图上标出每架飞机的位置,用速度、时间、距离和简单的计算尺,计算出飞机预达时刻;根据风向、风速计算出飞机偏流、地速和预飞航迹。第一代空中交通管制系统把管制范围从机场空域扩展到飞行航路(航线),使飞机从起飞到降落的"全空域"内都受管制中心的全程监控。至此,一种依靠飞行员位置报告和管制员航位推测的程序管制模式逐渐成熟。

a)   b)

图5-6 早期程序管制工作场景

三是空中交通管制机构迅速建立,空管文化的组织载体初具规模。在两次世界大战之间的20来年里,航空技术迎来了新的发展机遇,民用航空的迅速崛起,庞大的全球航空工业体系形成,高速活塞式飞机达到实用化和普遍化,空中飞行活动更加频繁而复杂,给航空安全带来巨大压力,航空发达国家纷纷扩建和新建装备有无线电通信设备的管制塔台,成立了一系列空管主管机构,并加强空中交通管制法规建设。1935年,美国在纽瓦克(Newark)、芝加哥(Chicago)和克利夫兰(Cleveland)设立了3个管制中心;1938年,美国颁发第一部民用航空法;1940年,美国组建民用航空管理局(CAA);1941年,美国组建专门的空中交通管理部门,原航线交通管制单位(ATCS)变更为航路管制中心(ATCC),民用航空管理局接管机场管制塔台,初步形成航站、塔台、管制中心三级空管机构(图5-7)。

a)美国民用航空管理局   b)纽约航路管制中心

图5-7 早期的空中交通管制机构

四是空管系统在国家空防体系中的地位凸显,作战飞行指挥引导、空地管制协同、战场空域监视等成为空管使命文化的重要内容。1939年,第二次世界大战全面爆发,这也是空中力量得到空前使用的时期。这一时期最突出的标志是建立了战区空军指挥机构,从组织上进一步保障了空军能够独立地指挥、控制所属部队的作战行动。随后,一些国家相继建立了地面指挥所,并设立空中交通管制、对空侦察、指挥引导等专业分队,战时空管的功能已从机场和航路保障逐步延伸到作战指挥系统之中。其次,管制指挥手段也有重大突破,如多波道超短波电台、微波引导雷达、测高雷达以及地面导航设备等,对于提高空军作战指挥控制能力发挥了重要作用。再次,空中力量与地面部队协同作战,需要有效的陆空协同保障,对战区空域管制提出更高要求。1943年7月11日深夜,美军代号为"爱斯基摩人"的空降行动中,由于没有建立陆空协同机制,事先没能与盟军各方协调通报好作战行动,144架C-47型运输机机群遭到了盟国军队舰炮的猛烈攻击,致使美军23架飞机被击毁,多架飞机遭到重创。血的教训使人们逐步认识到建立空地协同机制和实施战区空域管制的重要性,为战时空管理论研究开拓了一片新的领域。最后,不列颠之战证明了防空的战略意义,英国建立了以雷达为核心的对空探测系统,为现代空管空防一体化体系的形成奠定了基础。1935年,英国研制出第一部一次雷达。为了对战场空域实现有效监视,英国皇家空军于1936年在索夫克海岸建起了第一座雷达站,后来又增设了5座,它们在第二次世界大战中发挥了重要作用。历史学家们评论说:"雷达在不列颠之战中为保卫他们的祖国做出了重大贡献。雷达是在英国危急存亡之秋,上帝赐予的奇迹"。随后,雷达迅速在包括空管在内的军事领域得到广泛应用。1944年春,美国陆军航空处开始装配地面管制进近(GCA)雷达,并投入作战使用。该地面管制进近雷达能够使管制员"看见"远在距机场30海里外进近的飞机,并引导飞行员以适当的速度、高度和方向准确降落。

三、成熟阶段:合作、交流与服务成为空管文化的主要内容

1945—1980年期间,由于喷气机时代的飞机在航程、载客量和飞行速度上的飞跃,大气层中的人类活动更加频繁而快捷,来往穿梭的飞机给空中交通管制带来巨大压力,航空飞行安全和航空效益受到人们的广泛关注。围绕着平衡航空活动安全性与经济性,人们不断更新空中交通管制系统,加快空中交通管制体制改革步伐,强调空管的服务意识,空管文化建设内容不断丰富,并逐步走向成熟。

一是ICAO正式成立,空中交通管制法规逐步实现国际标准化。20世纪30年代以前,受地区主义的影响,世界主要国家在民用航空问题上坚持各自为政,国际航空发展缓慢。1919年的国际空中公约(《巴黎公约》),始终没得到苏联、美国等大国认可。到1944年,《国际民用航空公约》及其12个附件、《国际航空运输协定》才得到相关国家的认可。第二次世界大战后,航空活动特有的跨国流通性表现得淋漓尽致,迫切需要解决航空发展中的国际性问题,协调各国有关民用航空经济和法律义务,统一飞行规则和飞行间隔标准。1947年4月4日,《国际民用航空公约》(简称《芝加哥公约》)生效,ICAO正式成立。同年5月成为联合国的一个专门机构,总部设在加拿大的蒙特利尔。该组织通过制定《国际民用航空公约》的18个技术业务附件和多种技术文件以及召开各种技术会议,研究国际航空法,组织拟订和修改国际民用航空活动的各种公约,逐步统一了国际民用航空的技术业务标准和管理国际航路的工作制度,并在很大程度上影响和促进了各国飞行规则和标准趋于一致。

二是第二代空中交通管制系统(图5-8)出现,有力地提高了飞行的安全性。20世纪50年代中期,人们开始把第二次世界大战后期发展起来的雷达技术应用于空中交通管制领域,随后出现了二次雷达系统,管制员可以在雷达屏幕上获取飞机的位置、呼号、高度、速度等参数,再加上陆空通话系统的发展,促使重要的地区用雷达管制取代了传统的程序管制。雷达管制技术可以获得精确的实时空中动态信息,航空活动只需占用较小的空间单元就能获得必要的安全性,飞行间隔得到迅速缩小,大大提高了空间的利用率;雷达管制系统的实时信息探测、处理、共享、显示能力和较小的间隔标准,便于管制员监视、控制飞行活动,及时处理飞行冲突,进行管制协同;更重要的是雷达管制能较好地避免程序管

制条件下航空活动安全性与经济性的矛盾,大幅度提高了航空活动的经济性。同时,1946年,甚高频全向信标系统(VOR)研制成功后,正式成为美国的标准导航设备。1949年,VOR被ICAO采用,成为国际标准航线的无线电导航系统。同年,仪表着陆系统(ILS)被ICAO定为飞机标准进近和着陆设备。ILS能在气象条件恶劣和能见度差的条件下给飞行员提供引导信息,有力地保障了航班的准点率,提高了飞行的安全性,同时也使航空运输逐步摆脱了天气的限制。

a)   b)

图 5-8 第二代空中交通管制系统

三是航空器相撞事故的惨烈性促进空中交通管制体制改革,开始防撞技术与系统的研究。20世纪60年代前,美国分为民航和军航两个系统,实行分别管制的体制,并设立了航空协调委员会,负责协调军民航空中交通管制方面的关系。1956年6月30日,一架道格拉斯DC-7航班与一架洛克希德L-1049航班,在美国大峡谷上空相撞,共造成128人死亡;1960年12月16日,雨雪和浓雾笼罩着纽约城上空,一架道格拉斯DC-8航班与一架洛克希德L-1049航班空中相撞,共造成134人死亡(地面6人)。这些事故的发生引起人们对如何防止空中飞机相撞的沉痛思考,也促使美国彻底改变原有的飞行规则和空管体制,开始防撞技术与系统的研究。1958年,经国会通过和总统批准,美国政府设立了联邦航空局(FAA),国会指令该局经营和维持空中交通管制系统,制定各种规章制度和法律,并管理国家空域。到20世纪80年代,FAA完成了对空中交通预警和防撞系统(TCAS)的首次鉴定。TCAS通过机载询问器发出与二次雷达类似的询问信号,根据其他飞机机载应答机的应答信号计算二者距离,同时根据方向天线确定方位,为飞行员提供空中交通信息和告警。

四是随着自动化处理技术的发展和应用,第三代空中交通管制系统出现。1964年,IBM研制了IBM System/360计算机,从而开创了计算机自动化的新时代。随着固态技术日趋成熟,全数字式多目标跟踪(MTT)技术和双波束技术在雷达的运用,大大改善了雷达性能,为计算机用于飞行数据和雷达数据处理创造了良好的条件。1967年,新一代空管自动化系统在美国佛罗里达州杰克逊维尔空中交通管制中心投入使用。此后,一个以计算机为核心,包括雷达、显示和通信的自动化空管系统如雨后春笋一样在许多国家建立起来了。例如,法国的奥利管制中心、英国的伦敦管制中心安装了自动化管制系统;美国在全国中、小型机场安装了60套以计算机为核心的ARTS Ⅱ型雷达终端系统,在大型机场安装了62套ARTS Ⅲ型雷达终端系统等。尽管早期的第三代空中交通管制系统是半自动化,但对于有效缓解航空业大发展和飞行流量快速增长给管制员带来的工作压力,使管制员从烦琐单调的数据和信息处理中解放出来,提高工作效率发挥了重要作用(图5-9)。

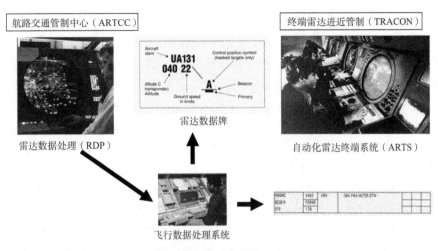

图 5-9 空管自动化数据处理

四、发展阶段：新理念不断更新促使空管文化走向多元

20 世纪 80 年代,随着航空技术的发展,飞机的自动化程度大幅度提高,飞行品质大大改善,降低了飞行事故率,但与此同时,世界各国的空中交通流量不断增长,跨洋飞行和远距离飞行活动频繁,极地飞行开始出现,原有的空管系统出现了不同程度的超载或饱和,航空安全仍面临严峻形势,特别是一些特大的恶性飞行事故,给人们造成重大的灾难和恐惧,迫切需要空管科技创新、理论创新、安全理念和思维模式创新。在创新文化的牵引下,整个空管文化建设不断蓬勃发展。

一是系统工程、人机技术和安全技术广泛应用于空管领域,空中交通管理概念出现,空管系统新理念不断更新。计算机、信息处理和自动控制技术在机载设备和空管地面设施上广泛应用,使包括空管雷达系统、空管自动化系统、内话以及甚高频通信传输系统等在内的现代空管系统规模迅速增大、复杂程度明显提高,使得人们不得不重新运用系统工程的思维来审视空管系统的建设和发展。系统自动化程度的逐步提高,也加快了空管系统中人机工程技术的研究和应用。自 1973 年美国开始部署世界上第一个全球定位系统(GPS)后,为满足飞行更安全、更密集、更灵活的需求,结合卫星导航、卫星通信和空地协同监视技术的发展,ICAO 认识到空管必须从单纯的地面指挥向空地协同方式发展。在 20 世纪 80 年代末期,ICAO 提出了空中交通管理(ATM)和基于卫星导航和空地通信数据链的自动相关监视(ADS)等概念。ATM 是对空中交通管制概念的拓展和延伸。ADS 包括合同式自动相关监视(ADS-C)和广播式自动相关监视(ADS-B)。1991 年,ICAO 通过新航行系统(CNS/ATM)方案,建议在卫星和数字信息技术的支持下,综合利用先进的通信、导航、监视技术和空中交通管理系统,来解决飞行安全性不良、空域容量与使用效率低等问题,从而推动空管系统进入空地协同管制的新纪元。20 世纪后半叶,随着航空器的安全性、稳定性和飞行控制功能不断完善,甚高频全向导航、罗兰系统、精密仪表进近系统、自动飞行高度保持系统、飞行高度预选/告警系统、自动相关监视系统、机载防相撞告警系统(TCAS)、近地告警系统(GPWS)及机场跑道监视系统(ASDE/AMASS)等飞行安全和告警设备研制成功并得到广泛应用,使航空器空中相撞事故、可控飞行撞地事故(CFIT)和跑道侵入事故及事故征候大幅度降低。

二是人为因素是影响航空安全的关键因素,改善人为因素自然也就成为进一步降低飞行事故率的重要途径。从世界航空发展的阶段来看:初创早期,技术因素是导致飞行事故的主要原因。成长期,随着技术进步、设备可靠性增加,技术因素引发的飞行事故大大减少。特别是 ICAO 成立以来,依据国际民航公约及其附件,各航空发达国家相继制定了本国的航空法规,形成了大体相似的航空管理体制,其中美国的"联邦航空规章"和"联邦航空局"的管理体制具有代表性。这对世界航空的发展和安全水平的提高起到了借鉴作用,也可以说飞行事故减少是技术装备的改进和安全飞行规章制度的完善共同的结果。发展期,人们除了进一步不断地以新的科学技术对航空加以改善之外,还发现了一个新的现象,那就是早期引发飞行事故原因的高达 80% 的技术因素已逐步降到 20%,而人为因素已从 20% 提升到 80%。为进一步提高飞行安全水平,人们开始了对人为因素的研究。1976 年,ICAO 以大会决议的形式,号召成员国重视人为因素的宣传与研究。随后,ICAO 又出版了一系列有关人为因素的指导性资料,并于 1990 年在苏联的列宁格勒、1993 年在美国华盛顿、1996 年在新西兰相继召开了人为因素国际研讨会,推动世界民航界对人为因素的探索。1994 年,美国国家科学研究委员会设立了专门的研究小组,研究人为因素对空管自动化的影响,其阶段性的研究成果已应用于许多自动化空管系统的设计和建设之中。

三是围绕着航空安全管理这一中心工作,空管系统的安全理念发生了三个根本转变,即从事后到事前、从个体到系统、从局部到全局。首先,安全认识论进入本质论阶段,航空安全管理重心向超前的"危险识别和风险控制"转变。航空安全管理不能仅仅停留在对航空事故及事故征候的调查上,而应在此基础上,将安全"关口"前置到飞行差错、严重不安全事件、一般差错及其以下更小的不安全事件,甚至那些影响航空安全的危险因素上,按照"风险—意识—控制"的思路,主动洞察航空安全管理中存在的风险和不安全因素,始终如一地拥有安全至上的风险意识,合理地运用控制风险的方法和手段。其次,人为因素研究从个体拓展到系统,航空安全管理向差错管理和建立防错体系转变。从人所处系统环境中考虑人的安全行为,包括考虑"人—机—环境"之间,人与人之间的相互作用;考虑工作条件、任务要求、资源状况、组织管理、规章制度、方针政策、文化氛围等对人的制约和影响;考虑系统缺陷的变化与发展,进行差错管理,并建立防错体系,已经成为今后航空安全管理的发展趋势之一。最后,系统科学催生"系统安全"思想,航空安全管理向制度防、技术防和岗位防"三位一体"转变。航空安全管理充分体现 ICAO 要求,不再孤立考虑安全工作,而是把安全放在系统的全局考虑,谋求整个系统的优化与和谐发展;不再仅仅着眼于技术方面,而是要强调人的主导作用;不再要求飞行员、管制员(飞行指挥员)被动"符合",而是鼓励他们"主动"负起安全责任,提高"自调控""自规范"能力。

四是空管在国家空中安全和空中作战中的作用越来越重要,空管系统与空防系统逐步向一体化方向发展。第二次世界大战后,导弹核武器的出现使空袭与反空袭斗争的战略地位更加突出,一些先进的航空技术装备如预警指挥飞机、空中加油机、隐身飞机、机载精确制导武器以及电子战装备等相继投入使用,极大地改变了空中战场环境。

为了适应日趋复杂的空中军事斗争形势,各军事大国加紧研制作战指挥自动化(C^3I)系统,并与空管自动化系统融合,逐步实现了空管空防一体化。1974 年,美国鉴于"赛其"

系统(即 SAGE,早期的空管空防一体化系统)体积庞大、抗毁能力差、维护运转费用大等缺点,与加拿大计划关闭现有大陆空军地区控制中心、区域控制中心和"贝克"控制中心,共同提出了联合监视系统计划(即 JSS,968H 计划,图 5-10)。新型 JSS 系统由北美防空防天司令部(1974 年开始用北美防空防天司令部取代 SAGE 时的北美防空司令部)指挥,美国和加拿大两国共用的自动化防空预警、指挥和空中交通管制系统,代号为 AN/FYQ-93。用于自动探测、跟踪和识别空中目标,搜集、处理、传递、显示空情及防空武器战备状态信息,并指挥和引导防空武器进行拦截作战;平时,则用于空中交通管制。1983 年,JSS 投入使用。共有 9 个地区指挥中心/区域作战控制中心。该系统监视传感器网共有 85 个雷达站。其中,环绕美国本土 47 个雷达站,加拿大东部与西部有 21 个雷达站,阿拉斯加有 11 个雷达站,夏威夷 6 个雷达站。这些雷达站构成的传感器

图 5-10 美国/加拿大建设的联合监视系统(JSS)

网在美国本土及其周围形成一个宽度达 320 千米的雷达监视覆盖区。在环绕美国本土及周围岛屿 48 个雷达站中,仅 FAA 就有 43 部航路监视雷达,而空军远程预警雷达仅有 5 部。1992—1995 年期间,FAA 重新换装了 40 部 ARSR-4 航路监视雷达,为美国大陆、关岛和夏威夷地区提供空管空防监视。与其他监视雷达相比,ARSR-4 可靠性高、易于保障,其雷达覆盖区域增加到 200~250 海里。ARSR-4 雷达为三坐标雷达,全固态、无人值守。

第二节 我国空管文化的发展历程

空管文化不是抽象的,也不是空管工作与生俱来的,它源自我国空管人 70 多年的点滴积累,生动地体现在空管人工作和生活的方方面面。作为一种行业文化,它激励人、凝聚人、塑造人,早已融进了中国空管人的血脉之中,与中国的空管事业紧密相连。一部空管发展史,就是一部空管文化的创造史。中华人民共和国成立后,我国空管经历了从小到大、从弱到强的发展历程。我国空管文化也经历起步、成长和蓬勃发展三个阶段。每一个过程都记录了中国空管人忠诚于党、服务国家、服务人民的生命足迹,体现了中国空管人忠于民族、勇于进取、敢于创新的先锋意识。虽然我国空管文化在不同时期呈现出不同的特性,但基本与我国空管发展的演变过程是相适应的,为中国空管事业的发展做出了积极的贡献。

一、我国空管文化的起步阶段

1949—1979 年,我国空管系统在一片空白的基础上艰苦创业,在曲折、反复和艰难探索中前进,经历了保障开国大典受阅飞行、建立第一条国际航线、成立民航局和中苏民航公司、颁布第一部空管法规、划设全国航行管制区、组织国土防空管制保障、建立民航四级航行调度体制、组建空管教育培训机构、建立半自动化航行调度系统等具有历史开拓意义的大事;组织实施我国境内的飞行活动,确保了我国防空作战、航空兵训练和民用航空等

飞行的顺利实施及安全,有效地促进了我国航空事业的发展。同时,也为随后我国空管体制改革和飞速发展奠定了基础、积累了经验、培养了队伍。与空管实践相适应,这一时期我国空管文化是以军队文化为背景,以保障国土防空作战为使命,以支持社会主义建设为核心,激励空管人提高思想觉悟,不畏强敌、英勇战斗,艰苦奋斗、克服困难,为保障飞行安全做贡献,形成了具有政治特色、思想优势的安全文化,弥补了西方技术封锁和设施设备落后的不足。这一阶段的文化起步和积累为日后我国空管文化的快速成长奠定了坚实的基础。

（一）军民航空管机构的建立,揭开了我国空管文化发展的新纪元

中华人民共和国成立时,正处于资本主义与社会主义两种体系对立的格局之下,为抵抗资本主义生产方式的冲击,中国旗帜鲜明地站在社会主义阵营一边。我国为保护社会主义建设成果,把加强国防建设作为建立空管体制和政策的主导思想,国家空管隶属于空军,按空军建制运行。1949年3月,中国人民革命军事委员会设立航空局,5月,便在航空局设立航行管理处,这也是我国第一个空管机构。伴随着建国礼炮的轰鸣,1949年11月11日,人民空军正式成立。1949年11月15日,经毛泽东主席批准,在空军司令部下设航行处。继军委建立空军空管机构后,各军区空军、空军军、航空兵师及飞行院校、场站相继建立了空管机构。1950年6月1日,在军委下辖的原民用航空局设立了机航处,并在该处设立空中交通管制科,负责航务和空管工作(图5-11)。同年11月,民航局又在机航处增设签派科和气象室,明确飞行签派工作由民航局统一领导,由空管部门执行,并在天津成立了飞行签派室。1955年1月23日,民航局颁发民航实行分区管制的命令,规定在民航局航行处调度科设中央调度室,在民航地区管理处航行科下设区域调度室,在民航中心站下设地区调度室,在民航站下设航站调度室。1965年1月1日起,正式采用总调、管调、区调、站调四级航行调度制度,实行四级航行调度体制,按照区域的划分和各级调度室的职责范围,组织指挥与调度民航的各种飞行活动。至此,我国军民航空管机关及基层空管工作,逐步开展起来,揭开了中国空管史的新纪元。同时,也为新中国空管文化的发展提供了组织基础,开启了新中国空管精神文化发展的新篇章。这一时期,新中国空管为促进国家经济发展,做出了重要贡献,并在服务民族航空工业发展的过程中,形成了我国空管行业独立自主、自力更生的发展方针。该方针的确定标志着中国空管文化从一开始就注入了中华民族之魂。

a)

b)

图5-11　军委民航局徽章及1950年6月军委民航局党委会与会人员

(二)第一部飞行基本规则的颁布,开启了华夏天空按章施管的新时代

这一阶段是在借鉴苏联航空法规、规章和制度以及消化吸收其空管经验的基础上,开始走独立自主、自力更生的发展道路,空管制度文化建设取得了丰硕的成果。1950年11月1日,毛泽东主席发布命令,颁布《中华人民共和国飞行基本规则》(图5-12),确定航行机构的性质和工作使命,首次为开展空管工作建立了法规依据,使新中国空管的地位在法律上得到了确认,为我国空管文化形成和发展奠定了基础,开启了华夏天空按章施管的新时代,在此基础上,逐步形成了我国的空管制度文化体系。

a)   b)

图5-12 《中华人民共和国飞行基本规则》的早期版本

1951年4月13日,中央人民政府人民革命军事委员会颁布《航行管制令》,具体规定了航行调度机构的建立及其工作内容,明确了全国各航空部门飞行申请的批准程序。军委民航局也发布了《民航飞行暂行规定(草案)》《航务规则制度(草案)》《飞行签派制度(草案)》《空中交通管制制度(草案)》等10多种规章。空军颁布了《航行管制区域划分规定》《飞行调配的基本原则》《空军航行调度勤务的使命与任务》《全国航行管制区划分》《航行调度事故区分及处理办法》等。1956年9月1日,空军为保证专机飞行安全,统一和明确专机飞行时各勤务工作职责,颁发《专机飞行保证工作条例》,有力地保证了毛主席、周总理、朱德等中央领导人专机、外国首脑及历次大型活动期间的专机飞行。1965年4月20日,空军又专门颁发《空军专机工作条例(草案)》。1958年,针对632号机、642号机106号机的飞行事故,民航局发布了《中国民用航空局命令》(简称117号命令)、《关于632、642号机事故的通报》和《民航局106机失事后的九项措施》,从安全管理、监督制度、工作讲评制度、航行、机务、通信、场务、运输、供应、训练和卫生等11个方面,制定了具有针对性的规定。1963年12月,中国民用航空局颁发《外国民用航空器飞行管理规定》。1965年民航局颁发了《中国民用航空飞行条例》《中国民用航空飞行指挥工作细则》和机务、通信、导航、气象、场建、油料等其他一些条令、条例、细则。这些法规、规章和制度的建立标志着我国空管工作走向法制化,我国空管制度文化逐步走上了根据本国实际自主发展的道路。

(三)第一条国际和国内航线的开辟,彰显了我国空管人特有的气魄和精神

中华人民共和国成立初期,我国正处于百业待兴时期,我国第一代空管人积极支援社会主义建设,克服种种困难,先后开辟国际和国内航线,划分全国航行管制区和空中禁航区,为全面恢复国民经济和服务于社会主义建设积极奉献,彰显了我国空管人特有的气魄和精神。这种气魄和精神就是爱国主义、开拓创新、艰苦奋斗以及在国际合作中强烈的民族责任感,为我国空管文化的快速成长发展积淀了丰富的精神财富和物质文化财富。

图 5-13 1950 年 4 月 2 日，《南方日报》报道中苏合办民航公司的消息

1950 年 3 月 27 日，中国政府与苏联政府在莫斯科签订了《关于创办中苏民用航空股份公司的协定》。同年 7 月 1 日，中苏民用航空股份公司正式成立（图 5-13）。即日起便开辟了"北京—沈阳—长春—哈尔滨—齐齐哈尔—海拉尔—赤塔""北京—太原—西安—兰州—哈密—肃州—迪化—伊犁—阿拉木图"和"北京—张家口—乌兰巴托—伊尔库茨克"3 条民航国际航线，这是中华人民共和国成立后第一次开辟的国际航线和正式开航。

对于中国空管来讲，1950 年 8 月 1 日无疑是一个具有里程碑意义的历史闪光点。当日，最早国内航线"天津—北京—汉口—广州"和"天津—北京—汉口—重庆"顺利开通，由此拉开了我国民航飞速发展的帷幕。《人民日报》为此刊发了《国内民用航空"八一"正式开航》（图 5-14）的新闻报道和《飞行在自由祖国的天空——记"北京"号"八一"正式起航》的评论员文章，其中写道："中国人民的民用航空事业，在'八一'建军节正式开航，标志着它将和中国人民解放军一样，由小到大，由弱到强地逐渐成长。前途是无量的。"1955 年 6 月 18 日，为了加强对军区间飞行与转场飞行的安全保证，明确军区间转场飞行的管制保障任务，确保飞行安全，空军司令部颁布了"航行管制区域划分规定"。该规定将全国划分为华北、东北、华东、中南、西北和西南共六个军区空司航行管制区域，具体规定了各管制区的界线、相邻区域指挥交接点和交接方法，航行管制与指挥调度权限，以及提供气象、导航保障，检查、监督飞机遵守航行规章等。1955 年 7 月 8 日，又重新颁发全国航行管制区域划分规定。从此，全国的航行管制，开始实行了统一管制与分区实施相结合的组织指挥原则。1957 年，原总参颁发"关于全国空中禁航区的规定"，明确北京、上海、沈阳市禁航区范围（后于 1964 年，又增设 5 个军事要地空中禁区），并从划设临时禁航区、炮兵射击靶场保证航线飞机飞行安全等方面规定了安全措施。自 1951 年颁发《飞机进出首都上空管制规定》后，空军陆续颁发西安、上海、广州、武汉、重庆、长沙等空中走廊规定，并于 1979 年在

图 5-14 《人民日报》报道"八一"开航

全国划设 19 条空中航路，民航共开辟国内、国际班机航线 149 条，这些措施是适应航空事业日益发展的需要，对维护空中交通秩序，确保飞行安全有着积极意义。

（四）建设半自动化航行调度系统，拉开了我国空管物质文化建设的帷幕

中华人民共和国成立后很长时间，我国空管工作是根据飞行人员向地面通报飞机的速度、航向、位置以及风向、风速等进行人工计算，采用纯手工作业进行标图，凭此指挥飞机的飞行活动。各级空管部门缺乏统一的信息平台，只能使用"一张地图、一把尺子、一支铅笔、

一个话筒"实施管制,组织难度大,其管制能力、效率和可靠性都非常低,严重影响和危及军事训练和民航运输安全。

　　1970年8月,为加强和改进航行调度工作,切实掌握空中动态,严格飞行管制,确保飞行安全,我国决定建设半自动化航行调度系统,在北京、上海两地建点试运行,从而拉开我国空管现代化建设的序幕。1971年9月,我国又确定在北京、上海飞行管制系统的基础上,进一步筹建西安、武汉、广州地区飞行管制系统,开始形成了区域性管制网。1973年12月,为了改善我国空管系统工程建设的现状,使自动化空管系统建设有实质性进展,我国计划进口国外先进空中交通管制自动化设备。1974年,我国从国外订购了一次、二次雷达和仪表着陆系统。1977年3月,我国从法国引进了第一套自动化空管设备(图5-15)。该套设备包括:管制中心设备、飞行管制雷达、塔台管制设备、内部通信、超短波地空通信遥控站、维修中心和微波站。经过试运行,设备工作状态良好,并在中华人民共和国成立35周年国庆阅兵保障工作中发挥了重要作用。1977年6月,国务院、中央军委下发文件,同意将空管工程列为国家"成套引进项目"进行建设,并分空军空管工程和民航空管工

图5-15　我国早期引进的法国空管自动化系统

程两个部分同时投入。这些空管设备的引进和发展,改善了飞行管制手段,为圆满完成国家赋予的空管任务,保证飞行安全发挥了重要作用,更重要的是为我国空管系统自主创新发展奠定了基础。此后,我国密切关注国际空管技术发展动态,紧跟空管发展前沿,依据我国技术最新发展和管制需要,及时组织相关技术研究,开展规范科研工作,发布管制规范、规则和指导性文件,不断发展完善规范体系。

　　(五)政治可靠、作风严谨、吃苦奉献等优秀品质已成为空管文化的关键因素

　　1949—1979年期间,我国依托中国人民解放军建制,建立了以军航为主体的空管体制,这是国家根据当时的国际国内形势所做出的重要决策,既为军航的发展起到了重要的推动作用,也为当时规模小、生产力水平不高的民航发展提供了保障(图5-16),从而使我国空管从诞生之日起就在理性认同、政治觉悟、道德共识、行为规范等方面烙上浓厚的军队文化色彩。坚持党的绝对领导,忠诚于人民,是空管人由衷的信念;强烈的民族自尊心和自信心是空管人的精神支柱;高度的责任心、坚强的意志、严明的纪律是空管人的安全理念;不畏艰难、不畏强敌、英勇奋战成为空管人的先天秉性。在抗美援朝战争期间,战场环境恶劣,空管装备相当简陋,空管人靠肉眼观察飞行,用马灯保障夜航,保障各类飞行12万多架次,胜利完成了空管保障任务。在国土防空作战、解放东南沿海岛屿联合作战和对越自卫还击保卫边境作战等重大任务中,空管部门全力以赴,密切协调,保障飞机出动近2万架次。

　　1950年12月,中国人民解放军空军参加抗美援朝作战,空军航行部门人员通过"战争中学习战争",利用轮战、实习等方法,组织各区航行干部到空联司熟悉战时航行管制工作,提高了管制参谋的组织指挥能力,培养了一大批空军作战管制人才,对尔后国土防空作战飞行管制工作的开展奠定了基础。在解放一江山岛联合登陆作战和入闽作战时期,空军航行

部门有效组织指挥航空兵紧急转场飞行,圆满完成战斗飞行的航行保障任务。1950—1956年期间,空军有关航行部门加强管制战备值班工作,划分战区飞行管制区域,制定战区飞行管制方案,维持战区空中秩序,及时组织净空,积极处置不明空情,迅速实施情况通报,有力保障了高炮部队击落敌多架侦察机,确保了与敌机空中骚扰侦察及高空气球侦察斗争的胜利。1953—1961年期间,在支援地面部队剿匪、平叛治乱作战中,空军航行部门有力地保障空投和空运作战飞行,保证了飞行安全,圆满地完成任务。在历次支援边境自卫反击作战中,战区各航行调度部门有效地保障紧急机动转场、航空侦察、空投空降等各种支援飞行任务。1976年7月28日凌晨,我国河北唐山、丰南一带发生了7.8级强烈地震。为了及时解救受难的唐山人民,在国务院和中央军委的领导下,空军迅速派出空管领导班子参加国务院抗震救灾指挥部工作。空中运输成为大地震初期灾区对外交通的唯一途径,空军航管人员仅用一部无线电台,每天指挥起降的救灾飞机超过200架次,最高时达到354架次。

图5-16 20世纪50年代初,在极简陋条件下指挥飞行

二、我国空管文化的成长阶段

1978年12月,中国共产党召开了十一届三中全会,实现了党的工作重心的转移,中国进入了改革开放的新时期,我国航空事业特别是民用航空运输业出现了前所未有的发展势头。为适应形势发展的需要,1980年3月5日,国务院、中央军委发出通知,决定中国民用航空局不再归空军代管,直属国务院领导。1986年1月,国务院、中央军委决定改革我国空中交通管制体制,并于同年8月成立国务院、中央军事委员会空中交通管制委员会(简称"国家空管委")。改革开放和国家空管委的成立使中国空管迅速全方位地与国际航空领域、ICAO以及世界各发达国家空管组织接触与交流,开始全方面地学习引进、吸收借鉴世界空管的先进经验和文化,从而促进了中国空管行业的管理、规范和人才培养等水平的提高,在较短时间内缩小了与发达国家空管之间的差距,我国空管文化开始进入到成长的新阶段。

(一)体制机制的改革推进了我国空管文化整合

改革开放后,随着国家的工作重点向社会主义经济建设转移,民航业务量开始成倍增长,国际航空运输业务不断拓展,民航管理体制改革步伐加快,我国空管系统在总结历史经验教训的同时,也在思考探索空管发展的体制和运行管理问题。1986年1月,国务院、中央军委下发通知,决定改革我国现行的由空军管理的空中交通管制体制,逐步实现空中交通管制现代化。通知明确指出,成立国家空管委,统一领导全国的空中交通管制工作;设立国家空中交通管理局,负责全国的空中交通管制工作;全国的飞行管制工作,在由现行的体制向新体制过渡期间,在国家空管委领导下,仍由空军负责组织实施;为加快发展我国的航空运输事业,必须尽快改变空中交通管制手段的落后状况,逐步实现空中交通管制的现代化。1986年8月,国务院、中央军事委员会空中交通管制委员会成立。1993年4月,为加快我国空管体制改革的步伐,经国务院、中央军委批准,我国派出空管考察团,前往美国、澳大利亚、俄罗斯进行考察。根据考察成果及我国空管具体情况,确定了我国空管体制改革分三步走的战略目标:第一步将京广深航路由空军移交民航管制指挥,这一步已于1994年4月1日执行。第二步将我国现有航路和部分飞行繁忙的航线升格的航路,一并移交民航管制指挥,实现一个空域内由一家指挥。1996年6月—2000年6月,先后将"京沪""沪广"等全国29条航路及航线移交民航管制指挥,并完成了全国管制区域调整和全国航线指挥方法的改革。第三步借鉴世界上先进国家的做法,实现国家统一管制的雏形。

在此期间,我国民航系统实行政企分开,强化政府管理职能。1987年1月,按照国务院《民航系统管理体制改革方案和实施步骤的报告》,对民航的管理体制从根本上进行重大改革。改革后,我国民航局调整了职能,设立了办公室,政策法规、计划、航行等司、局,撤销了政治部,设立了党委办公室等。1987年12月15日,民航西南管理局宣布正式成立,随后,民航华东、华北、西北、东北、中南等管理局及相应的航空公司和机场纷纷正式成立。到1994年,民航局空中交通管理局成立,将原各机构的空中交通管理业务(包括航行管制、航行情报、通信导航、气象等)分立出来,组建相对独立的民航空中交通管制系统,负责全国民航的空中交通管制工作。1996年,根据国家空管委(现中央空管委)要求,空军在七个军区空军机关所在地,建立了由当地军民航有关单位和人员参加的地区空中交通管制协调委员会,负责协调解决本地区航空单位间的飞行矛盾,组织或参与调查处理军民航及其他航空单位之间发生的航空器危险接近等空中交通管制事件。我国空管体制机制的改革,中国特色空管体制的建立,为我国空管文化的整合提供了体制保障。

(二)不断强化以安全文化为核心的精神文化体系

1980年,空军进行装备工作的全面整顿,更新一批先进的国产歼击机、强击机、轰炸机和运-8多用途运输机,引进一批国外先进的装备和技术,并有计划、有重点地更新和引进了一批先进的雷达、通信、领航、气象等飞行保障技术。同时,民航不断更新机群,加快机场建设速度,改善空中交通管理设施,缩小与先进国家民航的差距,先后购买、租赁了波音、空客系列各型飞机,并增加了新型通用航空器,使中国民航所使用的运输飞机达到了国际先进水平。然而,这一时期全国掀起一股"购机热""修机场热""办航空公司热"和"开航线热",这种"繁荣景象"却隐藏着危机,原有的基础设施落后、飞行员短缺以及飞行安全管理、安全措施、人才培训和规章制度建设均跟不上发展的步伐,致使我国出现了又一个事故高发期,航空器相撞事故、事故征候频繁发生且类型多样。例如,1982年,桂林机场发生民航客机与水牛跑道相撞三等飞行事故;同年,空军一架训练飞行的歼击机与一架执行转场飞行任务的运输机空中相撞;1983年,民航一架三叉戟客机在桂林机场滑行起飞时,与军航一架轰炸机相撞;1987年,空军一架训练飞行的歼击机与一架执行转场任务的直升机空中相碰;同年,空军一架执行空中任务的歼击机在着陆时与另一架正在着陆的民航大型客机相撞;1992年,民航一架波音B737-300型飞机在桂林下降改平过程中撞山失事。这些飞行事故的发生,引发了人们对保证飞行安全、防止航空器相撞工作的进一步思考。

为了保证飞行安全,防止空中相撞事故、防止机动区内航空器与地面障碍物相撞以及防止可控飞行撞地事故(CFIT),空管安全文化形成了独特的内涵。一是严格执法监管,把安全运行工作真正纳入法治化轨道。1987年,空军首次颁发了《关于空中飞机危险接近间隔标准的规定》。1991年,空军首次发布了《中国人民解放军空军防止飞机空中相撞工作规定》,从防相撞工作的组织领导、职责、制度和设施设备保障,飞行冲突和危险接近的核查、奖励与处分等方面,规范空军防止飞机空中相撞工作。二是增设安全机构,加强了安全管理和安全措施。1980年,民航局决定在航行局增设安全检查处,专职负责安全管理、监督、检查工作;1984年,民航局成立了安全检查司,各管理局、省(区)局成立了安全检查处(科),各级成立了安全委员会,加大安全管理的法制化和规章制度建设力度。三是加大科技投入,加强安全科研开发和技术改造,用现代科技手段提高飞行事故及事故征候的防范能力。购置了一批较为先进的空中交通管制、通信、监视、导航、气象设备,如二次雷达、仪表着陆系统、全向信标、测距仪、卫星通信、气象自动观测系统等,分别安装在主要航路和主要机场上。这些技术设备极大地改善了飞行条件,强化了飞行安全保障能力,提高了飞行安全管理水平。四是注重加强作风建设,深入开展精神文明活动。针对不同阶段航空安全形势,我国军民航空管部门毫不动摇地坚持"安全第一"的指导思想,抓好防相撞宣传教育;坚持不懈地抓安全,突出重点,切实加强空管工作;严字当头,狠抓安全管理;高度重视空管队伍的思想政治工作,加强纪律性,组织进行飞行规则、规定教育,认真贯彻规章制度;在党中央方针指导下,大力开展精神文明创建活动,取得较好的成效。总之,在这一时期的飞行安全工作中,空管系统的广大人员,不断强化安全意识,越来越加深了对以强烈的责任心、坚强的意志、严明的纪律为核心的空管安全文化的理解,从而推动了我国空管安全文化的发展。

(三)空管物质文化体系逐步形成并开始与国际接轨

我国空管系统在经验积累与理论研究结合中逐步推动科技创新发展,走出了由"引进借鉴"到"研发创新"的发展路子,有力地提升了空管技术水平,并不断强化与国际规范的接轨,形成了以空管自动化系统为主体的物质文化体系。一是空管系统工程建设的里程碑——"八五"规划启动。继1977年从法国进口空管自动化设备并开始运行后,我国不断探索自动化空管系统建设。1991年我国正式启动空管系统工程规模建设,并正式把空管系统工程建设列入国家"八五"建设规划,为大部分地区改善了空管手段和通信状况,提高了空管装备的现代化程度,基本解决了"看不见、听不到、联不上"的问题,取得了很大的经济、社会和国防效益。二是空管体制改革的深化时期——"九五"规划启动。1995年1月,国家空管委召开了第七次全体会议,审议通过了《全国空管系统"九五"建设规划》,确定了在空管"八五"建设的基础上,继续加强和完善现有空管系统,建成初具规模的、技术上达到20世纪90年代初国际先进水平的军民共用、资源共享的空中交通管制系统,在沈阳—北京—西安—昆明一线以东地区实现雷达管制,其他地区达到实施雷达监视的水平;建成初具规模、军民合用、平战结合的自动化空管系统;缩小飞行间隔,加大飞行流量,满足了航空发展需要。三是空管系统工程建设的大发展——"十五"规划启动。1999年,我国启动空管系统"十五"建设规划,确立了"继续加强和完善现有空管系统,增强新航行系统及战时空管系统研究和建设,建成军民共用、资源共享具有国际先进水平的空中交通管制系统;保证航路内、外各类飞行活动可以平稳、无缝隙过渡,军航空管系统可对航路内外飞行活动进行实时监控;进一步扩大一、二次雷达覆盖范围,实现东部地区的雷达管制,跟踪世界空管先进技术,进行新航行系统的研究和试验工作,部分地区航路(线)实现雷达和自动相关监视下的程序管制,实现军民航飞行的畅通和高效;通信、气象和维修保障能力进一步加强"的空管系统工程"十五"建设目标。图5-17为新建机场塔台。四是解决军机高度表误差大的问题。1991年,为满足我国飞行高度层改革的需要,国家有关部门召集军民航和航空工业部门人员研究高度层改革问题,解决制约高度层改革的关键因素即军机高度表误差大的问题。为此,国家又补充投资经费,用于军机高精高度表改装,这项工作完成后,增加了飞行高度层,提高了空域利用率。空军航管系统的建设,也带动了空军通信、雷达、气象等部门的建设,不仅提高了空管综合保障能力,也一定程度上完善了空军指挥警戒系统的建设。同时,军机机载设备的精度得到了改善,航空兵部队的战斗力水平和飞行安全系数也得到了提高。五是国际交流合作日益频繁。一方面,我国举办国际会议增进交流,开展了全方位、多层次的对外合作。1990年4月,中国民航局和国家计划委员会(现国家发展委)共同主办了"未来民航通讯、导航和监视系统(FANS)技术研讨会",国际民航组织、亚太地区办事处及专门委员会的官员和专家,我国有关部门的官员和专家参加了这次会议。1991年10月,中国民航局在北京举办了第27届亚太地区民航局长会议,来自亚太地区30个国家和地区的代表及4个国际组织的观察员共150多人出席了会议。会议主要围绕"空域的管理和利用"展开讨论,涉及航空运输、技术合作、航行安全等多方面。1992年11月,中国民航局在北京主办"1992新航行系统研讨会"。另一方面,从国外引进了大量地面专用设备,努力做到空管法规与国际接轨,并与众多国家和地区政府、民间组织机构建立联系。为了保证飞行安全,提高服务质量,我国民航从美国、日本、加拿大、德国、法国、英国、意大利、奥地利、挪威、瑞典、澳大利亚、芬兰、瑞士等国家引进空中交通管制、通信导航、气象保障等专用设备。在借鉴国外经验、采用国际标准的基础上,制定了一批空管法规、飞行安全标准、适航管理标准和其他技术管理标准。我们与众多国家和地区政府、民间组织机构建立了联系,设立了合作组织,如中美商贸联委会航空与基础设施工作小组和中俄、中英经贸联委会航空工作组等。

a)北京首都机场东塔　　　　b)上海浦东机场塔台

图5-17　新建机场塔台

（四）以书报杂志为载体的空管文化传播手段不断丰富

1979—1999 年这一时期，为了宣传我国空中交通管制方针、政策，反映空管工作的进展，方便空管系统的相互交流，开展学术研究，展现空管系统的面貌和空管人的风采，促进人才培养，普及空管知识，提供信息资料，推动正规化建设，在空管系统内，除了以文件的形式正式交流外，还通过书报杂志的形式加以传播。其中，最主要的有《航空管制》《空中交通管理》《空军航行工作大事记》《中国民航空中交通管制大事记》等（图 5-18）。

图 5-18 军民航空管杂志

《航空管制》杂志是由空军领导机关航行业务部门编辑出版的专业性刊物，创刊于 1957 年。初期刊名为《航行工作经验汇编》，不定期印发。1982 年初，易名为《飞行管制》，1994 年再次易名为《航空管制》。从内容上来说，《航空管制》面向广大基层管制人员，以宣传军航空管业务和安全文化为主，展示军航空管系统的新发展和新技术，成为广大读者开拓视野、增长知识、激励前进的良师益友，为推动和发展飞行管制事业，保证飞行安全做出了贡献。

《空中交通管理》杂志创刊于 1995 年，由中国民用航空局空中交通管理局和中国民用航空局航空安全技术中心联合主办，是目前我国民航空管系统唯一的专业期刊。该刊物确立立足空管、服务于空管的宗旨，针对空管系统专业技术人员居多的特点，内容以技术文章为主，兼顾管理类文章，为空管专业技术人员和管理人员提供获得信息、发表见解和交流经验的载体，也为空管单位提供树立良好形象的窗口。

《空军航行工作大事记》于 1992 年由空军司令部航空管制部出版，目的是总结 40 年来空军组织实施全国飞行管制工作的基本经验。该书如实记述了空军航行工作从 1949—1988 年四十年间经历的各种大事、要事，以及 1989—1991 年三年间的工作纪事，内容包括组织编制、业务建设、规章制度、装备设备、教育训练、专机工作、飞行保障、重要会议、领导干部任职、先进事迹和事故教训，以及与航行工作有关的其他重要事项。以期给当前和以后从事航行工作的人们留下一本内容翔实可靠的史料，为研究、了解空军航行工作历史提供概要的线索，为做好当前和以后的航行工作提供参考、借鉴。目前，新版《空军航行工作大事记》正在编写完善之中。

《中国民航空中交通管制大事记》（图 5-19），主要是为了全面、系统地整理、记载 1949—2001 年间，民航空中交通管制工作及与之关联的大事、要事，以期给当前和今后从事空中交通管制工作的人们留下一本内容翔实、可靠的史料，利于总结经验，为做好当前及今后的工作提供历史参考、借鉴,也可以使关心中国民航空管事业的各界人士,便于了解空管、研究空管。

此外,我国军民航空管系统还通过《解放军报》《民航报》《空军报》以及全国各省市地方报刊,宣传空管系统精神文明建设方面的成果,反映空管系统广大人员的精神风貌,颂扬空管系统先进个人的典型事迹,引导空管系统广大人员树立先进的精神理念。这些弘扬时代主旋律、贴近空管业务、贴近一线空管人生活的报道,满足了空管系统广大人员的精神需求。

图 5-19　军民航空管大事记

（五）空管人才培养体系逐步形成并初具规模

文化建设的主体是人,客体也是人。70 多年以来,我国空管文化建设始终坚持把文化建设与人才培养相结合,建立多层次的院校人才培训体系,着力提升空管人的岗位能力、技术素质和道德素质,造就中国空管事业发展的高素质的人力资源队伍。中华人民共和国成立初期,我国空管人员极度缺乏,为了适应管制工作的需要,解决空管人才培养问题,空军司令部和民航局几乎每年都要举办航行干部集训或新干部培训班。20 世纪 70 年代,随着我国航空事业的不断发展,军民航各种飞行日益增多,飞行管制任务日趋繁重,因而对空管人的业务素质提出了更高的要求,空管教育培训需要走院校教育道路。1971 年 2 月 23 日,空军组建航行调度大队,从空军、海军首批选调 130 名学员,在艰苦奋斗中开始办学,并由最初培训中专学员的航行调度大队,发展到培养大专、本科学员和在职干部培训的飞行管制系,空管教育事业逐步走向正规化。为了进一步满足航管发展的需要,1996 年组建了空军空管培训中心。2004 年,空军第二飞行学院飞行管制系与北京空管培训中心奉命正式合并组建空军航空管制系。2012 年,原空军航空管制系与原空军第二飞行学院预警指挥系合并成立空管领航学院,隶属于空军工程大学,承担航空管制与指挥引导本科、硕士研究生及在职培训任务。

与此同时,随着民航事业的发展及对空管人才需求的逐步增大,我国民航空管教育逐步走向院校正规化道路。1951 年 9 月,军委民航局第二民用航空学校成立;1958 年 12 月更名为中国民用航空高级航空学校;1963 年 6 月列入普通高校序列,更名为中国民用航空机械专科学校;1981 年 8 月 10 日,更名为中国民用航空学院;2006 年 5 月 30 日,更名为中国民航大学。1980 年,第十四航空学校也伴随教育改革和民航体制改革升格为大专层次的中国民航飞行专科学校,并于 1987 年再次升格为中国民航飞行学院;1995 年,中国民航飞行学院通过国家教育委员会(现教育部)评审,获准开设空管本科专业。1993 年 9 月 28 日,中国民航局和中国航空工业总公司共同创建南京航空航天大学民航学院;1996 年,为进一步整合优势,构建贴近民航需求的专业体系,南京航空航天大学民航学院在交通运输专业增设空中交通管理与签派本科专业方向,培养从事塔台管制、进近管制、区域管制等各级航行管制及飞行签派、飞行情报工作的高级工程技术与管理人才。

三、我国空管文化的腾飞发展阶段

进入 21 世纪,经济全球化、全球空管一体化明显增强,为适应航空强国建设需要,我国空管服务国家经济建设,面向航空、面向世界、面向未来,形成了以开拓创新、科学发展的进取精神为核心的创新文化,支撑空管建设改革与发展。空管系统大力加强体制机制改革创新,优化空域环境,实施军民航空管联合运行,努力推进理念前瞻的创新空管、手段先进的科技空管、军民融合的和谐空管、节能环保的绿色空管建设,较好保障了航空事业的快速发展和军民航飞行的高效运行,杜绝了因空管原因发生的飞行事故,取得了显著的经济、国防和社会效益。这一阶段,从1999年至2012年,是我国全面建设小康社会和推进现代化建设的关键时期,以第一次全国性空管工作会议为标志,我国空管事业全面进入科学发展时期。空管"十一五"规划建设取得丰硕成果,重大活动保障彰显空管能力,尤其是2009年以来,空管科技创新体系逐步建立,低空空域改革稳步推进,空管建设"五个转变"重大决策出台,"六大体系"逐步建立。在此背景下,新一代空管人,开始站在更高的历史高度,以更积极主动的姿态关注空管文化建设,助推中国空管文化的创新和腾飞,空管文化建设进入蓬勃发展阶段。

（一）第一次全国空管工作会议召开,推动空管文化大发展

2004年5月29日至30日,全国空中交通管制工作会议在北京召开。这次会议是新中国成立以来的第一次全国空管工作会议。会议认真总结了中华人民共和国成立以来,特别是改革开放以来空管改革建设发展的经验,深入分析了新形势下空管工作的新情况新特点,研究明确了新世纪新阶段空管工作的指导思想,筹划部署了当前和今后一个时期的空管工作任务,表彰了全国空管工作先进单位和先进个人。会议提出"在本世纪(21世纪——引者注)头20年基本实现空中交通管制现代化,为全面建设小康社会、加快推进现代化建设作出新的更大贡献"的战略目标。为了实现中国空管现代化建设目标,空管系统必须认真贯彻落实中央的重要决策部署,始终坚持空管为经济建设服务的指导思想,积极贯彻以改革求发展促安全的总体思路。

空管发展目标和总体思路的提出,既为空管文化建设指明了方向,也为空管文化建设提出更高要求。空管系统积极探索新时期新阶段空管文化建设的方法和路径,探寻空管文化在空管实践中的落地点。在前期充分准备和深厚铺垫基础上,此次全国空管工作会议首次使用经过精心提炼的空管精神,即"忠于职守,精于指挥,甘于吃苦,乐于奉献",以及空管形象标志(LOGO)的设计。同时,会议期间,国家空管委在国家博物馆举办"空管建设与发展展览"。这次展览是中华人民共和国成立以来第一次全国建设成就展。展览分为"神圣职责,不辱使命;致力改革,开拓进取;艰苦奋斗,振业兴邦;求真务实,效益显著;继往开来,再创辉煌"五部分,详细展示了55年来我国空管的辉煌成就、改革成果、建设情况、综合效益和前景展望等内容。在国家博物馆中央大厅1350m³展区内,以展板、实物、模型和多媒体演示的形式,较为详细地介绍了我国空管事业发展的光辉历程。展览共展出相关图片500余幅、实物60余台(套),还展示了一个精致的空管中心区域沙盘,并有一套塔台视景模拟训练系统在现场进行演示。通过整个展览,让人们能够了解空管工作的性质,并清晰看到我国空管事业的发展历程。2004年第一次全国空管工作会议既是我国空管建设与发展的一次重要会议,也是空管文化建设的盛会。空管发展战略的制定,为我国空管文化建设带来了新的契机;空管精神文化核心内容的确立,为空管系统科学发展给出了具体的努力方向;国家空管徽章和标识的设计,为空管系统塑造统一的新形象,品牌文化基本形成,国际交流日益展开,

在国际活动中的影响和作用显著提高。基本形成了以服务国家为导向、以安全为中心,包括精神、制度和物质等在内的具有中国特色的空管文化体系。

(二)在传承与吸收过程中,我国空管文化强劲走向世界

我国空管文化是继承中华民族和军队文化优秀品质,以及在引进吸收国际先进航空文化基础上形成具有中国特色的空管文化。在吸收世界先进空管文化精华、使我国空管事业建设立足于高起点上的同时,也将我国空管创新成果、和谐文化理念带入到世界航空文化当中,形成了目前我国空管文化与国际航空文化互为促进、共同发展的局面。一方面,我国缩小飞行高度层垂直间隔配备标准已成为国际民航标准。为了紧紧围绕国家经济建设,适应航空运输业的发展需要,满足飞行航班量递增的需求,在国家空管委领导下,先后组织了三次飞行高度改革工作。在前两次改革的基础上,于 2007 年 11 月,在 8900～12500m 实行 300m 的垂直间隔(为消除英制和米制的积累误差,8400m 上面的第一个高度层确定为 500m),12500m 以上实行 600m 垂直间隔,与国际完全接轨。这次改革,使 8400～12500m 之间飞行高度层由原来的 6 个增加至 13 个,12500m 以下的飞行高度层达到 40 个。通过三步改革,我国成为国际上第一个实施米制缩小飞行高度层垂直间隔标准的国家。2008 年,ICAO 通过了我国提交的关于将中国米制缩小飞行高度层垂直间隔标准正式纳入成为国际民航公约附件二标准的提案。我国缩小飞行高度层垂直间隔配备标准于 2009 年 11 月正式生效,并成为国际民航组织标准,这在中国航空历史上尚属首次。另一方面,中国空管文化在融入国际空管文化的同时,也将中国"和谐理念"带入国际航空舞台。这种和谐发展在国际交流与合作中主要表现为公平竞争、有序竞争、相互促进和共同发展的理念,通过推进全球空管一体化的实施,促进了世界空管各相关方的有效协作,为世界空管的和谐做出了重要贡献。2004 年,中美民用航空管理部门之间广泛交流,在飞行标准、空中交通管制、飞机认证、机场安全管理、培训、安全数据及规划与财务领域进行合作。在空中交通管制领域,中国民航局与美国联邦航空局在和谐的氛围中,开展一个旨在支援中国空管系统发展及加强其安全性、效率和全球系统兼容性的合作项目。

(三)在组织保障飞行活动中,践行着空管文化理念

组织保障飞行活动是空管最基本、最经常的工作。空管系统每天都有许多默默无闻的空管人在一线对飞行活动实施动态管理和保障,认真践行空管精神理念及核心价值,以一流的工作标准和要求,确保了专机、重要任务、航班和战备训练等飞行活动的高效、顺畅和安全,杜绝了因空管原因发生的飞行事故。1999—2012 年间,我国大事多、喜事多、难事多,重大活动空管保障对空管工作提出了新的更高的要求。空管人以国家大事为己任,胸怀全局,精心保障,圆满完成了中华人民共和国成立 60 周年庆典、北京奥运会、上海世博会、广州亚运会、"神舟"系列飞船发射、大型军事演习,以及汶川、玉树、舟曲抢险救灾等重大活动的空管保障,并在重大活动中积极探索了军民联合运行的组织模式。[4]

专机、重要任务飞行保障。专机工作是党中央、国务院、中央军委赋予空军的一项重大政治任务,使命光荣,责任重大。空军航管部门作为专机、重要任务飞行保障的职能部门,认真贯彻落实空军首长"专机安全第一、专机任务第一"的指示要求,严格执行《空军专机工作规则》等规章制度,严密组织,密切配合,圆满地完成了专机保障任务。

汶川抗震救灾空管保障。"5·12"汶川特大地震发生后,空管系统紧急动员,超常保障,迅即成立成都地区救灾空中管制委员会,组建军民航联合管制指挥中心,紧急开辟救灾航线,迅速建立了空中生命通道,仅四川地区一个月就保障军民航飞行16300多架次,其中救援飞行6500多架次,民航班机飞行9700多架次,创造了中华人民共和国成立以来保障抢险救灾日出动飞机最多、飞行密度最大、空中集结速度最快的纪录。

图5-20 奥运空管工作会议

北京奥运会空管保障。北京奥运会期间,空管系统紧紧围绕"安全、顺畅、正点、高效"的目标,调整航路航线,划设特殊空域,建立应急机制,严密组织,联合管制指挥,安全保障各类飞行54万多架次,其中包括96位外国元首和政府首脑的510架次专机飞行。空管人以高度负责的精神和扎实细致的工作,做到了管制指挥零差错、应急响应零失误、系统保障零故障,为实现中央提出的"有特色,高水平"和"平安奥运"目标做出了贡献,图5-20为奥运空管工作会议。

国庆阅兵空管保障。为保障中华人民共和国成立60周年国庆首都阅兵飞行任务的顺利实施,军民航空管部门紧紧围绕"世界一流,历史最佳"的总目标,针对首都地区航线密集、飞行流量大、空域使用紧张、飞行矛盾突出、协同部门多等特点,先后多次召开国庆阅兵空管协调会,制定阅兵航管值班工作制度,成立由多个单位组成的阅兵专项指挥机构,采取军民航空管联合运行专职值班,协调地方公安部门对小型飞行器、航模、风筝等"低慢小"目标的管控。从7月初受阅部队组织合练进入基准航线飞行,3个月的时间里,共进入首都飞行管制特区53次共计5560架次,共调整民航航班4100余架次。

上海世博会空管保障。上海世博会开创了重大活动空管保障历时最久的纪录。围绕实现"成功、精彩、难忘"世博会的总体目标,空管系统及时成立联合管制指挥机构(图5-21),划设各类特殊空域21个,新辟、调整航路航线29条。在历时199天的世博空管保障期间,安全保障各类飞行53万多架次,其中专机、包机1229架次,空中安保警巡420架次。

广州亚运会空管保障。广州亚运会是继北京奥运会、上海世博会后,我国举办的又一场大型国际盛会。亚运会期间,45个国家和地区的近2万名运动员及随队官员,1.2万名媒体记者,众多国家元首、政府首脑、王室成员和亚洲奥林匹克理事会成员,几十万外国游客往返广州,航空运输任务艰巨。军民航空管部门科学筹划,密切协同,严密组织,共保障军民航各类飞行近19万架次,确保了空防工作平稳有序和空中飞行安全顺畅(图5-22)。

科学实验保障准确无误。在"两弹一星""神舟"系列飞船等重大科研试验活动中,空管部门准确无误地组织实施了净空、飞行调配,出色完成了空管保障任务。

(四)空管"十一五"建设成就辉煌,我国空管物质文化高水平发展

空管基础建设,通常是指以各级管制中心为主体,通信、导航、监视、气象等保障要素相配套的设施设备体系的建设,是空管日常运行的物质基础,是航空事业建设发展的重要支撑,其先进程度通常反映了空管物质文化的发展水平。我国空管系统基础建设由国家空管委(现中央空管委)统一规划、军民航分别组织实施,其中军航空管建设资金由中央财政直接

安排,经过"八五"以来几个五年规划,尤其是"十一五"重点建设,空管基础设施和保障手段日趋完善,基本建成了以各级管制中心为核心,通信、导航、监视、气象和维修相配套的自动化保障体系,摆脱了依靠手工作业实施管制指挥的模式。民航在我国中东部地区以及西部主要区域,实现了基于实时监视信息和自动化控制下的雷达管制,空域资源利用率和空管服务质量得到进一步提升,为我国航空事业持续快速发展提供了重要支撑。

<table>
<tr><td>图 5-21　上海世博会民航华北空管</td><td>图 5-22　广州亚运会军民航空管圆满成功保障任务</td></tr>
</table>

　　国家飞行流量监控中心。为加强空管顶层建设,适应我国航空事业快速发展的需要,国家空管委(现中央空管委)在"十五"空管建设规划中将国家飞行流量监控中心(图 5-23)列为一号工程。2008 年 8 月,国家发改委批复了该工程的可行性研究报告,明确以建立全国飞行流量管理体系为总体目标,新建全国飞行流量监控中心。工程自 2009 年 11 月正式开工,至2012 年 8 月基本竣工;2012 年 12 月 27 日国家飞行流量监控中心系统通过现场测试验收,2013年 1 月 1 日开始试运行。该中心主要负责全国飞行流量实时监控和战略管理,辅助全国空域规划和空域管理,对全国空中交通流量进行分析评估、预测并发布相关信息,组织空管理论、发展战略、政策法规、标准规范、重大科研项目研究论证和空管国际交流等任务。

图 5-23　国家飞行流量监控中心

　　管制中心。民航管制中心主要包括民航局空管局运行管理中心和高空、中低空、进近(终端)管制中心,工程建设包括土建、自动化系统、语音、通信等多种设施设备。截至 2012年,民航已建成 72 个高空、中低空、进近(终端)管制中心,45 套自动化主用系统及 40 套备份系统,150 余套空管雷达等监视设备。

　　通信导航分系统。"十一五"期间,军民航新建 7830 多台(套)空管通信设施设备和 400多个卫星地面站。军航建设了空管基础通信网,新建了 1000 多 km 的雷达信息引接线路,民航在主要航路航线建设了 800 多套导航设备,通信导航保障手段得到加强。

　　雷达分系统。"十一五"期间,军民航在重要航路航线、终端区和机场部署了 155 部不同程式的空管雷达,民航在西部地区新建了 6 套广播式自动相关监视系统 ADS－B 地面站点和多点定位系统,基本实现了沈阳、北京、西安、成都、昆明以东地区航路和全国进近(终端)

管制区的雷达管制,其他地区实现了雷达或自动相关监视条件下的程序管制。

气象分系统。"十一五"期间共部署了58部多普勒气象雷达,新建了100多套气象自动观测系统和情报综合交互设备,以及88套静止卫星气象云图设备和2套极轨卫星气象云图设备,军民航气象观测和辅助决策系统得到进一步完善。

维修分系统。"十一五"期间,进一步健全了维修保障体制,加强了维修基地建设,部分维修基地和管制中心配备了维修监控设备和巡检抢修车,各级管理中心配置了一批空管专业测试设备、通用检测设备和系统配件,空管维修能力进一步提高。

机载空管设备。"八五"以来,国家投入大量资金,为军航现役飞机改装了高精度高度表和空速管,加装了空管二次雷达应答机等设备。

(五)"六大体系建设"效应逐步显现,我国空管创新文化效果明显

现代空管系统汇聚了航空、航天、计算机、通信、电子、控制等多个学科领域的顶尖技术,是高科技集成创新的产物,标志着国家核心竞争力。因此,营造空管创新文化氛围,加强空管科技创新,增强空管自主创新能力,对于提高空管系统的建设效益和运行保障效能,带动航空产业和国家相关科技领域的技术发展具有非常重要的作用。近年来,在中央空管委领导下,我国全面推动空管体系化建设和体制机制改革创新,面向经济建设、面向国防安全,调动全国空管科技力量,汇聚高层次科研团队,不断提升自主创新能力,积极探索创新模式的变革与拓新,加大空管建设经费投入,"六大体系建设"初具规模,并取得明显效益,加快了我国航空强国、空管强国的建设步伐。

一是建立了空域管理体系。围绕科学规划、使用全国空域资源,进一步完善了军民航空域管理手段,机制完善、手段科学、灵活高效的空域管理体系正在逐步形成。特别是按国务院、中央军委部署,开展的低空空域管理改革试点和建设,为改革低空空域管理模式、促进通用航空战略新兴产业发展、保证低空空域充分利用和安全运行进行了实践探索,取得了阶段性成果,社会各界反响很好。

二是完善了运行管理体系。组织军民航积极推进空管联合运行机制建设;构建军民联合、安全高效的运行管理体系。严密组织空管日常值班,深入开展航班延误问题治理,认真抓好防相撞工作,积极防控"黑飞"现象,每天保障上万架次飞行,保证了专机、重要任务、航班和战备训练等各类航空活动的安全、有序、顺畅。

三是健全了服务保障体系。以提高空管信息化、自动化、网络化水平为目标,健全、完善军民航信息共享、系统集成的空管服务保障体系。重点加强了全国飞行流量管理系统、军航新一代管制中心系统、低空监视通信保障系统、对空射击管理系统和应急管制指挥系统等信息手段建设,为空管跨越式发展、高效率保障,以及与国际接轨打下了良好基础。

四是构建了法规标准体系。高度重视空管法规标准建设研究,提出了空管法规标准体系构想,形成了纵向衔接、横向配套的空管法规标准体系架构。重点开展了《中华人民共和国航空法》《中华人民共和国空域使用管理条例》《通用航空飞行管制条例》《低空空域使用管理规定》等法律法规的立法调研、研究拟制和立法协调工作,指导军民航有关单位开展上百项规章制度和标准规范的研究制定,推动空管法制化水平迈上新的台阶。

五是形成了教育培训体系。通过积极进行空管教育改革探索,建立了院校基础教育、在职岗位培训和军民航交叉培训的教育培训机制,形成了军民航相互融合、优势互补的空管教

育培训体系。几年来组织举办了多期空管硕士研究生班,选派了多批军航一线管制员到国外培训,空管人员的能力素质有了较大提高。

六是建起了理论科研体系。重点建设了 8 个国家空管重点实验室、3 个空管技术研究中心、2 个空域研究论证支撑单位、1 个空管创新发展研究基地,"8321"空管科研平台体系的建设,为空管技术创新和手段建设提供了有力支撑。分 3 批开展了 80 项科研课题研究,参与研究的有 65 家科研单位,共完成各类研究报告 551 份,取得了一批实用成果,空管理论科研体系效应逐步显现。

(六)"五个转变"重大决策和重要理论提出,中国特色的空管文化形成

全国空管"十二五"规划明确提出,我国空管建设发展要逐步实现"五个转变",即空管运行由军民航分别管制指挥向联合运行转变,空域资源管理由粗放型向集约型转变,空管基础建设由规模型向效能型转变,空管体系发展由"重硬件、轻软件"向全面协调可持续发展转变,空管装备由引进为主向国产为主、适当引进转变。"五个转变"的提出,是中央空管委经过广泛调研、深入研究论证形成的重大决策和重要理论成果,反映了我国航空事业发展的阶段性特征,切合了我国空管建设发展的特点规律和世界空管发展趋势。同时,"五个转变"重大决策和重要理论的提出,丰富了空管文化的内容,为我国空管文化的发展带来新契机。以此为标志,中国特色的空管文化已经基本形成。其内涵主要表现为:中国特色的空管文化是与国家经济建设发展同呼吸的文化,中国特色的空管文化是与国家航空文化共命运的文化,中国特色的空管文化是随着国家空管事业发展而腾飞的文化,中国特色的空管文化是以自主创新、进取精神为核心的创新文化。

(1)中国特色的空管文化是与国家经济建设发展同呼吸的文化。国家兴,则文化兴。同样,我国经济兴,则中国特色空管文化兴。空管文化是空管人生活生产方式的文化表达。作为一种生产方式的文化表达,空管文化与我国经济发展紧密相连。经过多年建设发展,我国形成了在中央空管委领导下,军民航按照职责分工分别提供空管交通管制服务的空管运行模式。随着我国航空事业快速发展和军民航飞行量猛增,这种"军民航分别管制指挥"的矛盾逐渐显现。中央空管委做出由军民航分别管制指挥向联合运行转变的决策,是在保持空管体制基本稳定的前提下,提高空域资源利用效率,确保空管运行安全的有效办法和思路。当前,国务院、中央军委着眼国家经济社会发展需要,积极推动"五个转变",实施军民航空管联合运行,优化空域环境,努力推进理念前瞻的创新空管、手段先进的科技空管、军民融合的和谐空管、节能环保的绿色空管建设,较好保障了航空事业的快速发展和军民航飞行的高效运行,杜绝了因空管原因发生的飞行事故,取得了显著的经济、国防和社会效益。空管事业与祖国的发展紧密相关、空管文化与国家的经济发展紧密相连。广大空管人在实现空管行业自身发展的同时,以爱国主义的崇高精神、一丝不苟的工作态度和严肃认真的工作作风,积极投身到国家改革开放的历史进程中去。

(2)中国特色的空管文化是与国家航空文化共命运的文化。天空对人类意味着什么?仅仅是不断更新的军民用航空器、快捷的运输方式、越来越强悍的空中力量,还是令人觉得高深莫测的航空航天知识?这些都很重要。但还有一层更深的意味是我们必须关注和感知的,那就是由于人类开拓出了第三生存空间,航空文化这个附着在航空航天技术之中的精神魂魄,会在天空中生发出足以改变我们思维和行为方式的巨大能量。践行"经略空域,彩绘蓝天"的内在要求,中国特色的空管文化是这种蓝天文明的体现者,它承载着航空文化的梦想。它是高度开放的文化,是拼搏奋进的文化,是不断创新的文化。当前,国家把发展航空业作为促进经济结构调整、培育新的经济增长点的重要举措,摆在战略的高度加以扶持,中央空管委做出空域管理由粗放型向集约型转变的重要决策,正是用发展的理念、创新的思维,积极借鉴经济建设领域集约化管理的新思路,回答了空域管理模式如何改革的问题。如何发挥好职能作用,充分开发利用好空域资源,深入挖掘空域资源的经济潜力和社会价值,为经济建设和国防建设注入新的活力,是空管系统面临的重要任务和重大课题。

(3)中国特色的空管文化是随着国家空管事业发展而腾飞的文化。空管事业责任重大,使命光荣。空管文化是空管实践的观念体系,起着引领空管事业全面协调可持续发展、提高空管软实力和支撑空管建设改革科学发展等作用。我国空管在中华人民共和国成立后逐步成长和发展,从成立初期填补基础设施建设空白,到改革开放后适应航空事业发展、提升空管自动化水平,再到空管系统的全面现代化建设;从在战斗中成长,在保障抗美援朝战争和国土防空作战中历练,到改革开放以后,顺应国家经济建设需要,逐步实现空管体制改革"三步走"战略,促进国家航空事业发展,保证军民航飞行安全,再到新世纪,适应航空强国建设需要,实现全面协调可持续发展目标,我国空管系统逐步形成了具有中国特色、引领空管建设改革和发展、激励着一代又一代空管人的优秀文化。当前和今后一个时期,是我国航空事业实现跨越式发展的重要战略机遇期,空管基础建设由规模型向效能型转变,空管体系发展由"重硬件、轻软件"向全面协调可持续发展转变,是空管转型发展的必由之路,顺应了时代发展的潮流。空管系统必须进一步确立全球化的发展理念、忠于使命的责任观念、如履薄冰的忧患意识、默默无闻的奉献精神、亲如鱼水的军民关系,更好地发挥空管建设效益,更好地服务和促进航空事业发展,统筹好当前与长远、软件与硬件等诸多要素,加强理论教育建设、特色文化建设、法规标准建设和创新能力建设。

(4)中国特色的空管文化是以开拓进取、自主发展为核心的创新文化。中华人民共和国成立初期,一张标图桌、一把标图尺、一部电话、一部电台是管制值班的全部家当,观察飞行靠肉眼,保障夜航靠马灯,条件简陋,手工作业,保障能力十分有限。为尽快改善保障状况,1974年经周恩来总理批准,我国引进法国汤姆逊公司空管系统,部署在京沪航线,解决了航班量日益增长的空管保障需要。随后,我国先后多次有计划地引进国外先进的空管系统及保障设施设备,适应了国民经济和社会发展对空管系统建设的要求,改善了我国空管保障基础条件,提高了空管保障能力,在经济建设、国防建设和空管建设中发挥了重要作用。但同时,空管装备的引进也影响了我国空管系统整体安全性,存在安全隐患;导致装备体制混乱,系统集成困难;造成递进依赖性,陷入"引进—落后—再引进"的尴尬局面。"十二五"时期,我国民航运输预计仍将以13%以上的速度快速增长,军航战备训练活动范围将进一步扩大,通航发展需求旺盛,航空主体和航空活动将更趋多样化,这对空管保障能力建设提出了更高的要求,给空管装备发展带来了新的机遇。旺盛的需求和潜在的巨大装备采购市场,如仍以引进为主,将使我国空管装备研发和民族产业发展失去一次难得的机遇。70多年来,我国在大量引进空管装备的同时,积极开展了国产化研究,并在自主研发方面取得了可喜成绩,积累了丰富的经验,具备了空管装备"由引进为主向国产为主、适当引进转变"的基本条件。进入21世纪,经济全球化、航空多元化明显增强,国际航空竞争日趋激烈,面向航空、面向世界、面向未来,实现空管装备由引进为主向国产为主、适当引进转变,是中央空管委着眼空管系统建设全局做出的重大战略决策和部署,需要以开拓进取、自主发展的创新文化引领,支撑空管建设改革和发展。

第三节　我国空管文化建设的基本经验

我国空管事业自1949年创建以来,从早期军航管制向国家统一管制迈进,从开辟第一条航线到遍布全国的航路网,从简单的手工操作到自动化运行,一步一步成就了今日我国空管的世界地位。与之相对应,我国空管文化从起步到成长再到全面发展,经历了艰难曲折,也取得了辉煌成就,积累了宝贵的经验。当前,我国正在从航空大国向航空强国迈进,处于战略机遇期和黄金发展期,在这个时间点,从文化的视角思考与总结我国空管事业发展的经验,对于更加清楚地认识新时期新阶段空管建设的规律,加速空管现代化建设具有重大的意义。

一、坚持服务国家,始终把握空管文化建设的政治方向

政治是信仰的表现形式,文化是信仰的思想根源。只有崇尚先进文化,才能塑造正确信仰,保持正确方向,确保科学发展。空管肩负着服务国家、保证空防安全和人民生命财产安全的重要政治任务,加强空管文化建设的首要任务就是要深化党的创新理论武装,确保空管发展正确方向。中华人民共和国成立以后,党的各届领导集体正确地运用马克思主义的立场、观点和方法,针对不同历史时期我国空管的现实情况,采取了一系列正确的方针政策,取得了确保国家空防安全与保障空中交通运行安全的辉煌成就,积累了宝贵的经验。

(1)牢牢把握空管文化建设的政治方向,是一条重要经验。文化的先进性,从根本上说就是其指导思想、指导理论的先进性。空管系统是社会主义伟大事业的组成部分,决定了其文化首先必须是中国特色社会主义民主政治的反映。需要始终坚持与马克思主义理论一脉相承而又与时俱进的毛泽东军事思想、邓小平新时期军队建设思想、江泽民国防和军队建设思想和胡锦涛、习近平重要文化论述;需要坚持用马克思主义理论及其最新成果牢牢占领空管文化阵地,使空管文化建设沿着正确方向前进;需要坚持党对空管文化建设的坚强统一领导。党的领导,是我们社会主义建设各项事业建设取得成功的根本保证。空管文化建设要想保持正确方向、取得更大进步,必须要坚持党的政治领导、思想领导和组织领导;需要坚持服务于国家、忠诚于国家这一根本目标。

(2)空管是肩负国家使命和责任的行业,需要增强以国为重的历史使命感。在中国空管事业的发展历程中,爱国主义是一条贯穿始终的精神主线,它集中体现在一种时刻以国家利益为先的集体文化,这是中国空管人内心深处的价值观念,也是中国空管文化的核心要义。这种政治责任和历史使命感,要求每个从业者都应能够在工作中有勇气、有行动、有担当。这是因为空管的职能与国家战略紧密结合在一起,空管承担的责任是战略责任,国家责任,需要发挥战略作用、担当战略责任。空管需要从战略视角谋篇布局、统筹规划。所谓"战略视角",是将空管的责任边界和能力边界,划在了国家的利益边界上。

(3)空管人身系国家战略和民族尊严,时刻听从祖国和人民的召唤。空管是一个国家兴

旺发达的重要标志。一方面,空管事业同国家战略安全密切相关;另一方面,空管事业又是一个国家综合国力的重要体现。中国空管是在"一穷二白"的基础上一步一步、一砖一瓦地建设起来的。时至今日,伴随着我国由航空大国向航空强国迈进的步伐,中国空管取得巨大成就。在70多年的发展之中,空管事业始终与国家战略紧密相连,时刻牵系着全国人民的尊严和感情。因此,作为一种集体文化,空管文化强调每个人都要服从党的指挥,听从祖国和人民的召唤。关键时刻能够做到这一点,绝非一时一事的思想教育所能达成,这依靠的是长期的历史传承和环境熏陶。中国空管是伴随着空军现代化建设而起步的,自从诞生之日起,它便同国家的空防事业紧密联系在一起,成为国家安危之所寄。

二、深化体制改革,坚持把文化建设与理顺运行机制相结合

我国空管事业是在国家工业基础相对薄弱的条件下建立,并逐步探索和完善起来的,经历了20世纪50—60年代的缓慢发展和70—80年代的再创业,20世纪90年代步入全面快速的"成长期"。在管理体制上,经历了军事管理、军事管理为主、军民航分别管理等不同模式的发展阶段。不同历史时期我国空管体制的变迁总是与国家发展战略紧密相连,与不同时期国家航空发展现状紧密相关,也深深地烙有空管文化起步、成长到蓬勃发展的历史印迹,有着鲜明的时代特色。总体来看,虽然我国空管系统的组织体制和运行机制尚处于变革过程与系统化发展的初期,有这样或那样不尽人意的地方,但当前的这套由我们自己一步一个脚印探索出来的空管体制完全符合中国国情和航空发展的客观规律。管理体制和运行机制作为空管文化的组织载体,是空管文化建设的重点内容,需要注重宏观统筹,深化机制创新,优化资源配置,走军民融合式发展之路。

(一)组织领导

中华人民共和国成立后,我国空管工作由国务院、中央军事委员会授权空军负责统一领导并组织实施。1951年,各军区空军管制机构相继成立,空军其他各级管制机构也陆续建成,初步形成了军委空军司令部、各军区空军司令部和基层部队的管制机构相互配合的管制体制。这一时期,民航归空军领导。1980年3月,民航直属国务院领导。1986年成立国务院、中央军委空中交通管制委员会。1990年5月,国务院、中央军委下发《关于调整我国空中交通管制体制和加强航管系统建设问题的通知》,决定调整国家空管委组成人员,明确在总参谋部某部设立国家空管委办公室,负责承办国家空管委的日常工作。1993年9月,国务院、中央军委下发文件确定了我国空管体制改革"三步走"战略:第一步,将京广深航路由空军移交民航管制指挥;第二步,将飞行繁忙航线升格为航路,同时和现有航路一并交由民航管制指挥;第三步,建成空中交通由国家统一管制的雏形。2000年,完成了全国航路管制移交。目前,我国军民航空管系统实行"分级管理"的体制,即各级军航空管部门分别隶属于军委空军司令部、各军区空军司令部和基层飞行部队;各级民航空管部门分别隶属于民航局、地区管理局、省(市、区)局以及航站。民航局空管局领导管理民航七大地区空管局及其下属的民航各空管单位。民航局空管局对民航空管系统实行业务领导,其余工作包括人事、财务、行政管理及基本建设等均由各地区管理局、省(市、区)局以及航站负责。同时,根据国务院、中央军事委员会空中交通管制委员会要求,空军在七个军区空军机关所在地,建立了由当地军民航有关单位和人员参加的地区军民航管制协调委员会,负责协调解决本地区空管

工作中的重大问题和矛盾。2021 年,一个层面更高、调动资源能力更强的空域管理机构低调亮相于公众视线,这个机构就是中央空中交通管理委员会,由中共中央政治局常委、国务院副总理兼任机构主任。

(二) 运行机制

中华人民共和国对境内所有飞行实行统一的飞行管制。在中央空管委的领导下,中国人民解放军空军统一组织实施全国的飞行管制工作,各有关飞行管制部门按照各自的职责分工提供空中交通管制服务。其中,航路、航线以外空域的飞行活动由空军、海军负责提供管制服务,航路、航线内的飞行活动由民航负责提供空中交通服务,涉及航路内外空域紧急矛盾由空军负责协调解决。为实施科学化的管理,我国军航划设了若干个飞行管制区,每个管制区内又划设了若干个飞行管制分区,管制分区内划设了机场飞行管制区。我国民航划设飞行情报区 9 个,即北京、上海、广州、武汉、兰州、沈阳、昆明、乌鲁木齐以及台北飞行情报区。划设高空管制区 28 个,其中东北地区 4 个,华北地区 3 个,华东地区 6 个,中南地区 8 个,西南地区 4 个,西北地区 2 个,新疆地区 1 个;划设中低空管制区 37 个。绝大多数民用机场(含军民合用机场)均设置了塔台管制区域。军民航航空器在划定的空域内,按照管制员的指令或相应的飞行规则飞行。为加强军民航之间的密切协调,在每个飞行管制区设置了地区军民航空中交通管制协调机构,主要负责日常的空中交通管制协调工作。

(三) 管制机构

我国空管事业能取得如此举世瞩目的成就,其中一个重要原因就在于自上而下、运行顺畅的各级管制机构,拥有一支政治坚定、作风严谨、精于指挥、无私奉献的军民航管制岗位人才队伍。就军航管制机构而言,按照管制责任划分飞行管制区、飞行管制分区和机场飞行管制区。飞行管制区由军区空军负责,飞行管制分区由空军、海军相关单位负责,机场飞行管制区由驻该机场的航空兵部队、飞行学院、场站或者指定的航空单位负责。各级管制区根据担负的任务分别设置空管机构,与有关的民航空中交通管制单位建立协同关系。各级空管机构均设置飞行管制室,实行昼夜值班制度。通常,根据各级担负的作战任务和管制任务配置相应数量的飞行管制员和空管设备工程技术人员。就民航管制机构而言,中国民用航空局空中交通管理局(简称民航局空管局,图 5-24)是民航局管理全国空中交通服务、民用航空通信、导航、监视、航空气象、航行情报的职能机构。1995 年 5 月 25 日,民航局下发《关于印发 1995 年民航体制改革工作要点等七个文件的通知》和《关于组建民航地区管理局空中交通管理局的补充通知》,随后,便在各地区管理局分别正式成立东北空中交通管理局、华北空中交通管理局、华东空中交通管理局、中南空中交通管理局、西南空中交通管理局、西北空中交通管理局和新疆空中交通管理局。至此,我国民航空管系统形成了"民航局空管局—地区空管局—空管分局(站)"三级管理格局。驻直辖市及省会城市的民航空管单位简称空中交通管理分局,其

图 5-24　民航局空管局

余民航空管单位均简称为空中交通管理站。民航地区空管局为民航局空管局所属事业单位,其机构规格相当于行政副司局级,实行企业化管理。民航空管分局(站)为所在民航地区空管局所属事业单位,其机构规格相当于行政正处级,实行企业化管理。我国民航空管运行组织形式基本是以区域管制、进近管制、机场管制为主线的三级空中交通服务体系。其主要职责是:贯彻执行国家空管方针政策、法律法规和民航局的规章、制度、决定、指令;拟定民航空管运行管理制度、标准、程序;实施民航局制定的空域使用和空管发展建设规划;组织协调全国航班时刻和空域容量等资源分配执行工作;组织协调全国民航空管系统建设;提供全国民航空中交通管制和通信导航监视、航行情报、航空气象服务,监控全国民航空管系统运行状况,负责专机、重要飞行活动和民航航空器搜寻救援空管保障工作;研究开发民航空管新技术,并组织推广应用;领导管理各民航地区空管局,按照规定,负责直属单位人事、工资、财务、建设项目、资产管理和信息统计等工作。

三、构建科研创新体系,坚持把发展文化与推动空管实践相结合

回首 70 多年的风雨历程,我国空管事业不但建立了从决策层、计划层到执行层的各级空管运行和管理机构,还形成了科学领域齐全、各有特色的军民航科研院所及院校教育体系,塑造了一支过硬的空管科研队伍,形成了一种具有强大感召力与凝聚力、众志成城的学术团队氛围。这种文化氛围高度强调使命感和责任感,使每个人都能够将个人发展与集体事业有机融为一体。这种文化氛围是对祖国和人民情感的真切流露,是联系空管科研创新事业团体的牢固纽带,也是每名空管科研人员拼搏奋斗的不懈动力。顽强、坚定、勤劳、拼搏,一代代空管科研人员正是在这样的文化氛围中,奋发图强、团结协作、迎难而上、精益求精,圆满完成了祖国和人民赋予的各项光荣使命,推动着中国空管事业不断迈上新的台阶。目前,在中央空管委领导下,围绕着空域管理、空管新技术研究、自动化系统开发、法规标准、运行安全和防相撞等领域方向,按照"小核心,大外围"建设思路,我国已建立了"8321"空管科技创新体系,初步形成专业分工明确、资源优势互补、创新成果共享的空管科研创新体系。图 5-25、图 5-26 展示了我国国家空管实验室相关内容。

a)   b)

图 5-25　国家空管重点实验室建设

(1)国家空域技术重点实验室,依托空军某研究所,于 2009 年建立。该实验室是为满足国家空域系统建设和空域资源开发管理使用需要,搭建的集空域系统基础理论与应用技术研究、空管科技人才培养和空管科技交流合作的一个相对独立的科研实体。其职能定位是

针对我国航空事业发展的新特点、新需求,瞄准国际空管科技前沿、国防和经济社会发展以及国家空管重大需求,开展空域系统的基础理论创新、前瞻性的运行概念探索、重大关键技术攻关和现实重难点问题解决方案研究。其研究方向是空域规划设计技术研究、空域运行管理技术研究和空域评估分析技术研究。

a)国家空管新航行系统技术重点实验室

b)国家空管运行安全技术重点实验室

c)国家空管通信导航技术重点实验室

d)国家空管防相撞技术重点实验室

图 5-26　国家空管部分实验室 LOGO

(2)国家空管新航行系统技术重点实验室,依托北京航空航天大学,于 2009 年建立。该实验室在跨学科、跨领域、跨院系、跨校企等多种合作方式下,重点开展新航行系统的基础理论研究、前瞻性技术探索和重大关键技术攻关,并积极参与和推动产业化进程。其职能定位是面向国家空管战略需求、国际空管发展前沿和国内客观实际,结合北京航空航天大学学科优势和已有基础,组织开展新航行系统的应用基础理论研究、前瞻性技术攻关和综合系统集成应用,组织开展国内外高水平的科研合作和学术交流,汇聚并培育空管创新型科研人才和复合型专业人才,建设跨军地、跨学科、跨领域的高层次空管科研创新团队,积极参与和推动产业化进程,以解决我国新航行系统建设中和空管事业发展中的热点和难点问题,为我国空管事业的发展提供强有力的科技和智力支持。其研究方向是空天地一体化网络技术、航空精密导航技术、航空通信监视技术、机载空管电子技术以及新航行系统运行新技术。

(3)国家空管飞行流量管理技术重点实验室,依托南京航空航天大学,于 2012 年建立。该实验室是跨军地、跨领域、跨学科的高层次空管科研创新基地,是加快飞行流量管理技术高水平研究步伐、有效解决我国航空事业快速发展过程中空管面临的理论和技术难题的重要途径,是响应国家空管战略发展要求、提升我国空管系统管理水平和运行效率的重要举措,也是追踪世界空管科技前沿、适应全球空管一体化发展的迫切需要。其职能定位是面向国家战略需求、国际领域前沿和国内客观实际,结合南京航空航天大学学科优势,组织开展飞行流量管理基础理论研究、前瞻技术探索、关键技术攻关和技术标准论证,组织开展高水平科技合作和学术交流,汇聚和培育创新型科研人才和复合型专业人才,推进和参与科技成果转化与产业化进程,以解决我国飞行流量管理及体系建设中的重点、难点和关键点问题,为国家空管事业可持续、健康、快速发展提供强有力的科技支撑和智力支撑。其研究方向是飞行流特性分析研究、飞行流量调配技术研究、飞行流量管理评估研究以及飞行流量运行管理研究。

(4)国家空管自动化系统技术重点实验室,依托四川大学,于2011年建立。该实验室紧密围绕国家空管发展战略,积极跟踪国际空管自动化系统理论、技术和发展动态,研究提出我国空管应用政策和发展建议,重点针对空管自动化系统理论、运行体系、业务模式、应用技术等领域深入研究,形成创新性、指导性研究成果,构建国际一流的国家空管自动化技术创新平台和研发团队,成为我国空管自动化系统技术的理论研究中心、技术创新中心、人才培养中心、信息服务中心和标准建议中心,为军民航空管系统建设、运行提供技术支持和咨询服务,为我国空管科技创新和建设发展提供支撑。其职能定位是紧密围绕国家空管发展战略,积极跟踪国际空管自动化系统理论、技术和发展动态,研究提出我国空管应用政策和发展建议,重点针对空管自动化系统理论、运行体系、业务模式、应用技术等领域深入研究,形成创新性、指导性研究成果,构建国际一流的国家空管自动化技术科技创新平台和研发团队,成为我国空管自动化系统技术的理论研究中心、技术创新中心、人才培养中心、信息服务中心和标准建议中心,为军民航空管系统建设、运行提供技术支持和咨询服务,为我国空管科技创新和建设发展提供支撑。其研究方向是一体化空中交通管理运行体系研究、一体化空中交通管理支撑技术研究、一体化空中交通管理应用技术研究以及管制训练仿真及评估技术研究。

(5)国家空管运行安全技术重点实验室,依托中国民航大学,于2012年建立。该实验室在国家空管发展战略的框架下,以空管运行中的安全问题为切入点,以构建空管运行安全的保障技术体系和法规标准体系为目标,开展空管运行安全技术研究,建设空管运行安全技术研究平台,培养高层次人才,努力建设成为国内领先、国际先进的空管运行安全理论中心、技术中心、标准中心、信息中心和人才中心。其职能定位是紧紧围绕空管安全的核心问题,以构建新运行环境中的安全保障技术体系和法规标准体系为目标,展开技术攻关,建设空管运行安全实验和研究平台,打造空管安全的理论和技术高地。同时,通过开展对外技术咨询和技术支持,服务军民航空管一线生产单位,为空管行业及相关领域提供面向运行实际的技术支持和技术服务。其研究方向是空管运行安全分析与评估技术、空管人因差错分析与控制技术、空管运行安全管理系统以及空管运行安全仿真模拟技术。

(6)国家空管通信导航技术重点实验室,依托空军某研究所,于2012年建立。该实验室的建设是提升我国空管通信、导航、信息安全顶层设计和体系论证水平、有效解决空管系统快速发展过程中面临的理论和技术难题的重要手段,是国家空管科技创新体系的重要组成部分。其职能定位是结合国家空管发展战略规划,跟踪国际空管通信、导航、信息安全技术前沿,开展相关领域的理论与技术研究创新,促进科技成果转化应用,建成国内一流、行业领先的科技创新平台,为提升我国空管通信、导航、信息安全的体系保障能力提供理论与技术支撑。其研究方向是开展空管通信网络化体系与建设基础研究、空管导航与运行关键技术研究、空管信息安全体系研究及学术交流与咨询服务。

(7)国家海上空管关键技术重点实验室,依托海军某研究所,于2012年建立。该实验室围绕保障国家海上飞行安全、提升海上空管保障能力等,开展海上空管运行模式、海上空管法律法规与标准规范、在海上空管中应用新航行系统技术等研究,形成一批具有海上空管特色的科研学术成果,建成一个满足海上空管科研、实验、评估、演示验证的科研平台,打造一支海上空管的核心科研团队,建立起一套科学合理、运行有序的规章制度。其职能定位是主要针对海上空管运行保障需要,组织开展海上空管基础理论、运行模式、业务流程、法规标准研究和重大工程技术攻关,重点解决海上空管运行保障的理论和技术瓶颈,为空管建设发展提供支撑。其研究方向是开展海上空管基础理论研究,重点研究海上空管需求特征、运行模式、业务流程、机构设置、职能分配和发展战略等;开展海上空管法律法规与标准规范研究,重点研究海上空管保障条例、海上飞行规则、军民航海上空管协调规则和海上应急空管保障办法等;开展海上空管关键技术研究,重点研究海上空域规划与灵活使用管理技术、岸海空管通信技术、岸海联合监视技术、海空目标情报处理技术、海上管制指挥辅助决策技术、模拟训练技术等;跟踪研究国外海上空管理论、技术和运行发展动态,提出我国海上空管应用政策建议。

(8)国家空管防相撞技术重点实验室,依托空军工程大学,打造国家级的防相撞技术研究平台,积极跟踪国际航空领域防相撞理论、技术和发展动态,吸引军民航飞行安全管理优质研究资源向防相撞领域集中,建立支撑防相撞工作的飞行安全管理、机组资源管理(CRM)、空中交通管理(ATM)、飞行冲突管理等理论体系以及防相撞运行仿真验证基础设施,实现我国防相撞理论体系创新发展,以及具有自主知识产权的防相撞关键技术的重大突破,并培养出高素质军民防相撞领域人才。同时,防相撞技术重点实验室的建设也将有助于完善国家空管科技创新体系。其职能定位是开展防相撞基础理论、应用理论和前瞻性的概念探索,以及关键技术攻关和现实重难点问题解决方案研究,跟踪国际航空领域防相撞理论、技术和发展动态,提出我国防相撞工作法规、政策和发展建议,组织完成中央空管委办公室赋予的其他科研任务。其研究方向是安全间隔标准与法规研究、航空器相撞风险管理研究、冲突探测与解脱技术研究以及防相撞运行仿真与评估技术研究。

除上述8个国家空管重点实验室外,我国空管系统还建立了3个空管技术研究中心,分别是国家空管系统论证评估中心、国家空管工程技术中心和国家空管法规标准研究中心;2个空域研究论证支撑单位,分别依托南京航空航天大学和华安天诚公司;1个空管创新发展研究基地,即国家空管科技自主创新基地。

四、完善教育培训体系,全面提高空管人的综合素质

空管事业是一个国家综合实力的重要标志之一,而提升其竞争力的决定性因素是人才,尤其是创新型人才。人才的高度决定了事业的高度,事业的成功造就了一流的人才。人才是空管事业的真正发动机,空管事业是人才成功的推进剂。空管人才培养是一项涉及国家空管未来发展的事业,历来受到国务院、中央军委的高度重视。从20世纪70年代初,我国正式组建空管教育培训机构至今,已经建立了院校基础教育、在职岗位培训和军民航交叉培训的教育培训机制,形成了军民航相互融合、优势互补的空管教育培训体系。这些教育培训院校或机构既是空管人员知识、技能形成的摇篮,也是空管文化培育的基础。在特定的文化环境中,空管院校通过润物无声地教化、春风化雨地疏导、耳濡目染地感化等多种方式,在启迪心灵、确立崇高理想、塑造个人品质、培养敬业精神,学习先进事迹、标定人生目标、引导审美情趣、规范行为习惯、强化体魄技能、提高综合素质等不同层面,对空管

系统全体成员的成长进步产生极大的教育引导和文化育人作用。

（1）空军工程大学空管领航学院。该学院是全军唯一培养作战规划、指挥控制,航空管

制初级指挥军官和工程技术保障人才的教学科研单位,是我国最早为军民航培养管制员的培训机构,也是现代联合空中作战复合型指挥人才的培育摇篮。后经多次转录和部队编制体制调整,现为空军工程大学(图5-27)"六院一校一部一系"之一。学院教研设施完备,建有国内一流的22类空管专业实验室群,有军事特色鲜明的"航空管制与领航工程"和"作战运筹与任务规划"2个本科专业;有"航空管制设备维修与管理"1个士官专业;担负着空中作战指挥控制官、空中交警、空战

图5-27　空军工程大学

设计师与空管系统维护师的学历教育和任职培训两大任务,至2021年11月,仅为空、海、陆三军就培养了6000多名飞行管制学员、在职管制人员和空管装备维修人员,为空管教育事业做出了重要贡献。

（2）中国民航大学空中交通管理学院。下设航行系、航务系、空管技术室、飞行签派中心、综合实验室、空管基地等部门,是一所专门培养民航空中交通管理与技术人才的学院,直接为民航系统各级空管、飞行签派等业务部门服务。五十多年来,中国民航大学(图5-28)空管专业共培训各类空管人员13000余人次;为民航空管一线输送专科生、本科生和研究生共计6000多人,有力地保障了民航快速发展对空管人才的需求。

（3）中国民航飞行学院(图5-29)空中交通管理学院。下设空中交通管制、航空运行、航空气象、交通工程四个教研室及航行实验室、空中交通管理研究所等机构。依托交通运输学科,学院目前开设了交通运输、交通工程两个本科专业和交通运输规划与管理硕士专业,其专业方向基本覆盖了民航交通运输管理和工程技术的相关领域。20世纪60年代创办以来,其已经为中国民航培养了4000余名优秀的空中交通管制、飞行签派、航行情报和机场指挥等高级管理人才,这些人才已经成为民航各管理局、空管局、航空公司和机场的生产技术骨干或管理干部。

图5-28　中国民航大学

图5-29　中国民航飞行学院

（4）南京航空航天大学(图5-30)民航学院。下设4个行政系、4个研究所、1个民航局

重点科研基地、1 个工程中心、1 个用于本科专业实习的民航工程中心和 1 个民航在职人员培训中心。其中,空中交通系为我国民航系统培养从事塔台管制、进近管制、区域管制、飞行签派与飞行情报等领域的高级技术与管理人才近 850 人。同时,空中交通系还进行了在职人员的培训,承办"空管专业研究生课程进修班""空管专业工程硕士班""空管专业 4 + 1/3 + 1 强化班""空中交通管制检查员理论课程培训班""高级雷达管制教员培训班""管制英语培训班""空管系统管理干部培训班"等数十个培训项目,培训人数达 2400 多人次。

在此基础上,本着人才先行的原则,为更好地推进军民航管制人员联合运行的人才保障工作,探索高层次空管人才培养体系,着力推进军民航联合空管运行机制建设,在中央空管委办公室领导下,依托北京航空航天大学、中国民航大学、南京航空航天大学、四川大学、空军工程大学举办多起军民航联合空管工程硕士研究生班(图 5-31),由军民航空管院校共同施教,为军民航联合空管运行提供人才保障。同时,依托国外空管教学资源,拓宽管制员教育培训渠道,遴选空管人员赴德国、瑞士、加拿大等航空发达国家学习培训。

图 5-30　南京航空航天大学

图 5-31　军民航联合空管工程硕士研究生班开学典礼

五、传递正能量,始终发挥空管文化的导向功能

党的十九大会议胜利召开后,各个行业都在"全面建成小康社会"的征程上飞奔,全社会也在不断传递着"正能量"。"正能量"本是一个物理学名词,指在粒子物理学中,以真空能量为零,能量大于真空的物质为正,能量小于真空的物质为负。现在释义为一种激发健康乐观、积极向上的动力和情感。目前,国人将所有积极健康的、催人奋进的、给人力量的、充满希望的人和事,均冠以正能量的标签。例如,2012 年广为传颂的"最美司机""最美教师""最美妈妈"等,都在传递着正能量。因为这些人和事有个共同特点,就是他们都是平常人,在平凡的岗位,用自觉的行动释放着正能量,向我们诠释了人生价值所在。空管人亦如此!70 多年来,一代一代空管人每年 365 天、每天 24 小时,坚守着祖国的"空中大门",在平凡的岗位上,在艰苦的条件下,恪尽职守、真诚奉献,用青春和人生、情感和智慧筑起了一道道空中安全屏障,书写着一曲曲动人的乐章,涌现出无数的先进集体、杰出代表和先进个人。他们为空管文化续写着新的华章,在他们的身上体现的是空管人共同的价值取向和精神追求。榜样的社会道德价值,更多的是一种激活、一种唤醒。空管文化在本质上是一种精神文化,作为在空管事业发展有力的"助推器",始终发挥文化的导向功能,担负着传播正能量、弘扬真善美、宣传社会主义核心价值观的使命。公众从中获取的能量,能以 N

次方的高速率在人与人之间传递。通过"榜样示范性"或"范式引领性",能在空管领域这一特定的社会组织中营造一种空管人的"精神场",对内激发空管人的潜能,对外展示空管人的形象。

(1)灾难面前彰显空管精神。1976年7月28日凌晨,我国河北唐山、丰南一带发生了7.8级强烈地震,整个唐山市遭受到毁灭性的破坏,死伤人数达23万人。为了及时解救受难的唐山人民,在国务院和中央军委的领导下,空军迅速派出航行局长乔子扬参加国务院抗震救灾指挥部工作,担任军事组副组长。空军航行调度部门承担了抗震救灾飞机的调度派遣工作。空军、民航迅速派出各型飞机68架,担负了专机、空运、空投、空中摄影、防疫消毒、急救、机要通信、视察灾情以及为北京军区和河北省机关开设临时班机等任务,先后飞行2478架次,向灾区紧急空运各类救灾人员5874人,各种救灾物资2513吨。地震发生时,唐山机场的通信、导航、调度指挥设备全被震毁,负责唐山飞行管制分区任务的某空军航行处伤亡严重,基本处于瘫痪,为保证21个军、民航单位的13种飞机,从全国30多个机场飞往唐山执行紧急任务的需要,北京军区空军(简称北空)司令部航行处在首长和上级部门的有力支持下,直接担负了唐山地区抗震救灾飞行的飞行管制工作,并迅速抽调人员加强了唐山机场的飞行管制力量,把与唐山邻近的遵化、杨村、静海、沧县、南苑、通县等机场划为进出唐山的缓冲区起降场,在管制上统一调配进出顺序,留有必要的安全间隔,有效控制了飞往唐山机场的飞行流量和次序。中央军委发布命令,给在唐山地压抗震救灾斗争中做出突出贡献的空军唐山场站航行调度室记集体一等功;北京军区空军司令部航行处航行调度室记集体三等功。北空所属航行人员还有2人荣立个人二等功,5人荣立个人三等功。

(2)危难之时方显英雄本色。2008年5月12日14时28分,四川省汶川县发生了8.0级大地震,波及全国20多个省区市。地震发生后,民航空管系统立即行动起来,开展抗震救灾工作,立即启动了空管应急程序,并于17:00和20:00分别召开了两次民航空管视频协调会议,安排部署抗震救灾应急相关工作,成立了以苏兰根局长为组长的民航局空管局抗震救灾应急领导小组,下设技术组、运行保障组和综合保障组。处于民航抗震救灾第一线的民航西南空管局党委迅速启动应急处置预案。在余震不断、暴雨不断的情况下,西南空管局与时间赛跑,演绎了一曲惊心动魄、感人肺腑的与特大地震灾害斗争之歌。在强地震造成航管楼和塔台墙面裂缝、雷达等设备出现异常的危险情况下,他们坚守管制工作岗位,克服巨大心理压力,手握话筒发出一连串清晰的指令:复飞!停飞!移交!直到指挥最后一架飞机安全落地后,才撤离塔台。由于航管楼楼体出现裂缝,人员无法进入,根据管制工作的最低要求,空管局党委作出了重要决策:建立简易的应急指挥中心。他们征用了航管楼旁的一个小餐馆,作为应急指挥中心的办公场地,各部门通力协作,在临时的指挥中心内建立了集进近、区调、飞行服务、气象、网络、通信、设备监控、运管、应急指挥室于一体的简易而功能齐全的"航管楼",确保运送救援物资飞机的正常起降。在地震发生17小时以后,遭受不同程度损坏的双流机场管制设备恢复正常运行。随后,航管楼区调、进近管制室顺利恢复运行,通信、气象、飞行服务、网络等部门也恢复了在航管楼的运行。在2008年10月8日召开的全国抗震救灾总结表彰大会上,民航西南空管局受到党中央、国务院、中央军委联合表彰,被授予"全国抗震救灾英雄集体"荣誉。

(3)突发事件履行空管使命。1990年3月24日,东方航空公司一架A300客机,机上乘客 259 人(全部是外籍乘客),机组 17 人,从广州起飞到上海,因上海有雷雨,民航决定飞机备降杭州,而飞机却飞到杭州西 90km 天目山区。天目山区群峰林立,最高高程 1787m,此时飞机高度已下降到 1500m,如果还在继续下降,撞山机毁人亡的事故即将发生。在这千钧一发之际,南空司令部航行处王荣义等值班人员,以高度的责任心、精湛的指挥技术,及时发现,并果断指挥 A300 飞机拉起来,航向 90 度飞向杭州笕桥机场,避免了一起撞山机毁人亡的事故。如果发生飞机撞山,将会震惊世界,给国家和人民的生命财产造成巨大损失,给旅游事业的发展造成严重影响。1990 年 4 月 20 日,南京军区空军召开庆功表彰大会,对 3 月 24 日正确指挥引导民航 A300 大型客机避免撞山事故的有功人员进行了表彰。会上宣读了南空司令员、政治委员签发的通令,给南空航行处飞行管制室参谋田德启记一等功,职务等级晋升一级;给该室副主任王荣义记一等功,该室参谋王俊记二等功;还给航行、通信、雷达部门和有关分队的 7 名人员记三等功,12 名人员嘉奖。

　　(4)边远台守望空中安全。任何一项伟大事业的辉煌成就的背后,都有着无数的奉献和牺牲。在民航空管系统内部,人们可能经常能看到在塔台、进近或区域管制中心指挥飞机的管制员,但很少能看到遍布全国各地 600 多个通信、导航、监视台站的空管技术保障人员。这支拥有 6000 多人的特殊群体,为了航路的畅通,为了银鹰的平安,他们在深山旷野默默坚守,在雪域高原无私奉献,在大漠戈壁深深扎根。他们身处边远台站、情牵空管发展、心系民航安全,在坚守工作岗位的同时,也在坚守着空管人的精神家园。虽然远离繁华都市,交通不便,生活艰苦,但是他们深知,安全无小事,责任无大小,他们用责任、用毅力、用行动,向我们展现了淡泊名利、默默奉献的崇高品质。2011 年 4 月 26 日,民航局和中国民航报社联合启动了"边远台站万里行"宣传活动(图 5-32),共同采访报道了 37 家台站,完成了民航空管系统时间最长、规模最大、影响最广的一次行业文化宣传教育活动。通过"边远台站万里行"活动,进一步挖掘、树立、宣传一批坚守岗位、默默奉献的空管通信保障战线上的感人事迹。例如,大漠深处导航人李贵根,几十年如一日,就像一株沙漠胡杨,坚守在新疆莎车导航台。1997 年,时任莎车导航站站长的李贵根在全国民航首届"民航十大杰出青年"评选中,以他踏踏实实、默

图 5-32　"边远台站万里行"活动启动仪式

默无闻的奉献精神赢得了民航人的赞誉。他的事迹通过民航报的宣传,在民航空管系统、在全行业都产生了很大的影响。雅布赖导航台同样地处大漠深处,中国民航报记者与坚守在这里的空管人同吃同住,观察记录他们的日常生活,走进他们的内心世界,写下了《导航台里话家常》这篇经典佳作,至今令人印象深刻。还有《那山、那人、那家》描述的位于陕西省宁陕县秦岭深山导航台的"寂寞"的年轻人,《东方第一台》中介绍的是我国最东部的民航导航台内经受"冰雪考验"的 4 名空管人等。这些采访和报道,切入空管安全运行一线,聚焦技术保障岗位,通过宣传空管先进典型,弘扬空管服务理念,倡导空管奉献精神,能够引导空管人特别是青年人继承发扬老一代民航空管人艰苦奋斗、无私奉献的敬业精神,适应新形势、把握新机遇、立足岗位、奉献空管;积极宣传空管运行一线的先进事迹,树立新时期空管系统的

先进典型,大力营造创优秀、学先进的良好氛围,推动全系统创先争优活动取得实效;加强空管系统对外宣传,让空管走向社会,让行业内外了解空管,给予空管保障工作更多的理解和支持。

(5)巍巍塔台绽放铿锵玫瑰。北京首都国际机场拥有东、西两个塔台,负责为首都机场起降航班提供空中交通管制服务。每个清晨这两座塔台最早被太阳映红,每个夜晚它们会托起满天繁星。2009年3月8日下午3时8分,坐落在北京首都国际机场三号航站楼(T3)的东区塔台有了一个响亮的名字"北京女子塔台"!这个名字使这座塔台的美丽又有了新的高度,它升起的是中国空管女性新的骄傲和自豪,那是中国职业女性一份特殊的荣耀!

北京女子塔台,拥有33名女管制员(图5-33),她们平均年龄28岁,是一个年轻乐观、积极向上、经得起考验的集体,秉承着"信心、耐心、诚心、贴心、决心"的理念,发挥女性特有的优势,以严谨的工作作风、精湛的指挥技能、热诚的服务态度,为航空公司提供更为优质、贴心的服务。2009年国庆阅兵当天,指挥首都机场航班起降是北京女子塔台成立后首次担负的最重要任务,女管制员们表现出了高超的专业素质,保障了航班万无一失。2009年10月1日,遵照上级指示,必须按计划让上午9点以前的航班顺利起飞,否则这些航班将延误到3个小时以后。为了保证航班的顺利放行,北京女子塔台当天值

图5-33 塔台上的女空管

班人员不到7点全部到达现场开始准备,经过大家的精心设计和密切配合,当天9点以前的航班提前5分钟全部完成起飞。当天小时最高放行已经达到了90架次,再创历史新高。而上午禁航3个小时以后,下午航班陡然增加,女子塔台一直保持着繁忙、紧张的状态。晚上9时30分左右,天安门的联欢晚会需要放烟花,顺义燃放点也同时开始燃放烟花,首都机场东跑道需要暂停飞机的起降,这给本已积压了3个小时的航班指挥工作带来了更大的压力。最终,不服输的女管制员又一次经受住历史性的考验,安全、高效地完成了航班的指挥,艰难却顺利地完成了当天所有的保障任务。"北京女子塔台"这群女管制员在每年"春运""两会""黄金周"飞行高峰时期,都圆满完成了空管保障任务。在2008年北京奥运会期间,更是与其他管制员一起创造并刷新了中国民航有史以来单日保障专机、公务机数量的最高纪录——2008年8月7日,在保障首都机场航班起降1340架次的同时,为飞抵首都机场的46架各国首脑政要专机和136架贵宾公务机,提供了优质、安全、顺畅的管制服务,并为此获得了国务院的表彰和嘉奖。

(6)自主创新抢占空管技术高地。空管一直是国家综合国力和科技实力竞争的重要领域,进而发展为不同民族和国家展现其意志和精神力量的广袤舞台。中国空管事业的发展取得辉煌成就,重要原因就是空管人将热爱祖国、为国争光的坚定信念落实到实际行动之中,坚持自力更生、自主创新,不断超越进取。回首我国空管一路走来的历程,如果说科学技术是塔尖上的事业,自主创新意识就是支持空天人勇敢登攀的精神天梯。科学求实就是着眼于我国空管实际,认真研究、讲求科学、实事求是、一丝不苟,总结其科学发展规律,进而用这种规律指导空管事业的进一步发展。回顾我国空管70多年的发展历程,

从 1977 年进口法国的航管自动化设备开始，经过"八五"以来几个五年规划，目前，我国区域、分区、机场管制中心系统已全部实现国产化。新建成的国家飞行流量监控中心系统全部由国内科研院所和公司自主研发，达到国际水平。我国自主研制的空管雷达已应用于对空监视，发挥了显著建设效益。在此过程中涌现了一大批自主创新、科学求实的空管科技创新人才，他们将个人事业的发展与空管事业的发展紧密地联系在一起，为我国空管发展做出较大贡献。

陈志杰（图 5-34），1963 年生，广东省梅州市人。1982 年本科毕业于空军工程大学导弹学院计算机系，中国工程院院士。现任空军装备研究院某研究所所长，高级工程师。担任国家空管空域管理及运行组组长、中国航空学会空管与航电委员会副主任。主要从事空中交通管理系统技术研究，先后主持完成 20 余项国家、军队重大项目，在自动化协同管制、空域管理与控制及信息处理方面做了大量基础性和开拓性工作。获国家科技进步一等奖 1 项（排名 1）、二等奖 1 项

图 5-34　陈志杰

（排名 1）、授权发明专利 7 项。获评中国科学技术协会求是杰出青年实用工程奖、何梁何利基金科学与技术进步奖和全国优秀科技工作者等。荣立一等功 1 次、二等功 3 次。1991 年，国务院、中央军委做出了"改革空中交通管制体制，逐步实现我国空中交通管制手段现代化"的战略决策，选定沪杭地区作为试点区域，并批准为国家"八五"重点工程。随即，"构建全军一体化空管自动化体系"任务下达到空军某研究所，陈志杰受命领衔组建全军第一个航管研究室，从此开始中国军用和民用空管蓝图规划，成为改革开放后我国空管事业的拓荒者，在共和国广阔的空域，架起一条条安全高效的空中通道。

张军（图 5-35），1965 年生，安徽省合肥市人，中国工程院院士，博士，教授，博士生导师。

图 5-35　张军

现任北京理工大学校长，国家空管新航行系统技术重点实验室主任，教授。历任北京航空航天大学电子信息工程学院院长、民航数据通信及新航行系统科研基地副主任、航空科学与技术国家实验室首席科学家。教育部长江学者特聘教授，国家杰出青年基金、中国青年科技奖和何梁何利基金技术创新奖获得者，国家 973 计划项目首席科学家。长期从事空中交通监视、航空导航等新航行系统技术的研究，主持国家自然科学基金、国家 863 计划、国家 973 计划、国家空管科研计划、民航重大科研与工程项目等 20 余项；发表学术论文 100 余篇，获授权国家发明专利 60 余项，出版学术著作 4 部；先后荣获国家科技进步一等奖、国家技术发明一等奖各 1 项（均排名第 1），省部级科技进步一等奖 5 项。张军教授在科研中重视发挥团队的力量，他所带领的团队攻坚克难、人人争先。该团队先后成为教育部创新团队和国家自然科学基金委创新研究群体，研发了空地协同的民航空域监

视新装备,主要指标与国外同类产品相当;建成了中国民航新一代空中交通服务平台,其业务规模和业务量居世界第三;相关成果在中国民航应用推广,使我国民航空中交通监视水平与业务服务能力进入世界先进行列。这些成就的取得是张军教授作为一名共产党员,心系国家、心系民航、志存高远、践行榜样力量的必然。

图 5-36 吴明功

吴明功(图 5-36),空军工程大学空管领航学院教授,博士生导师,研究方向为空管运行与空域管理。2018—2022 年高等学校交通运输类专业教学指导委员会航空运输与工程教学指导分委会委员,2020—2024 年陕西省高等学校教学指导委员会交通运输类工作委员会副主任委员;空军工程大学交通运输工程学科特聘学科责任教授,航空管制与领航工程重点学科负责人。跟踪本学科前沿发展动态,发表论文 50 余篇,其中 SCI、EI 检索 20 余篇。参加编写教材、专著 5 部,参加国家自然科学基金,陕西省自然科学基金,国家空管课题和军队、社科等科研课题、教改课题 30 余项,参加多部军队法规编写,个人荣立三等功 3 次。

5-1 空管抒怀

按语:空管人既是"天路"的建设者,又是空域的管理者,更是空中交通顺畅、安全的守护者,担负着规划管理国家空域资源,建设空域及航路航线保障设施,组织实施对空监视和管制指挥,维护空中交通秩序并提供管制服务等神圣使命。

在航管楼前的遐想[5]

作者:孙 正

我在绿油油的草坪边漫步,仰望着高高的航空管制中心大楼,浮想联翩,难忘的思绪把我引到空军司令部最早的驻地——东交民巷 22 号:美国兵营旧址。

毛泽东主席站在雄伟的天安门城楼上向全国和世界宣告:"中华人民共和国成立了!"这一天以后的 11 月 11 日,人民空军诞生了。在第 4 兵团机关的基础上组建的空军司令部机关,在编制序列上多了一个航行处。这个处里编有航管、气象、领航、导航、地图科等等。当时担负航空管制工作的值班室,设在西式两层楼房内靠近楼梯的一间小屋。在这个小小的空间,有一张桌子、一张床、一把椅子和通向电台的一部磁石电话,用于收发航行电报和通报飞行情况。

从空军第七航空学校的空中领航专业毕业的我和十多位学员,在 1951 年 1 月来到北京。当时的空军参谋长跟我们讲,由于进口飞机没有到货,不能把我们分到部队,刚成立的空军机关缺少专业人才,先让我们在机关工作两年。19 岁的我,走进了航空管制的大门——空军司令部航行处,当一名见习参谋。头 8 年从事日常航管工作,后来从事航管业务工作。在飞行管制室工作期间,让我最高兴的事是:航空兵部队的一批批战斗机群顺利、安全地飞向前线机场;保障国家领导人和外国贵宾的专机飞行任务圆满地完成了。可是,让我最头疼的事:通报飞行情况的电话接不通,延误了时间。有时电话通了,声音很小,捂着耳朵听,提高嗓门喊,弄得值班员心烦意乱。通信部门为了保障飞行管制的需要,专门为飞行管制室办理了一种代号为"上空"的特种长途电话。使用这种电话时,除中央领导人的通话不允许揻断外,其他用户通话无条件地让路。我当时用这种电话及时处理了两起特殊紧急的飞行问题,让我兴奋不已,我想,能让我每天随时用上这种电话该多好啊!

当我离开了飞行管制室从事航管业务工作期间,最让我高兴的事是1964年颁布的《中华人民共和国飞行基本规则》和《外国民用航空器飞行管理规则》。这两本飞行规则是由空军、民航从事航管工作的同志组成的编写组,在空军刘亚楼司令员亲自过问并具体指导下,经过三年的努力完成的。刘亚楼司令员在审定这两本飞行规则时说,这是由中国人起草的法规,具有重要意义。在编写工作中,我学到不少知识,受益匪浅。

最让我感到难办的事是:由于管制手段落后,无法满足当时逐年发展的军事飞行、民用飞行实施有效管制、指挥和协调而产生的飞行矛盾。为了解决这类问题,只能在制度上、规定上下功夫、想办法。以机关的名义下达文件,向飞行管制人员提出种种严格的要求。无疑给飞行管制人员增加了心理上的压力。那时多么渴望建设自动化航管设备,解决"看得见""听得到"和"联得上"的问题。同志们常常议论,这种梦想不知哪年哪月才能实现。

最让我高兴的事是:1974年,经过我们敬爱的周恩来总理批准,我国进口了一套自动化航管设备,配置在北京—上海一线的空军、民航管制中心和机场上。非常成功地解决了这片地区的军事飞行和民航班机的飞行安全问题。最值得无比高兴的事是:邹家华同志(原国务院副总理)担任国家空管委主任时,坚持空军、民航必须同步建设航管设备的原则。他说,如果只有民航建设了空中管制设备,空军、海航没能建设,民航飞机不会飞得顺利,安全也得不到保障。因为空军、海军的飞机,民航的飞机,还有外国飞机,都要在海航、民航同步建设相应的设施,才能解决全国的空中管制问题。军费紧张,拿不出钱来搞航管设备建设,由国家财政解决这个问题。当我知道邹副总理这些讲话的内容以后,我兴奋的心情久久不能平静。我钦佩他高瞻远瞩,抓住了我国空中管制的要害,作了历史性明智决策。这以后,在国家有关部委的鼎力支持下,经过"八五""九五"有计划地建设,空军、海航、民航的航管设施建设取得了很大的功绩。

我凝视着新建的航空管制大厅,多么漂亮,多么壮观!厅内配置了一台台显示器,闪闪发光。坐在管制席位上,飞行管制区域内的飞行动态一览无余,飞机飞行的数据一目了然,电话线路四通八达。管制人员指挥、控制得心应手,调配和协调,及时准确。我赞叹空军航管系统发生的世大变化,我永远热爱祖国的蓝天和航空管制事业。

本章参考文献

[1] VILLARD H S. Contact! The story of the early birds:man's first decade of flight from Kitty Hawk to World War I[M]. New York:Thomas Y. Crowell Co. , 1968.

[2] 张军.空地协同的空域监视新技术[M].航空工业出版社,2011.

[3] 张军.空域监视技术的新进展及应用[J].航空学报,2011,32(1):1-14.

[4] 曲忻.经略空域　彩绘蓝天——中国空管十年成就报道[J].中国空管,2013(2):33-34.

[5] 孙正.在航管楼前的遐想[J].航空管制,2005(1):21-22.

第六章

空管文化建设的基本思路

　　三流企业靠经验，二流企业靠制度，一流企业靠文化。空管文化建设的本质特征是树空管之魂、育空管之人，重在体系、重在内涵、重在认同、重在坚守，在继承中创新，在包容中拓展，为空管系统凝聚信仰的力量、价值的力量，提供不竭的精神动力。

当前,我国空管正处于深化改革、加快转变发展方式的关键时期,迫切需要先进文化对空管发展的引领支撑。但从我国空管系统整体情况看,空管文化建设缺乏总体战略思路及顶层设计,起点低、基础薄、投入少;从军民航各级空管部门情况看,空管文化建设、缺乏特色和合力,没有一个明确的空管文化机构或部门,缺乏刚性的制度安排,缺乏政策保障和规划约束,甚至有些人对空管文化建设认识模糊,参与度不高。因此,需要在全面分析我国空管文化建设现状的基础上,明确指导思想和具体原则,围绕总体目标及构思,确立基本内容、主要抓手和方法途径,全面推动空管系统科学发展、协同发展和规范发展。

第一节 我国空管文化建设现状分析

研究空管文化的目的主要在于深刻揭示空管文化的内在特点规律,努力构建具有我国特色的空管文化理论体系。同时,还要以所获得的理性认识为指导,推动我国空管文化建设的发展。这两个基本目的的实现,均有赖于对我国空管文化建设的实际情况进行科学分析,既要分析我国空管行业的特点,看到其文化建设的优势所在,坚定搞好空管文化建设的信心和决心,同时,又要保持一个客观、清醒的头脑,高度关注我国空管文化建设面临的挑战和存在的一些亟待解决的问题。

一、特点与优势

我国空管系统是一个经过国家授权,通过一定的设备,运用相应技术手段来执行统一标准,管理和利用空域,提高空域使用的安全性与经济性,行使领空管理权(权利、权益、义务)的事业单位,同时,又是一个比较特殊的行业,形成了有相对特点的文化底蕴。当前,在党和政府高度重视文化建设,我国航空业快速发展,空管领域硬实力越来越强大的大好形势下,我国空管文化建设具有的优势也越来越明显。

(一)空管行业的特点

我国空管行业除了具备一般事业单位的共性特点外,由于其工作依据的强制性、主体和客体的特殊性,而表现出国家属性,跨国际、跨军地属性,弱自主属性及弱经济属性等独有特点。

一是国家属性。①空管是国家战略性行业,在国家安全、领空主权、社会经济、空域资源管理等方面具有重要战略地位。天空是国家安全的"危险天窗",空管部门能够充分利用军民航管制雷达系统对空中实施不间断监视,严格监控边境地区飞行的航空器,协助处置不明空情。空中力量具有无阻碍通视通达、活动域广、机动速度快、攻击猛烈、灵活性大、多用性强等诸多优势,空管是保障飞行训练和协调联合作战行动的重要力量。②空管的管制对象之一——空域,如同土地、海洋一样是国家的宝贵资源。这种资源在性质上既有显现的资源属性,又有领空主权和安全属性,是确保航空运输大动脉畅通无阻,实现航空运输目的的基础,管好用好空域资源,保障空域使用安全,为国家安全提供保障,为军民航飞行提供安全顺畅高效的服务,是空管工作的核心主题[1],也是空管人的神圣职责。③空管历来都是国家的政府职能部门。对外来讲,空管作为国家机构积极参与国际航空事务,维护国家利益,履行ICAO职能。对内来讲,空管除对飞机之间的三维间隔保障负有独特的安全责任外,还对国家规定的空中禁区、限制区、危险区等进行监视与控制。

二是跨国际、跨军地属性。空管是国家综合交通运输体系的重要组成部分,它既有面向国际的开放特征,又有典型的军民航融合特色。一方面,空管是与国际交流、合作相当密切的行业,任何国家的空管都不可能脱离世界空管而独立健康地发展。尤其是随着经济全球化步伐加快,国际经济合作与竞争正以前所未有的广度和深度迅速发展,国际航空领域的交流合作日益紧密。近年来,我国空管系统与 ICAO 及航空发达国家建立了良好的合作关系,在开辟国际航路航线、划设管制责任区、开放航权、采用国际规则标准等方面的合作越来越多。2003 年,ICAO 第十一次航行大会提出了"通过建设统一标准的设施和提供无缝隙的服务,对空中交通和空域实施统一、安全、经济、高效的动态管理"的全球空管一体化运行概念。全球空管一体化是世界空管发展的总体趋势,涉及国家安全、政治、经济、军事和外交等敏感重大问题,对世界各国空管发展将产生重要影响。另一方面,从全球范围来看,各国的航空活动都有军事飞行与民用飞行,军民双方在共同保证航空活动安全的基础上,又分别追求着军事效益和经济效益,这种共同目标和客观利益在一定程度上理性地调节着军民航协调关系。总体上讲,我国空管在空域管理、空管运行、信息共享、协同决策和保障方式等方面,都具有跨军地的基本特征。

三是弱自主属性。空管行业的职能存在于国家授权,执行行业运行标准和规定,行使领空管理、空防安全管理、维护空中交通安全的职能和提供公共服务职权。国家按照统一规划、统一标准、统一程序的原则,投资建设全国空管系统,规范空域管理、空中交通管制服务、航行情报服务、航空通信及雷达、导航、气象业务流程。因此,无论是军航空管还是民航空管,或不同地域的空管单位,各自搞一套、标新立异是不可能的,也是绝对不允许的。这就决定了全国各地区空管单位的工作性质一样,岗位设置和人员分工差不多,探索和谈论的业务话题相似,整个行业具有高度的同一性,造成不同地域的空管部门呈现出较弱的自主性。同时,ICAO 也要求各成员国在空管管理标准、工作标准、技术标准方面要具有一致性,防止由于各国提供不同的空管服务造成航空活动严重混乱局面,危及国际航空的安全,不利于国际航空业的发展。

四是弱经济属性。一方面,空管行业属于社会公共服务范畴,通常由公共财政支撑,关注社会效益,强调"安全第一",比如空管设备配置"一主、二备、三应急、四机动",又如"双岗制",这些都是其他行业尤其是"为投资者赚取利润"的物质生产企业所不可想象的。另一方面,尽管空管行业以服务国家、服务公众为宗旨,但却并不妨碍它赚取利润。空管行业强调企业化管理,通过向空域利用者提供空中交通服务收取航路费,但与一般企业组织不同之处在于它所赚取的利润必须直接用于国家和公共目的,营利能力不是空管各单位追逐的目标,落实在各项具体的行为上,呈现出很弱的经济性。

由此可见,空管行业不同于一般事业单位或组织,具有自己独特的工作性质与特点。空管文化建设也必然受这种工作性质和特点的限制和影响。空管文化建设应反映行业的基本特点、独特的精神和风格,并以其鲜明的个性区别于其他行业。

(二)我国空管文化建设的优势

空管文化建设,实质上就是用先进的思想、系统的思维和超前的理念武装空管人的头脑,规范空管人的行为,塑造空管行业形象,提升管理水平,增强凝聚力,实现空管安全、协同、规范、健康发展。与国外其他国家相比,我国空管文化建设具有独特的政治优势和思想优势,与国内其他领域相比,我国空管文化建设具有明显的精神优势和资源优势。

1. 政治优势

坚持中国共产党的领导是坚持中国特色社会主义道路、推进社会主义现代化、实现中华民族伟大复兴的必然选择。坚持中国共产党的领导是当代中国社会的政治优势,也是我国空管文化建设的政治优势。我国空管事业是中国特色社会主义伟大事业的重要组成部分。我国空管文化是社会主义先进文化在空管行业的具体体现和生动实践。只有坚持党的领导不动摇,才能确保国家空防安全与稳定,确保空管系统科学发展,确保在为国家经济建设、国防建设和航空事业发展提供有力保障的工作中始终贯彻党和国家重大决策,体现国家意志和国家利益,切实担负起党和人民群众赋予的神圣职责。这种政治优势一直并将长期贯穿于我国空管文化建设的全过程,并发挥着奠基性作用。

回顾我国空管文化建设的 70 多年发展历程,无论在自发的文化建设阶段、自觉的文化建设阶段还是自信自强的文化建设阶段,我国军民航各级空管部门始终将坚持党的领导、听党指挥、政治合格作为空管文化建设的根基和命脉,不断强化党委在把方向、谋全局、引领科学发展上的领导核心作用,加强党的基层组织建设,发挥各级党组织和党员干部的先锋模范作用,把政治优势转化为空管发展优势,有效推动了空管体制改革,保障空域管理方式转型。当前,维护国家主权、安全和发展利益面临一系列新情况、新问题,只有坚持党的绝对领导,才能保证空管人在任何时候、任何情况下都坚决执行党中央、国务院、中央军委的命令,始终做到风浪面前不动摇,大是大非面前站得稳,确保政治上绝对可靠。

2. 思想优势

始终把思想政治工作摆在首位,牢牢把握思想政治工作这条生命线,是党的事业成功的重要因素,也是我国空管文化建设的基本优势。这种优势可以为空管文化建设把握正确的方向,提供强大的思想保证,营造优良的环境,确保空管文化建设健康发展。从根本上说,它是以先进的思想、科学的理论、高尚的道德标准为指导,通过教育、疏导、示范等方式对空管人施加有目的、有计划、有组织的影响,以解决空管人的政治立场、思想、观点、行为规范问题,使他们形成符合社会和空管系统所要求的思想品德的实践活动。我国空管系统的思想政治工作,始于空管组织机构的建立,贯穿了空管系统发展的全过程,在不同时期发挥了不可替代的巨大作用。

70 多年来,我国空管部门各级党组织高度重视队伍的政治建设,始终发挥思想政治工作的优势和效能,既用理论武装人,也用真情感召人,用精神鼓舞人,用发展目标凝聚人,推动空管事业稳步发展。无论环境多么复杂,无论任务如何艰巨,空管人的理想信念在各种外来文化激荡中始终坚定树立,空管队伍的主流始终保持着昂扬向上的精神状态和文明健康的生活方式,形成了行动听指挥、高度统一的纪律观念和严谨有序的工作作风。中华人民共和国成立初期,在底子薄、基础设施和技术准备严重不足的情况下,我国空管系统正是紧紧抓住思想政治工作,积极开展爱国主义、集体主义和社会主义教育,提高人们思想觉悟,牢固树立科学的世界观、人生观和价值观,充分调动人的能动性,增强安全责任心,才弥补了技术基础的不足。广大空管人在极其艰苦条件下,怀着对党和人民、对空管事业的无限热爱和忠诚,在复杂的环境下保证了飞行安全,经受住了各种风浪的考验。当前,我国社会正处于一个大变革时代,社会变革带来了人们思想上的一系列变化。同世界发达国家相比,我国的经济实力和空管发展总体水平,在相当长的时期内还将处于劣势。在此背景下,有些人开始迷信物质利益和技术制胜,忽视思想教育的现象有所抬头。针对新情况,空管文化建设者必须要正确估计形势变化所带来的影响,发挥政治思想工作优势,以振奋精神、增强信心、团结鼓劲、开拓创新。

3. 精神优势

我国空管文化建设不但具有政治上、思想上的优势,而且还具有强大的精神优势。这种精神优势实质上是空管系统在科学思考自身特点、优点和反思空管文化的基础上所产生的自豪感和优越感,以及在空管过程中所形成的优质、强势的精神状态或精神势能。与空管行业的物质条件较好、人员福利待遇较高、对社会从业人员吸引力较强、年轻人和高学历者居多等物质优势相比较而言,空管文化建设的精神优势主要源于其精神理念及核心价值观。其中,以"国家、责任、服务、和谐、高效"为主要旨义的空管核心价值观,是空管系统文化的核心内容,是空管文化建设交响曲的"主题曲",它们表征的是空管服务方向和根本任务;以"忠于职守、精于指挥、乐于奉献、勇于创新"为主要内容的空管精神,是空管系统文化理念的总纲,是空管文化建设交响曲的"主旋律",它们表征的是空管发展的精神动力和精神风貌。二者集中反映了空管人共同的价值追求、行为准则和精神支柱,共同构成空管文化建设的精神优势。

这些精神上的优势是我国一代代空管人艰苦奋斗的动人业绩和可贵精神的写照,承载着我国空管人对使命责任的执着坚守,是一代代空管人精、气、神的凝结,是中华民族一笔极为宝贵的财富。同时,这些精神优势并不是一个僵化的概念,而是一条不断发展、不断丰富、不断更新的精神长河,需要在实践中升华,在传承中创新。精神的力量是无穷无尽的,我国空管文化建设要把精神优势转化为感召力、凝聚力和软实力,共鸣"主题曲"、唱响"主旋律",形成心系蓝天、志在空管的自觉追求。

4. 资源优势

文化资源是文化建设发展的前提与基础。虽然丰富的文化资源并不意味着文化建设必然取得丰厚的成果,但很难想象,在一个资源贫瘠的土地上会生长出茂盛的文化之花。在某种程度上,一个国家、一个民族、一个行业文化资源的丰富程度,直接影响着文化软实力的强弱。我国空管行业拥有丰厚的文化资源,博大精深的传统文化、底色鲜明的军队文化、与时俱进的民航文化以及分布全国的地域文化等,都是我国空管文化建设在资源上的特有优势。

文化是一个民族的精神记忆。博大精深的中华文化是中华民族在长期的社会实践中创造的文明成果,包含了丰富的思想内涵和内容,成为凝聚全体中国人的精神力量和维系中华儿女的精神纽带。它为空管文化建设提供了强大的思想保证、坚强的道德支撑、正确的价值取向和良好的社会环境。改革开放前,我国空管归空军建制,目前我国空管工作主要靠军民航共同合作、相互融合来完成。军队文化是我国空管文化的底色和源泉,强烈的责任心、坚强的意志、严明的纪律和艰苦奋斗的精神是军队文化的特征,其对人的陶冶、锻造,影响了一代又一代空管人,培养空管人形成了一种使命、职责高于一切的理念,并落实和实践在行动上;改革开放后,围绕"大民航"的思路,我国民航强调安全文化、服务文化和管理文化建设,努力打造民航行业的软实力,提高中国民航业在国际上的综合竞争能力,把抽象的理念变成具体的行为,实现从理论认知向文化落地的转变,推动民航业又好,又快发展。我国军民航空管单位分布在全国各地,深受当地政策、风土人情、生活习惯的影响,海纳百川,集腋成裘,融汇和吸收了各地的优良文化成果。因此,我国空管文化建设拥有取之不尽的资源优势,需要我们深入挖掘蕴藏在传统文化中的丰厚资源,继承和发扬军队文化的很多优秀的传统,通过发挥资源优势凝聚人心、促进管理、规范行为、保证安全、塑造品牌。

二、挑战与问题

正如任何事物都具有两面性一样,我们既要看到我国空管文化具有的显著特点和优势,同时也要看到我国空管文化建设面临的挑战和存在的一些问题。迎接挑战,正视问题,我国空管文化建设才能做到有的放矢。

(一)我国空管文化建设面临的挑战

当前,我国空管文化建设面临的挑战,既有经济全球化发展带来的多元思想文化的冲击,也有社会转型深度推进所产生的价值观念失衡的影响,还受空管改革创新发展的基本矛盾的制约,同时,网络文化的迅猛发展又将空管文化建设推向一个全新的领域。如何适应形势,应对挑战,是当前空管文化建设的一个重要课题。

1. 经济全球化发展,多元思想文化并存,对空管文化建设带来的挑战

随着经济全球化的发展,文化也进入全球化时代,各种外来文化思潮大量涌入我国,对我国社会文化和传统文化造成了剧烈的冲击,我国多元化的文化格局正在逐步形成,出现了传统文化与现代文化兼容、本土文化与外来文化交织、社会文化与行业文化融合、先进文化与腐朽文化并存的复杂文化生态,思想文化领域鱼龙混杂、良莠并存。多元文化的共存与激荡,既给我国社会发展带来积极的变化,也带来了一些消极的东西。一些腐朽思想文化及生活方式在不同程度上对人们产生影响。尤其是西方敌对势力在推行经济全球化、强权政治的同时,加紧推行文化帝国主义政策,他们试图以西方的政治制度、价值观念作为国际标准输送到发展中国家,加紧对我国进行"文化侵略""文化倾销""文化霸权"。新时期新阶段,我国军民航空管部门各级党组织高度重视政治教育,广大空管人讲政治、信念坚定,整个空管队伍始终保持着昂扬向上的精神状态,但西方敌对势力利用文化作为全球称霸扩张的工具,既具有一定程度的隐蔽性、合法性,而且渗透能力强。其物质和精神文化所折射的政治制度、价值观念,一旦被部分空管人当成处世哲学而认同和信奉,将会造成思想认识上的极大误导。在思想文化这块阵地上,需要强有力的空管文化特别是基层文化建设,充分发挥我国空管文化的优势,坚持不懈地用健康奋进、丰富多彩的文化生活凝魂聚气、强基固本。

2. 社会转型深度推进,价值观念失衡,对空管文化建设带来的挑战

改期开放以来,伴随着经济的高速增长和物质生活的极大改善,我国社会进入全方位的转型时期。这种转型实质是社会的全面进步。其中,社会组织的进步表现在由功能全面的单一组织,向独立自主的多样性组织过渡;社会制度的进步表现在由单一所有制向多种所有制转变;社会价值观念的进步,表现在价值取向一元走向多元;生活方式的进步表现在由安于现状向积极进取的方式转变;社会人格的进步,表现在由依附型人格向独立型人格的转变。这些日新月异的发展进步极大振奋了中国人民的精神,激发了他们为社会主义现代化奋斗的热情,也为他们创业实现人生价值创造了有利条件。同时,我们也可以看到,社会转型期价值观的失衡也是很明显的。主要表现在:一是经济发展带来了人们生活水平的提高,

但同时拜金主义、享乐主义上升,人文精神失落;二是文化建设相对滞后的矛盾突出,我国传统和主流的文化价值体系产生冲击,一些人因而产生思想困惑与疑虑,行动踌躇与彷徨,出现社会转型期特有的、以信仰危机为突出代表的"主流文化缺失综合征";三是在社会转型过程,必然涉及利益格局的重新调整。在转型时期,如何有效利用优势资源塑造健康向上的空管文化精神,塑造积极进取的空管文化氛围;如何培育和弘扬符合我国社会意识形态和空管实践需求的主流文化,增强空管人明辨是非的能力,消除不良文化思潮的冲击和影响;如何培养空管人的爱国主义精神和奉献精神,增强他们责任感和荣誉感,以饱满的热情和良好的精神状态投入现实生活和工作,这些都是新时期空管文化建设面临的严峻挑战。

3. 空管改革创新发展,基本矛盾仍然存在,对空管文化建设带来的挑战

改革开放以来,在中央空管委统一领导下,我国空管工作取得了举世瞩目的可喜成绩。但与国家经济建设和国家空防安全需要以及航空事业发展需求相比,还有一定差距,空管能力和管理水平有待进一步提高,空管体制的一些问题急需研究解决。2012 年 12 月 5 日—7日,国家空管委办公室在北京组织召开"中国空管 2030"战略研讨暨第十七次国家空管专家会议。会议以党的十八大精神为指导,认真贯彻落实国家"十二五"规划有关要求和国务院领导同志关于空管工作的批示,着眼 2030 年前我国空管所处的战略环境和国家经济社会发展需求,全面分析了新时期空管工作面临的形势任务。会议认为,未来 20 年仍将是我国空管发展必须紧紧抓住、可以大有作为的重要战略机遇期,空管工作面临的基本矛盾仍然是相对滞后的空管保障能力与快速增长的航空发展需求之间的矛盾。必须认清形势,增强信心,加快改革,积极应对各种挑战,全面完成党中央、国务院、中央军委确定的空管发展战略目标和各项改革建设任务。同时,会议强调指出,要坚持走中国特色的空管改革发展道路,坚决贯彻军民融合思想,积极稳妥推动理论创新和空管体制改革向深层次发展。要加快推进航空法立法进程,统一思想认识,合理确定法律框架,抓紧形成法律草案并尽早进入立法程序。要进一步深化低空空域管理改革,规范管理,界定责任,把握导向,切实在解决重难点问题上取得实质性突破。要妥善解决军民航飞行矛盾,以务实的态度、发展的思路、先进的技术推进工作发展,实现空域资源科学管理和高效使用。要全面落实空管运行安全工作,强化责任意识、规章制度、能力素质和技术手段建设,切实打牢空管安全基础。要抓好国家飞行流量监控中心建设与运行,在新的起点上努力推动我国空管事业科学发展,为国家经济建设、国防建设和航空事业发展提供有力保障。面对新形势与新任务,空管文化需要正确领会和落实国家空管改革精神,充分发挥文化的引领、凝聚和辐射作用,大力培育具有时代特征、体现社会主义核心价值观的新型文化,进一步弘扬以全球化的发展理念、忠于使命的责任观念、如履薄冰的忧患意识、默默无闻的奉献精神和亲如鱼水的军民关系为主要内容的空管精神理念,增强空管人的荣誉感和使命感,激发爱岗敬业、开拓创新的源动力,促进空管系统和谐发展。

4. 网络技术迅猛发展,网络文化出现,对空管文化建设带来的挑战

网络文化是人类文化发展的一种新形态,是对人类运用计算机网络所产生的特殊生产方式和生活方式的总体描述,它包括人类所创造的与网络相关的一切物质文明和精神文明。文化是一门现实性很强的"人学",因而网络文化就成为空管文化建设的一个新的视角。网络文化一方面以其独特的魅力吸引着空管人,为他们提供了学习更多知识的条件,为空管文

化建设奠定信息化物质基础,提供了丰厚的思想底蕴,激发了空管文化建设创新动力,增强空管文化建设的时代感,实现空管文化建设的与时俱进,给空管文化建设发展带来新的机遇。与此同时,网络文化也给空管文化建设带来了巨大挑战。主要有两方面:一是强势文化的挑战。在当今信息社会,文化的传播能力已经成为国家文化软实力的决定性因素。凡是传播手段先进、传播能力强大的国家,其文化理念和价值观念就能广为流传,就能掌握影响世界、影响人心的话语权。据有关部门统计,现代互联网上大部分是西方发达国家的语言信息,其中英语信息为84%、法语信息为5%、德语信息为4.5%、日语信息为3.1%,中文信息在互联网上的信息流量大概仅占0.1%[2]。显然,互联网已经成为空管文化建设的一个新的重要阵地。二是发展思路的挑战。网络文化是全球文化、开放文化,伴随着网络文化的发展,空管文化建设原有的发展思路受到了严峻挑战。由于行业的特殊性和历史原因,我国空管业务主体比较单一,对外联系不多,本身就具有自成体系、相对闭塞、思想比较保守等特点,仅靠报纸、广播、电视、杂志等宣传手段,远远没有达到预期效果。网络文化的发展将直接挑战相对落后的空管文化建设手段。我们知道,交往是人的社会本性,信息交流是工作进步的必要条件。网络的高度开放性,使人们可以突破时间和空间的局限,在全球、全社会和全领域范围进行跨文化、跨单位、跨系统的直接交流,从而使文化的全球交流、信息的全面沟通展现出新的境界、新的层次、新的状态,为人们的思维方式、行为方式,乃至社会组织结构注入新的内容和形式。因此,我国空管系统必须密切关注和研究网络文化发展的新动向,开发空管网络宣传平台,对外提高社会影响力,引导社会公众正确认识空管、理解空管;对内尤其是年轻人、高学历者居多的空管系统内部,以文化浸润空管和谐家园,不断提升空管人的精神状态和意志品质,全面提升凝聚力、创造力和安全运行力。

(二)我国空管文化建设存在的问题

近年来,我国空管文化建设取得一定成效,在理念创新方面,被动性借鉴理念将会逐渐为主动性创新理念所取代;在管理创新方面,由传统管理向知识化管理转变;在形象建设方面,专注于空管形象对外功能的宣传逐步向对内的功能强化。空管环境和文化条件显著改善,军民航广大空管人对中国特色社会主义的理想信念更加坚定,文化生活丰富多彩,高素质文化人才队伍发展壮大,空管文化建设呈现繁荣发展的态势。但是,从空管文化建设的广度和深度上看还远不能适应党中央、国务院、中央军委确定的空管发展战略目标和各项改革建设的发展趋势,存在诸多的矛盾问题。

一是观念上重"硬实力"轻"软实力"。改革开放以来,经过"八五"以来几个五年规划的重点建设,我国空管基础设施和保障手段日趋完善,规模和速度有了超常规发展,也承担了应有的社会责任,但空管行业的外部形象并没有优化,行业内部人员的凝聚力和幸福感也没有大幅度增强与提高,同时还面临着诸多结构性矛盾、体制机制、协调发展、安全压力、人员队伍素质等问题。印第安人有这样一句谚语:"步子快了,灵魂就跟不上了。"毋庸讳言,在物质硬实力大踏步发展的同时,空管系统的文化软实力并没有得到同步提升。从客观上讲,这与我国一直为争取打破西方封锁而埋头致力于硬实力的发展,忽视空管软实力建设有关。从主观上看,少数单位、个人在观念上不同程度地存在着重硬轻软现象,认为抓硬实力见效快、成果看得见,而抓文化软实力太虚、太慢,难见效果。

二是文化建设理论研究不够深入。我国空管虽然拥有丰富的文化建设经验,有着丰厚的文化建设优势资源,但要实现空管文化从自发走向自觉、从自信走向自强,还需要走很长的路,需要大量的文化积累,尤其需要先进的文化建设理论牵引。近年来,我国加紧空管文化建设的理论研究,但研究仍不够深入,不够成熟,不够科学系统,有说服力的成果并不是很多。可以说,我们目前仍然没有形成一套具有我国特色的、系统管用的空管文化建设理论,没有形成真正的理论支撑和相应的政策制度,因而在指导我国文化建设方面,还缺乏系统性、长远性、规范性。尤其是当前,新的发展形势,迫切需要空管人从"文化维度"研究空管系统科学发展问题,从文化和价值层面思考"发展为了谁?""发展依靠谁?""如何来发展?"等一系列问题。

三是文化产业缺失或竞争力不够强。我国空管文化资源优势明显,但在空管文化产业和文化产品生产上缺失或相对不足。目前,我国空管系统仅拥有各成员单位、院校和科研院所,并创办少量的报纸杂志,却没有建立门类齐全、结构合理的报纸、广播、电影电视、新闻出版等文化产业。文化领域人才和新闻队伍尚待引进或培养,能够反映我国空管建设成果和颂扬我国空管伟大事业的文化产品更少,能够传播到海外的、真正有影响力的空管论著、译著、文化作品至今是空白。相反,国外航空发达国家关于空管新系统、新理念、新标准等理论以及反映空管人工作的游戏、影视作品,则到处充斥在国内的书市、网络和电视宣传片中,甚至造成少数人在理论研究中"言必称美国"。我国空管文化产业的缺失和在市场竞争力上的偏弱,导致我国空管对外宣传能力不足,影响我国文化建设的发展动力和文化软实力的增长。

四是海内外负面形象严重。在全球化时代,一个国家、一个行业的形象已经成为一种重要的"软实力"。一个良好的形象如果建立起来,就意味着在国际事务中占据主动地位,拥有更多的话语权、国际影响力,在国内就能得到社会各界的理解、关心和支持。然而,我们也要看到,近年来,受国内外多种因素影响,我国空管形象尤其是海外形象一度遭到别有用心之人的故意歪曲和破坏,严重影响了我国空管文化软实力的提高。在国内方面,少数人将军民航飞行冲突与矛盾、航班延误等问题归结为空管原因,"由于航空管制的原因,我们的航班暂时不能起飞……"充斥于耳,对空管形象产生了较大的负面影响。而在国外方面,一些别有用心的国家出于其深刻的政治、经济、文化动因,长期对我国进行歪曲和欺骗宣传,造成我国空管在海外形象受损。例如,2007 年 2 月 19 日,美国《华尔街日报》刊登标题为"空域限制制约中国民航发展"的文章,诋毁"中国是世界上航空管制最为严格的国家之一""受中国航空管制的影响,有时乘坐飞机却成为一件痛苦的事情"等,一定范围内造成其他国家对我国空管政策的误解、误判,造成我国空管在海外形象受损。

五是文化建设"落地"难题。目前,我国空管文化建设在军民航领域正如火如荼地展开,但普遍存在重被动性借鉴理念、轻主动性创新理念;重表面文章和外部形象塑造,轻文化实质性内容的构建;重短期的文化建设、轻长远的系统规划;重少数人行为,轻广大人员的集体参与等现象。这些情况直接导致空管文化建设落地生根困难。具体表现在:①结合难。空管文化建设不是一个纯理论的东西,而是理论与实践相结合的体系。难就难在既要抓运行岗位工作推进,又要抓文化要素的植入。②内化难。空管文化要落地,关键是各类空管人要能坚守价值理念、自律规范和职业操守,将这些品质"内化"为自觉行动。③考核难。建立规范一致、操作性强的绩效考核标准,使空管文化建设考核评价体系具有针对性和科学性,也是一件不易之事。总之,文化落地是最具挑战性的一个环节,它贯穿于空管文化形成、文化宣贯、文化转化的各阶段,如何将空管文化融入管理、切入运行、植入行为是一个亟待解决的问题。

第二节 空管文化建设的指导思想和原则

空管文化建设是社会主义先进文化建设的延伸和拓展,是社会主义先进文化在空管系统的具体化、形象化。在全面分析我国空管文化建设的特点与优势、挑战与问题的基础上,空管文化建设需要明确指导思想和具体原则。

一、指导思想

加强空管文化建设,要坚持以邓小平理论、"三个代表"、习近平有关文化建设重要思想为指导,深入贯彻落实科学发展观,围绕建设社会主义文化强国总目标,以促进空管科学发展为主题,以转变空域管理方式提高空域资源利用率为主线,以满足空管系统日益增长的文化需求为着眼点,构建空管核心价值体系,深化空管理论研究,打造空管文化平台,创作空管文化精品,普及空管知识,宣传先进典型,弘扬空管精神,增强空管人员职业使命感、责任感和荣誉感,提高空管系统凝聚力、战斗力和创造力,促进空管系统全面协调可持续发展。坚持这一指导思想,必须把握好以下三个方面:一是必须坚持以社会主义核心价值体系为根本,二是必须坚持以促进空管事业科学发展为主题,三是必须坚持彰显行业特色、体现时代性、把握规律性、富于创造性。

(一)必须坚持以社会主义核心价值体系为根本

社会主义核心价值体系,是引领中国特色社会主义发展的精神旗帜,是社会主义意识形态的本质体现,是根源于民族优秀文化和社会主义先进文化并吸收人类文明成果发展起来的,是社会主义先进文化的精髓,是兴国之魂。空管文化作为我国社会主义文化的重要组成部分,必须以社会主义核心价值体系为引领和主导。

首先,社会主义核心价值体系为空管文化建设指明了前进方向。马克思主义指导思想,中国特色社会主义共同理想,以爱国主义为核心的民族精神和以改革创新为核心的时代精神,社会主义荣辱观,构成社会主义核心价值体系的基本内容。这四个方向鲜明地回答了在社会思想日益多元、多样、多变的情况下,我们党用什么样的精神旗帜来团结和引领全国各族人民开拓前进。这面旗帜,就是空管文化建设的前进指引和努力方向。

其次,社会主义核心价值体系为空管文化建设确立了基本遵循。党的十八大报告明确提出:倡导富强、民主、文明、和谐,倡导自由、平等、公正、法治,倡导爱国、敬业、诚信、友善,积极培育和践行社会主义核心价值观。这"三个倡导",从国家、社会、个人三个层面,高度概括了社会主义核心价值体系的核心内容,是对中国特色社会主义共同理想的高度凝练,是对社会主义基本属性和应有之义的高度凝练,是对中国公民应当树立的基本价值追求和应当遵循的根本道德准则的高度凝练,对我们提倡什么、弘扬什么、追求什么给予了清晰回答,为空管文化建设明确了基本遵循。

第三,社会主义核心价值体系为空管文化建设提供了思想武器。在当今思想大活跃、观念大碰撞、文化大交融的历史条件下,先进文化与落后文化、健康文化与腐朽文化同时并存。如何使先进文化得到发展,健康文化得到支持,落后文化得到改造,腐朽文化得到抵制,十八大明确提出"深入开展社会主义核心价值体系学习教育,用社会主义核心价值体系引领社会思潮、凝聚社会共识。"十九大进一步强调坚持社会主义核心价值体系,"发挥社会主义核心价值观对国民教育、精神文明创建、精神文化产品创作生产传播的引领作用,把社会主义核心价值观融入社会发展各方面,转化为人们的情感认同和行为习惯。"这为我们提供了强大的思想武器。空管文化建设必须要用社会主义核心价值体系引领空管思潮,在全领域形成统一指导思想、共同理想信念、强大精神力量、基本遵循规范。

(二)必须坚持以促进空管事业科学发展为主题

"深化改革,强化管理,推动我国空管事业科学发展"是时任国务院副总理兼中央空管委主任张德江在全国空管"十二五"工作会议上的重要讲话,也是我国空管系统用战略思维、全球视野、长远眼光,科学分析和准确判断我国空管工作面临的新形势、新任务,提出的抢机遇、应对挑战、全面推进空管事又好又快发展的战斗号角。张德江明确指出,"十二五"时期是我国全面建设小康社会、加快现代化建设的关键时期,也是我国由航空大国迈向航空强国的重要时期,同时也是空管领域深化改革、加快转变发展方式的攻坚时期。随着我国经济持续快速发展和社会事业全面进步,我国航空和空管事业发展面临着难得的历史机遇,也面临许多现实矛盾和问题。实现科学发展和转变经济发展方式赋予了空管工作新内涵,航空事业的快速增长和多元化发展趋势对空管工作提出新要求,国际空管发展趋势对我国空管工作提出新挑战。当前和今后一个时期,空管系统要按照国务院、中央军委的总体战略部署,以科学发展为主题,以加快转变发展方式为主线,以提高空域资源配置利用效率为主要任务,深化体制机制和空域管理改革,加强基础理论、法规标准、人才队伍、基础设施和科技创新等全面建设,妥善解决航空发展最紧迫、社会公众最关注的突出矛盾和问题,不断提升空管服务保障能力和安全水平,为国家经济建设、国防建设和航空事业发展提供有力保障。

首先,抓理论研究,下大力气构建空管理论体系。第一个层面是战略指导理论。要在全面回顾总结我国空管发展实践和建设经验的基础上,立足国情军情和空管实际,深入分析国际空管发展趋势,准确把握我国空管发展的阶段性特征,领导机关牵头,依托高层智库和总体专家的力量展开理论攻关,系统回答我国空管走什么路、以什么为发展目标、总体战略如何确定、体制机制改革的方向是什么、建设重点如何把握等重大战略问题,为推进空管改革和建设发展提供理论支撑。第二个层面是空管基础理论,主要依托空管业务部门、科研院所和高等院校,着眼空管发展面临的新形势、新情况、新问题,深化拓展和创新完善管制指挥、空域管理、飞行流量管理和空管通信、导航、监视、气象等基础理论,为空管行业发展和解决实际问题提供理论指导。要将理论研究纳入空管工作要点和科研计划,逐年逐批安排任务,适时组织研讨交流,积极为理论研究创造条件。

其次,抓法规建设,进一步完善空管法规体系。多元化发展的航空和使用空域资源活动必须用航空法律规范。当前,我国航空活动多元化发展势头强劲。改革开放以来,我国航空发展迅猛,民用航空运输总周转量已经连续多年位居世界第二。热点城市空域更加紧张,航班延误现象可能进一步加剧。通用航空蓄势待发,未来几年将以15%的速度快速发展。军事航空随着新型武器装备的发展和数量增加,战备训练强度和活动范围逐步增大,军民航使用空域需求矛盾突出。我国无人驾驶航空器近些年更是发展迅速,在国防、执法、通信、农林、勘测、灾害防治等多个领域得到广泛应用,但无人驾驶航空器缺乏研制生产标准和监督管理机制,研制、生产、销售、维修和适航缺乏法律规范。无人机干扰飞行秩序、危害飞行安全的问题时有发生,管理部门无法可依,监督管理掌控难度大,急需出台国家顶层航空法律明确规范无人机的管理机构、适航标准、空域使用、操控人员资质和安全管理措施等,使无人机得到更好更快的发展,服务于国家经济和国防建设。

再次,抓制度建设,严密组织空管运行。空中交通活动具有点多、线长、面广、快速、机动的特点,其安全运行是建立在高度集中统一的标准、程序、规章、制度的基础之上,有赖于规范性的空管工作,要求树立规章制度的权威性,做到令行禁止;强调遵循规律,严格标准操作程序,拒绝随意性;加强经常性空管安全教育,强化安全意识和责任意识,严格空管值班各项制度,抓好防相撞工作落实,做到思想防线稳固、制度防线严密、技术防线有力,切实消除安全隐患。

最后,抓人才队伍建设,提高人员素质。依托航空领域高等院校空管教学资源,培育安全文化,加强空管专业队伍建设,强化在职学习和岗位培训,提高空管人员能力素质。针对军民航联合运行需要,依托军民航空管院校和地区空管协调委,突出抓好军民航管制员交叉培训,使管制员相互了解运行环境、工作特点和业务流程,适应联合运行值班需要。

(三)必须坚持彰显行业特色、体现时代性、把握规律性、富于创造性

空管文化是厚重的使命任务引领、优秀的军事文化传承、多元的外来文化激荡和博大精深的中华文化积淀共同铸就的特色文化,是空管建设在社会主义先进文化上的反映。加强空管文化建设,既需要继承优秀传统文化观念,又需要赋予新的时代内涵;既需要思想观念的不断创新,又需要根据文化建设规律和人的思想变化规律促进其发展。简言之,空管文化建设必须彰显行业特色,体现时代性,把握规律性,富于创造性。

首先,注重发展空管特色文化。如前所述,空管行业先天具有跨国际、跨军地的属性,军民一体、平战一体、空管空防一体及全球一体是世界各国空管部门的共同特点。具有鲜明特色的空管文化,是空管系统凝聚力、辐射力和创造力的重要源泉,是空管人始终保持昂扬向上和开拓进取精神的不竭动力。进一步弘扬以全球化的发展理念、忠于使命的责任观念、如履薄冰的忧患意识、默默无闻的奉献精神和亲如鱼水的军民关系为主要内容的空管精神理念。要继续高度重视空管文化建设,增强空管人的荣誉感和使命感,激发爱岗敬业、开拓创新的源动力,促进空管系统和谐发展。要加强网站、视频、报刊等空管文化载体建设,建立与主流媒体的长效协作机制,广泛宣传空管文化,提高社会影响力,引导社会公众正确认识空管、理解空管,不断为空管发展创造良好的环境。

其次,空管文化建设要体现时代性。空管文化反映了时代发展的主流和方向,体现了鲜明的时代特征,是优秀传统文化与时代精神的有机结合。加强空管文化建设,既需要重视历史,坚持文化的延续性,使空管文化具有坚实文化基础;又需要立足现实,突出文化的时代性,使空管文化具有强大的生命力。因此,在空管文化建设过程中,一方面,要在空管文化的传承上体现时代性。既要总结吸收优秀传统文化、军事文化中的精神营养,把服务国家、忠诚使命、安全第一、恪尽职守等作为现代空管文化的重要形态,又要赋予新的时代特

征,紧贴空管体制改革前沿、现实"热点"问题和国际空管发展动态,将创新文化、和谐文化、服务文化等作为空管文化新的增长点。另一方面,在空管文化建设的内容上体现时代性。把空管文化与党的优良传统和作风相结合,与社会主义物质文明、精神文明、政治文明、社会文明建设中的公平、公正、效率、诚信等要求相结合,不断创新和选择、吸收与时代特征相适应的新思想、新观念和新精神。同时,在空管文化建设的载体上体现时代性。善于运用现代科技、现代传媒来传播空管文化,通过广播、电视、专栏、网站、手机短信等进行空管文化宣传、灌输,使空管文化建设具有浓郁的时代气息,不断增强空管文化的渗透力和实效性。

再次,空管文化建设要把握规律性。规律是不以人的意志为转移的客观存在,是事物发展的必然趋势。推进空管文化建设,要以满足空管人的文化需求、丰富空管人的精神文化生活、提高空管人的道德修养为出发点,遵循文化建设规律和人的思想变化规律,以取得实际效果。一是在空管文化建设的内容上把握规律性。坚持以人为本的原则,遵循人的思想道德形成和发展的客观规律,注重挖掘人的潜在创造性,激发人的主动性,将人置于安全管理要素的核心地位,通过文化环境和文化体系的内化功能,充分发挥人的主导作用。二是在空管文化建设的形式上把握规律性。本着形式多样、寓教于乐的方针,遵循文化建设的思想性、艺术性与观赏性相统一的规律,积极探索空管系统各层面、各领域、各专业的人员易于参与的活动形式,做到以德感人、以情动人、以理服人,增强空管文化建设的吸引力、感召力和亲和力。三是在空管文化建设的方法上把握规律性。既注重整体推进,突出重点,以重点突破带动和推动空管文化建设整体水平的不断提升,又注重根据不同的教育对象进行分类指导,提高空管文化的针对性;既注重经验总结,巩固成果,及时把一些富有成效的方法制度化、规范化、经常化,又注重在结合军民航、不同地域的生动实践中丰富空管文化,使空管文化的建设具有鲜明的军民特色、地域特色和行业特点。

最后,空管文化建设要富于创造性。空管文化是在总结空管实践,继承中华民族优秀传统文化和军队文化的基础上所提出的一个新概念。就其本质而言,是一种不断创新的文化,要推进其发展,必须以创造性的思维提出新观念、创建新理论,以指导其建设实践,从而取得创造性、突破性成就。一是在空管文化建设的内容上要富于创新性。认真总结我国空管事业成功经验,借鉴国外的有益做法,实现空管文化建设的理论创新和制度创新。二是在空管文化建设的思维方式上要富于创造性。随着社会主义制度文明、政治文明、精神文明和社会文明的深入推进,空管文化建设的领域、环境也会发生相应的变化,空管文化建设要运用系统性思维、开放性思维、超前性思维进行多角度、多侧面、多方面地看待和思考问题,努力用新观念研究新情况、用新思路落实新任务、用新举措解决新问题。三是在空管文化建设的科技手段上要富于创造性。积极探索新学科、新技术、新知识与空管文化建设有机结合的途径和手段,充分发挥现代科学技术尤其是信息技术在空管文化建设中的作用,不断提高空管文化建设工作的科技含量。

二、具体原则

空管文化建设所应遵循的原则,是人们通过对空管文化及其规律性的了解,对空管文化提出的基本要求,是实践经验的概括和总结,是我国空管文化发展重要理论依据。根据我国文化建设的实践和理论探索成果,空管文化建设的原则主要为如下几点。

一是坚持声势前导。根据对空管文化建设的基本内涵界定,围绕"如何认识空管文化内涵,如何投身空管文化建设,如何做好空管文化实践"开展广泛的群众性讨论、征文、演讲等活动,使空管文化建设的基本内涵为广大空管人所接受,激发空管人投身空管文化建设的热情,听取广大空管人的意见和建议,对空管文化建设进行具体的方案设计,形成整体规划、分步实施、全员参与、人人实践的文化建设氛围。

二是坚持分步实施。围绕空管文化建设的指导思想和基本内涵,从"创特色、树品牌、出经验"的高度,既着眼长远,面向未来,又立足现实,着眼当前,选准项目、内容和载体,成熟一个,启动一个,通过试点,总结经验,科学评估,全面推广,整体推进。

三是坚持以人为本。充分发挥广大空管人在文化建设中的主体作用,坚持文化发展为了群众、文化发展依靠群众、文化发展成果由群众共享,不断满足广大空管人日益增长的精神文化需求,全面提高空管人的思想政治素质、科学文化素质、空管专业素质、身体心理素质。

四是坚持服务中心。空管文化作为一种以价值观念、精神意识为核心内容的思想文化,其根本效能在于进一步提升空管的群体素质,更好地实现空管的各项目标任务。推进空管文化建设,要结合实际工作,突出地域特点,将形式与内容有机结合,将文化建设融入具体工作,渗透到各个环节,切实做到保障飞行安全,激发空管人"创业、创新、创优"热情,增强组织运行的效率和活力,提高服务意识和服务水平,提升空管的社会形象。

五是坚持创新发展。创新发展是时代的主题。空管文化离不开传统,也离不开创新。面对新体制和新形势,既要依托现有的载体推进空管文化内容体系的建设,又要不断深化和拓展空管文化的实质、内涵;既要强化主体意识,上下联动,广泛吸引广大空管人积极参与和融入文化建设,又要树立精品意识,抓好典型,突出特色,在实践中吸收集体的智慧,不断补充、修正,逐步趋向明确和完善,持之以恒,长效管理,逐步定型和深化,创出空管文化建设品牌。

六是坚持军民融合。从空管发展的历程及担负的使命任务看,军民航空管文化同根同源,民航空管带有浓重的军事色彩和烙印;军航空管在以经济建设为中心的大背景下,服从国家大局,支持民航空管活动。同在一片蓝天下,军民航空管在国家安全利益、经济发展大局等方面具有共性。空管文化是建立在这些共性基础上的一种文化,虽然不可能包容军民航各自空管文化的全部内容,但空管精神理念及其核心价值等本质的东西是一致的。空管文化建设在保持军民航文化特色的基础上,要继承和发扬空管共有的历史文化积淀和文化特质。同时,根据各自所处的环境和工作特点,突出个性、发展个性,走军民融合发展路子。

第三节　空管文化建设的总体目标及战略构思

在空管文化建设指导思想和原则的统领下,依据全国空管"十二五"规划,研究提出新时期新阶段我国空管文化建设的总体目标及战略构思。

一、总体目标

空管文化建设的总体目标是:围绕建设社会主义文化强国宏伟目标,以科学发展为主题,以转变空域管理方式和提高空域资源利用率为主线,突出空管系统特点与特色,持续不断地加强空管文化软实力、增强使命凝聚力、铸强安全运行力,为服务于国家经济建设、促进空管系统科学发展、保障空域管理方式转型及满足空管系统日益增长的文化需求提供精神动力和智力支撑,力争走在军航/民航系统乃至国家其他部门文化建设的前列。建设先进的空管文化是一个长期的过程,也是一个不断探索、不断认知的历程,总体目标确定后,还要分解出短期目标、中期目标和长期目标。

(一)短期目标

属于初始夯实基础阶段。在中央空管委统一领导下,按照国家空管文化建设工作的总要求和总部署,在启动空管文化建设"八个一工程"、成立空管文化建设指导委员会、制定空管文化建设工作计划和加强相关经费保障等基础上,通过空管文化盘点、文化建设理论研究和一系列文化建设规划、实施方案的制定,使空管运行单位领导和群众对于文化建设的重要意义有深刻认识,为后期全面推进空管文化建设做好舆论宣传,打下坚实的群众基础。同时,分别选择局部地区或单位进行试点,逐步总结经验,为后续全面推广奠定基础。

(二)中期目标

属于全面发展和巩固完善阶段。在空管系统全面进行空管文化设计,在空管形象识别、行为规范与制度建设、价值导向、精神氛围和工作园区建设取得明显成效,创建具有鲜明时代特点、体现空管精神理念及核心价值的文化体系;采取政治学习、培训、引导、激励等方式,大力加强思想和职业道德教育,弘扬空管精神,培育核心价值观,履行行业使命,形成共同愿景,强化空管文化软实力,增强使命凝聚力,提高职业自豪感,铸强安全运行力,初步形成爱岗敬业、环境和谐、制度完善、作风优良的工作和生活氛围;加大基础条件和软环境建设投入,形成优美环境、和谐氛围,创造增强空管系统凝聚力和吸引力的外部环境,为吸引人才、稳定队伍做出重要贡献;打造空管文化品牌,具备系统的服务和传播功能,树立具有国家空管文化品位和时代风貌的空管形象。

(三)远期目标

属于深化提升阶段。在前期文化建设的基础上,按照"往深里去,往高里提"的要求,进一步突出我空管的特点与特色,凝练出具有空管特色、与国家统一管制战略目标相一致、适应国家经济建设要求的空管文化建设战略目标,营造出高尚的道德情操、正确的价值导向、和谐的人际关系、配套的规章制度、安全的运行环境;形成有利于人才脱颖而出,有利于空管人聪明才智发挥,有利于空管一体化运行的文化环境,形成与空管发展战略目标相一致的、空管人认同并自觉遵守与实践的"忠于职守,精于指挥,乐于奉献,勇于创新"的空管精神和"国家、责任、安全、和谐、高效"的核心价值观。形成空管文化的高度自觉,文化与创新共进、科学与人文交融,在促进空管系统科学发展、提高空管安全运行、构建和谐氛围方面发挥着积极的作用,在国家文化建设中起到骨干引领作用,成为国家文化建设不可或缺的组成部分。

二、战略构思

空管文化的精神层、制度层、物质层从微观上为我们呈现了其文化的深刻内涵和具体内容,这是文化自身在空管长期的实践活动中,朴素的、自发的积淀过程。目前,我国空管文化已经从自发状态走入一个有意识的、自觉的建设过程,需要系统的思维。为有效地加强空管文化建设,有必要明确空管文化建设的整体战略思路。

(一)战略—文化—人才"三架构"思路

空管文化是一种典型的战略导向型行业文化。空管文化建设必然需要以空管发展战略为基础,围绕战略的要求进行文化理念体系建设。实现国家统一管制是我国空管发展的战略目标。空管系统的一切活动都必须紧紧围绕这一战略目标展开。文化是灵魂,在推进战略实施的过程中,空管文化是调动全体空管人员积极投身实践的无形力量,因此要紧紧围绕空管战略目标、建设符合战略发展要求的空管文化;人才是保障,人才资源是空管赖以生存和寻求发展的第一资源,打造一支高素质的人才队伍是实现空管战略的关键,而在良好空管文化熏陶下成长的人力资源将会加速空管战略的实现。[2]

(二)理念—认知—行为"三驱动"思路

空管文化要发挥作用,最根本的是文化理念应当最终能够驱动空管人的行为。这一驱动机制是通过理念层、认知层和行为层的相互衔接、彼此支撑来实现的。也就是说,在理念层要能实现对文化的清晰描述,明确空管文化的价值体系内容;在认知层要能促进空管人在实际岗位上对文化正确理解,回答在具体的运行管理和运行保障中如何体现空管精神理念及核心价值观;在行为层要能明确空管人需要做出什么行动以实践文化,回答空管人在要如何行动才能实现理念层、认知层的要求。但在目前,理念层、认知层和行为层之间存在一定的断层。譬如,一些人员尚不清楚空管文化理念是如何反映在具体的工作中的;一些制度和流程不能体现空管理念;一些人员尚不清楚具体哪些行为符合或违反空管文化理念。这些断层的存在影响空管文化作用的充分发挥。因此,在理念层、认知层和行为层的系统性和逻辑性方面,空管文化建设者需要丰富空管文化的内涵,构建系统的、一致的文化体系,尤其要与空管运行管理和运行保障业务结合,梳理出符合文化要求的业务行为规范。同时,充分发挥党委在空管文化建设中的牵头、协调作用,建立一整套机制来推进空管文化建设,将空管文化理念最终能从一线空管人的行为中体现出来(图6-1)。

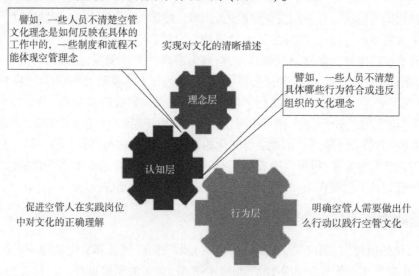

譬如,一些人员不清楚空管文化理念是如何反映在具体的工作中的,一些制度和流程不能体现空管理念

实现对文化的清晰描述

譬如,一些人员不清楚具体哪些行为符合或违反组织的文化理念

理念层

认知层

行为层

促进空管人在实践岗位中对文化的正确理解

明确空管人需要做出什么行动以践行空管文化

图6-1　理念—认知—行为"三驱动"思路示意图

(三)价值—管理—传播"三层次"思路

明确价值,重视管理,传播文化,三者从互相影响、互相渗透走向互相融合,逐步形成一个内部循环:在空管系统形成一个完整的文化价值体系架构后,文化价值体系又通过管理体系的构建,推动核心价值的贯彻和落地,对空管的制度规范、文化考核与监督等工作进行指导,对空管人的行为形成指导与约束。在此基础上,通过系统地构建与空管文化的物质层、制度层相适应的文化传播体系,采用适当的途径与方法,把崭新的空管文化价值体系以及空管建设、形象及标识向服务对象和社会大众进行有效传播;反过来,空管文化管理体系又会为空管文化价值体系和空管文化传播体系在内部推进、外部宣传提供指导和保障;而空管文化传播体系又作为一个"窗口",为空管文化价值体系的宣扬和管理体系的运行起到上传下达、宣贯作用。

(四)构建—实施—提升"三步走"思路

依据空管文化建设的指导思想,围绕空管文化建设总体目标,采取整体筹划、分步实施的方法,全力推进空管文化建设。第一步,构建空管文化体系。从理论与实践相结合的要求出发,导入空管文化建设的基本概念、框架体系、主要内容和基本程序,在深入调研行业基本情况、借鉴国外空管文化优秀成果的基础上,界定中国特色空管文化的内涵和体系,分析中国特色空管文化的结构、特点和历史沉淀,明确建设的指导思想、总体目标、重点任务和主要步骤,提出中国特色空管文化建设实施方案。第二步,实施空管文化建设方案。首先,要根据我国空管实际制定工作计划和目标。其次,要找准切入点和工作重点,确定空管文化建设项目。再次,进一步提炼空管精神、核心价值观和行业理念,完善空管行业规范及各项规章制度,优化内部环境,导入视觉识别系统,进行空管文化建设项目的具体设计。最后,采取大规模培训及强化内外宣传的方式,持续不断地对空管行业广大人员进行教育和熏陶,使广大空管人认知、认同和接受行业价值观念和行业精神,并养成良好的自律意识和行为习惯。第三步,提升空管系统综合实力水平。定期对空管文化建设情况进行总结评估,及时完善,巩固提高。评估的着眼点,对内看行业凝聚力是否增强了,对外看行业品牌、形象是否提升了。同时要与空管安全运行力、规章制度执行力、科技创新能力及发展的规模、速度等紧密联系起来,使我国空管事业的综合实力不断提高。空管文化建设是一项长期而持久的工作,应根据行业本身及环境条件的变化,按照"构建—实施—提升"进行螺旋式推进,全面提升我国空管系统综合实力。

第四节 空管文化建设的基本内容和主要抓手

为了实现上述空管文化建设的总体目标,在空管文化建设的战略构思框架下,需要进一步明确空管文化建设的基本内容和主要抓手。

一、空管文化建设的基本内容

没有空管运行管理和运行保障的实践,空管文化理念只能停留在表面。空管文化建设的基本内容需要与空管运行和空管保障相适应,真正深入到运行管理和运行保障的各个方面,让广大空管人实实在在感受到空管文化建设氛围、管理行为和管理绩效的变化,致力于用文化影响空管人的思想观念,使其为这种文化所吸引,产生深刻的认同感,成为空管先进文化的自觉执行者和推动者,从而实现空管系统科学发展、协同发展和规范发展。[3]

(一)构建与空管运行管理和运行保障相适应的精神理念文化

空管运行管理和运行保障不仅是一种管理和技术手段,它们也是文化的载体,其本身就是一种文化、一种理念。这种理念是文化建设的深层部分,是空管文化建设的核心,决定着制度行为文化、物质形象文化、团队执行文化的形成和发展。构建空管精神理念文化的主要任务,就是要大力倡导"忠于职守、精于指挥、乐于奉献、勇于创新"的空管精神,培育"国家、责任、服务、和谐、高效"核心价值观。弘扬空管人忠诚于党、艰苦奋斗的基因传承;忠诚使命、经略蓝天的价值追求;恪尽职守,精湛沉稳的职业道德;生命至上、安全第一的哲学观;团结协作,勇担责任的集体主义精神;严谨细实,遵章守纪的专业素养;尊重科学,勇于创新的品格风范;"精湛、严谨、规范、沉稳"的行为特征取向;"爱业、敬业、精业、创业"的团队意识;形成"团结和谐、心情舒畅、充满活力、催人奋进"的工作氛围,通过不断创建,培育空管文化,强化理念认同,提炼空管精神,并在今后的建设和发展中不断巩固和丰富。

(二)构建与空管运行管理和运行保障相适应的制度行为文化

空管文化是在空管运行管理和运行保障过程中不断成形的,空管人的行为既受到规章制度的制约,也受到文化氛围的熏陶。完善的制度体系是空管系统性管理的必然要求。制度行为文化是文化建设的中间层,主要包括各类工作制度、管理制度、激励制度以及在这些制度下形成的行为规范。构建空管制度行为文化的主要任务,就是要以先进管理理论为指导,按照空管一体化运行的新形势、新任务和新要求,主动对接各类运行制度和管理制度,建立健全各项规章,改革、改变和完善管理模式、行政管理机制和队伍建设措施,形成高效、严密、规范的管理体系,充分发挥制度行为文化的激励和约束功能,合理优化和配置空管的各类资源,培养空管人良好的工作、学习、生活习惯,规范日常工作。例如,在西南空管局管制中心运行监督室,有个特殊的档案夹——自查检查单,里面保存着"领导自查检查单""班组自查检查单""个人自查检查单"。这一份份检查单并没有成为摆设,而是如实记录了管制中心每位成员自我检查、自我分析、自我改进的过程。也正是在一遍遍的反思追问中,在理解了规章制度背后的深意之后,执行力从规章制度走进了心中,从而成为了更加自觉的行动。

(三)构建与空管运行管理和运行保障相适应的物质形象文化

物质形象文化是空管文化的表层部分,是精神理念文化、制度行为文化的物化成果和外在表现。多年来,我国空管系统非常注重物质形象文化建设,如工作场所、设施设备、人员数量、保障规模等建设,其设备设施、办公条件与其他行业相比有一定优势,有的设备设施基本达到与国际接轨的水平,能代表当代生产力发展的水平,有力地保证了空管运行管理和运行保障条件要求。同时,文化不是无源之水,也不是无本之木,文化建设要依托于各类载体。军民航空管部门紧紧结合空管运行管理和运行保障开展文化建设,精心设计,建立并形成了一整套较为完备的文化载体系列,以各种物化的和精神的形式承载和传播空管文化。例如,军民航各级空管单位都建有文体活动中心、阅览室和健身房,配备了较为完善的活动场所硬件设施;建有新闻信息网站,制作了各种电子显示屏和橱窗宣传栏,积累了大量的手册书籍、论文资料、视频照片和文字宣传媒介;在文化环境载体方面,不断对航管楼进行完善,营造整洁温馨的环境氛围。建立新闻信息网站,制作各种电子显示屏和橱窗宣传栏,积累了大量的手册书籍、论文资料、视频照片和文字宣传媒介;出版发行各类杂志,积极倡导和开展文化活动,形成独特的行业礼仪和仪式,空管物质形象文化建设得到长足发展。目前,构建与空管运行管理和运行保障相适应的物质形象文化的主要任务,要以空管的"安全、改革、建设、发展"为目标定位,以空管文化的落地生根为根本,以现有的技术手段为基础,以优质的服务为重点,不断优化空管的公共关系,美化办公环境,推广应用空管识别系统,发挥物质形象文化的辐射功能和感召功能,展示空管形象。

(四)构建与空管运行管理和运行保障相适应的团队执行文化

强有力的执行文化,是空管系统在追求安全目标的过程中的一个鲜明注脚。构建高效的团队组织,塑造先进的团队文化,必须大力倡导团队合作,牢固树立"必须执行、自觉执行、有效执行"的理念,促进工作目标圆满完成。构建空管团队执行文化的主要任务,就是坚持以高尚的理想塑造人,以超前的思维培养人,以严明的纪律约束人,以先进的力量激励人,充分发挥团队执行文化的融合功能和凝聚功能,增强空管人员的执行意识,做到要求执行与自觉执行统一,把空管人的敬业精神内化为在岗奉献的具体行动,忠诚事业,恪尽职守;把工作做得最佳作为追求,服从大局、团结协作,重视过程、关注结果;把团队精神贯穿工作始终,形成既有个性张扬又充盈着集体主义内涵的执行文化氛围,推进空管事业的科学发展。因此,在空管运行管理和运行保障过程中,既要有领导层统筹平衡发展、定方向、出思路,管理层细化目标任务、整合资源和积极因素、出台配套措施、明确目标路径,又要有执行层梳理规章、优化流程、消化新技术、吃透新设备,做好"人—机"深度磨合,积累好经验,优化制度,强化执行。"领导层—管理层—执行层"目标一致,心往安全上想、力向安全上使,夯实执行文化,才能以文化助推空管发展。这也是确保空管运行管理和运行保障实现持续安全目标的不二法门。

二、空管文化建设的主要抓手

没有抓手就没有凭借,有了抓手就有了工作的切入点和突破口。加强空管文化建设,需要找准抓手,根据空管的实际需要,建设富于特色的空管文化。

(一)找准科学发展的"制高点"

空管文化建设在坚持中发展,在继承中创新,前进中还会遇到这样那样的新情况、新问题。面对新情况,解决新问题,需要找准空管文化建设科学发展的"制高点"。这一"制高点"就是科学发展观最鲜明的精神实质,即解放思想、实事求是、与时俱进、求真务实。把握了这个理论"制高点",空管文化建设才能有效凝聚广大空管人的智慧和力量,紧跟时代步伐,顺应广大空管人共同愿望;才能遵循建设规律,符合空管行业的发展实际,反映空管文化的本质内涵;才能化解现实矛盾,破解发展难题,努力实现又好又快发展;才能提高自主创新能力,推进空管文化建设高起点高标准推进。

(二)找准组织领导的"关键点"

空管文化建设是一项关系空管长远发展的全局性、基础性工作,必须加强组织领导,形成协调推进的工作格局。实践证明,各级领导对空管文化建设重视程度如何,措施是否得力,方法是否得当,是空管文化建设能否顺利推进的关键。搞好空管文化建设,各级领导必须高度重视,并带头抓好推动落实。空管系统各级领导要站在长远发展的战略高度,把空管文化建设列入重要议事日程,摆在空管运行管理的重要位置,纳入空管发展战略予以推进。主要负责人要正确履行职责,以身作则,主动担负起空管文化建设的领导责任,身体力行,率先垂范。要设立协调有力的工作机构,形成专职部门牵头、各职能部门密切配合、广大空管人积极参与的工作格局,具体负责的职能部门和工作人员要主动搞好协调,积极调动其他有关部门和全体成员的积极性及创造性。

(三)找准推进发展的"聚焦点"

空管文化建设的成果最终要体现在文化软实力、使命凝聚力、运行保障力的提高上,要体现在空管又好又快发展上。空管要适应新环境新形势,实现安全发展、协同发展和规范发展,一定要把加强文化软实力、增强使命凝聚力、铸强运行保障力作为空管文化建设的聚集点,通过树立铸魂立人、厚德树人、人文聚人、团结拼搏、和谐发展的思想精神旗帜,形成凝聚空管队伍、打造坚强团队的思想基础,促进空管系统的理念创新、思路创新、机制创新和管理创新,为持续安全和科学发展提供强力的文化支撑。

(四)找准发挥作用的"着力点"

空管文化只有渗透到空管运行管理的各个环节、各个方面,与空管运行管理相融共进,在空管运行管理中落地生根,才能发挥作用。因此,一定要结合空管的自身特点、业务范围、规模大小、工作环境、人员状况,以及发展战略等实际,把发挥作用的着力点放在提炼形成具有丰富运行管理内涵和运行保障理念上,把这些精神文化理念体现在管理制度、工作标准、考评体系之中,贯彻到运行管理的实际过程,努力做到有机结合,不断深化、细化和丰富发展,促进空管文化与空管运行管理和运行保障的深度融合,切实让文化理念体现在运行管理的各个环节,让空管文化理念真正融入日常的运行管理活动之中。

(五)找准队伍建设的"切入点"

推动空管文化建设又好又快发展,队伍是基础,人才是关键。要牢固树立人才是第一资源的思想,加快培养造就德才兼备、锐意创新、结构合理的文化人才队伍。在高层次专业人才培养上,积极组织参加国家"四个一批"人才培养工程和文化名家工程,建立空管重大项目首席专家制度,积极扶持资助具有潜力的优秀中青年文化骨干,造就更多国内有重大影响的领军人物。在基层文化人才队伍建设上,进一步完善选拔、培训、使用、保留机制,加快建设一支素质过硬、规模适度的基层文化队伍,为发展空管文化提供有力的人才支撑。

第五节　空管文化建设的基本方法

空管的核心关注点是飞行安全,空管文化究其本质是一种行业安全文化,具有其内在规律性和自己的路径。因此,在空管文化建设过程中,既需要关注空管文化成果的挖掘和科学梳理,为空管文化建设积蓄原料,同时,也需要结合空管文化的构成要素及特点规律,归纳提炼空管文化建设的基本方法,探索空管文化建设的有效途径,为空管文化建设的组织实施提供方法途径。

一、在传承借鉴中开拓创新

空管文化植根于空管活动的历史积淀,又随着空管事业的发展而动态发展。因此,在进行空管文化建设中,必须处理好传承借鉴与开拓创新之间的关系,对传统空管文化、国际空管文化和其他先进文化进行扬弃,同时,也要紧贴空管发展的趋势和具体任务,进行文化创新,保持空管文化的动态发展和与时俱进。

(一)发掘继承我国空管文化的丰富财富

中华人民共和国成立至今,无数空管人立足本职,在长期工作实践中,积累了一大批宝贵的文化财富。在唐山和汶川抗震救灾中(图6-2)彰显的以"忠诚、无畏、精湛"为主要特点的空管精神等,体现出空管人在国家危难、人民危急的关键时刻,对祖国的无限忠诚,对人民的无限热爱,对空管事业的坚守与奉献。更有无数空管人常年默默奉献在空管一线,双眼紧盯雷达航迹,双手紧握话筒,保障着航空器的安全、顺畅运行,为"银鹰"护航。空管人在推进民航事业安全发展、军航飞行顺利进行的过程中,发挥过巨大作用。在新的历史时期,在向航空强国、航空强军迈进的历史进程中,空管的支撑作用将更加突出,更需要充分汲取我国空管文化积淀的宝贵历史财富,站在前人的肩膀上,使空管文化的底蕴更加深厚、特色更加鲜明、空间更加广阔。

图6-2 汶川地震军民航联合管制

(二)放眼跟踪世界空管文化发展动态

全球化的浪潮像一条巨大的纽带,将世界联系得越来越紧密。从文化本身的发展规律来看,任何文化都不是一个被动凝固的实体,而是一个动态发展的过程,是一个"活"的流体。这个"活体"在生生不息的流动与变迁中演化着文化的生命内涵,张扬着文化自身所具有的向外"扩散"和"传递"的冲动。作为社会文化的重要组成部分,空管文化必然要顺应时代需要,通过传播、接触、碰撞与交流,在扬弃中吸收、创新,不断丰富和完善。在全球空管一体化发展的历史大潮中,加强对国际空管文化的跟踪与交流更有现实的和深远的意义。全球空管一体化的总体趋势,是我国空管事业的重要发展契机,也将面临来自技术、标准、设备,尤其是空管理念方面的严峻考验。在我国空管国际交流日渐频繁,合作日渐深化的背景下,首先应该解决的问题是努力消除我国空管文化理念与国际的差别,从观念入手,以空管文化建设为抓手,推进我国融入全球空管一体化发展的步伐。

(三)开拓创新紧贴时代的先进空管文化

空管文化创新,是一个自我否定、自我超越的过程,必须解放思想、面向未来,既要有开拓创新精神,又要有求真务实态度。文化创新,需要在空管光荣历史和优良传统积淀的文化底蕴上,广泛借鉴吸收其他行业文化建设的先进模式与经验,取其精华,去其糟粕,扬长避短,为我所用,推进文化创新。一是要在空管优秀传统文化的内涵上创新,不断融入具有时代精神的新鲜内容,使优秀传统文化能够与时俱进,保持旺盛活力;二是要紧贴新形势、新任务,在研究新情况、解决新问题、总结新经验的实践中,推进空管文化突破性创新;三是空管文化创新要走群众路线,依靠群众、发动群众,充分调动广大空管人投身空管文化建设的热情,发挥空管人员的文化创新主体作用和首创精神。

二、在实践磨砺中提炼升华

空管文化建设需要理论的支撑,同时,理论的科学性、针对性、有效性,以及能否转化为空管运行力和保障力,从而提升空管软实力的实际成效,则需要在实践中磨砺和检验。通过实践磨砺,使空管文化真正成为提升空管运行力和保障力的重要抓手。一是要充分发挥空管文化的强基固本作用。文化建设紧贴空管岗位本职,最终落到提高业务能力、提高人的素质上来。空管文化建设的出发点和落脚点不仅仅是"娱"人,最重要的职能还是"育"人,强调文化的实用性功能,对提升业务能力有指导和促进作用。二是要从空管实践活动中不断汲取能量。空管实践活动是空管文化产生的土壤,空管保障和建设需要是空管文化发展的强大动力,同时,空管实践也决定着空管文化建设的内容。脱离空管实践的文化,便是无源之水、无本之木。空管文化建设要融入空管实践的岗位和具体流程之中,体现空管行业特点,激励广大空管人能够献身使命、爱岗敬业。三是空管文化的价值标准和建设的效益需要空管实践来判断和检验。一方面,空管文化产生并服务于社会实践特别是空管实践,对其价值的判断必然由社会实践尤其是空管实践来决定。空管文化的价值关键在于是否对空管实践有积极的指导意义、启发意义。只要它在某一方面、某一实践领域能够起到积极的、建设性的作用,就可以判断它是有价值意义的。另一方面,空管文化建设的效益也需要空管实践来检验。通过对空管人的思想观念、工作积极性、能力素质等方面的实践检验,通过对空管保障能力的客观评价,通过对空管改革发展的综合衡量,就能在一定程度上客观反映空管文化建设的具体效益。

三、在内外兼修中塑造形象

形象是人们通过感知所形成的对事物的总体印象,具有主观性。形象有组织形象和个人形象之分,而组织形象和个人形象又有内在形象和外在形象之分。空管文化建设,对内、对己,要在实践磨砺中不断提升能力素质,在春风化雨中以"文"育人;对外、对人,就是要不断提升空管系统和人员的形象,在润物无声中以"文"化人。空管人需要立足本职,扎扎实实练好内功,也需要内外兼修,漂漂亮亮树好形象。

一是以提升空管运行力和保障力为着力点,提升空管系统组织形象和个人形象。通过不断优化空域结构、创新空管技术、提高指挥能力,提升空管效益,减少空管原因导致的不安全航空事件。通过组织形象和个人形象的提升、优化,提高空管系统的社会形象,使得空管的社会价值得到公众认可,为空管事业的发展争取社会大众的理解和支持。

二是加强对空管及空管文化的多途径宣传。长期以来,空管在社会中似乎始终掩盖着一层神秘的面纱,不为公众所认知和了解,甚至存在种种误解,"航空管制"已经成为航班延误的"标准答案",空管人的坚守、艰辛,需要借助当前先进的网络技术和信息技术,以丰富的文化传播平台进行传播和展示。运用空管行业的报纸、广播、刊物、电视、互联网、宣传栏等文化宣传工具,采取专题讨论、知识问答、文艺演出等形式,由浅入深、从点到面,层层推进,形成立体的全方位宣传网络,对空管文化的意义、功能、作用以及本单位的实施规划等进行宣传,使这些知识深入人们头脑,从根本上改变全社会对空管行业文化的不正确看法。

三是打造形式多样的空管文化精品。凝练具有深刻空管烙印的空管精神、理念、核心价值观,抽象适于空管宣传的标语、警句,发行空管行业和英模人物宣传的出版物,建设具有空管特色的文化广场、园林、长廊、主题雕塑等,宣传空管行业,展示空管文化,塑造空管形象。

四、在评价激励中鼓舞士气

在推进事物发展的诸多要素中,人是最关键的因素,而在人这个关键因素中,斗志、士气、意志等精神要素则是关键中的关键。激励精神斗志是空管文化的功能之一,主要体现在启迪空管人对理想的自觉追求和充分调动空管人的积极性、创造性上。在空管文化建设中充分发挥空管文化本身的激励功能,全面激发空管文化建设者的建设激情,从而保持空管文化建设的活力。要调动广大空管人投身空管文化建设的积极性,吸引广大空管人关注空管文化建设的自觉性,坚定广大空管人支持空管文化建设的主动性。

一是在空管文化建设中要建立可感知的激励文化要素。空管运行管理者通过深入了解并鼓励下属、明确工作期望、提供良好反馈、公平且注重精神奖励来创建空管文化中的激励要素。

二是要引入竞争机制,打破平均主义。心理学研究表明,竞争有助于培养人的个性心理品质,使人精神焕发、情绪饱满,能考验和锻炼人的意志,增强人的智力效能,有效地挖掘人的潜力。在空管文化建设中引入竞争机制,就是要在用人制度上,按需设岗,竞争上岗,择优选任,使优秀人才能够脱颖而出,走在空管文化建设的前列;在制度保障上,要解决好评价标准规范性与考核过程人为性的矛盾,体现竞争过程的公开与公平,体现考核结果的真实和准确;在分配制度上,要实行多劳多得、优劳优酬,体现绩效与分配的统一。

三是要发挥集体合力。空管文化建设作为一项系统工程,需要团结与协作。因此在引入竞争机制的同时,应注意防止个体单干、彼此不沟通消息等不合作状况,制定相应政策保证建设者能加强联系与合作,促进空管班组在相互联系的动态过程中的"力"的合成,产生最佳合成效能。

五、在氛围营造中促进发展

和谐能够凝聚人心,和谐能够促进事业发展。在统一的文化氛围中,能够更好地形成管理者所期望的价值认同,逐渐形成统一的价值理念和行为模式,对事物的认知和理解趋于一致,产生共同的语言和情感,也就便于沟通和交流,易于形成团队合力,始终用和谐的音符奏响和谐的旋律,推动空管系统科学发展。

(一)以"硬环境"建设为着力点营造"软氛围"

如果将空管文化比作悠远深邃的山林,那么空管文化的硬性环境是花,是草,是树,是穿梭其中的万物生灵,空管文化氛围就是大地,是水,是空气,是带来温暖与能量的阳光。文化环境是集中彰显文化精神与理念的平台,是将文化的抽象内涵具体化、生动化的载体。文化环境建设包括硬性环境建设和软性氛围营造。硬环境是由文化传播活动所需的那些物质条件、有形条件之和构筑而成的环境,包括场景、标识、网站等。软环境是指氛围,是由传播活动所需要的那些非物质条件、无形条件之和构筑而成的环境。空管文化建设只有实现软环境和硬环境的有机统一,才能有效培育先进科学的空管文化,实现空管的和谐发展。硬环境是空管文化建设落到实处的物质载体。需要通过具有空管行业烙印、体现空管人价值追求和服务空管建设的建筑、园林、广场、徽标、灯箱、橱窗等硬环境建设,营造空管团结奋进、公平公正、忠诚奉献、严谨细致、沉着果断的空管文化氛围。硬环境建设是空管文化建设的外在表现形式,良好的文化氛围是空管文化扎根思想、影响行为、激发潜能的生态环境。

(二)形成空管文化理论先导的浓厚氛围

恩格斯说过:"一个民族要站在科学的高峰,就一刻不能没有理论思维。"空管文化是文化在空管领域的表现形式,是对我国空管多年积累的文化财富的凝练和升华。以创新为灵魂的空管文化理论研究必须以文化学为基础,探索文化在空管领域的历史积淀、发展趋势、发展规律、建设内容、建设方法等内容,研究空管改革和建设发展的思想观念、价值判断、行为规范等,为空管建设发展与文化的关系提供研究框架,为空管文化建设提供有力的理论支撑,为空管文化建设活动提供先导和实践的指南。从文化的角度,为空管建设和发展提供新的视角,注入新的活力,增强空管建设推力。

空管文化理论研究是涉及多领域、多学科的复杂系统工程,必须整体推进,协调发展。一是要在中央空管委的统一领导下,从我国空管改革和空管文化发展的实际出发,规划理论研究的体系,明确研究的氛围和方向。二是要多方协作,军地空管部门,科研院所与空管单位,机关与基层要加强协作、交流,共享信息和成果;三是成果配套。空管文化理论研究,既是学术理论研究,也是空管文化建设探索,研究的成果应该多层次、多角度,既要有揭示规律的认识,也要有政策性的措施,既要有指导空管文化建设的宏观方略,也要有指导基层空管单位进行空管文化建设的具体办法。

(三)要形成群众参与、领导带头的良好氛围

广大空管人是空管文化建设的直接受益者,也是空管文化建设的力量之源。在空管文化建设过程中,必须始终宣传和牢固树立空管文化建设为了空管人、发展依靠空管人、空管人享受成果的思想。突出空管从业人员,尤其是一线空管人在空管文化建设中的主人翁地位,为本单位、空管系统的文化建设集思广益、建言献策,积极参与各项空管文化活动,自觉在岗位和社会中树立和宣传空管的良好形象。

同时,领导干部对待空管文化的态度、决策和力度,对空管文化建设的成果和效益具有决定性的影响。领导重视什么、关注什么、奖励什么、惩罚什么,对下属的行为具有很强的示范和导向作用。现代管理学认为,三流的企业以人约束人,二流的企业以制度管理人,一流的企业以文化影响人。军民航空管领域各级领导,要深刻认识空管文化建设是关系空管事业发展的重要推动力,加强前瞻性、系统性、实践性的研究,充分发挥定方向、出思想、配资源、建舞台的重要作用。

本章参考文献

[1] 邢书元. 坚持走军民融合的空管发展之路[J]. 国防,2013(3):14-16.

[2] 国务院、中央军委空中交通管制委员会办公室. 加强文化建设,促进空管科学发展[J]. 中国空管,2012(1):1.

[3] 钟涛. 基于民航强国战略构想对加强空管文化建设的思考[J]. 民航管理,2011(7):25-30.

第七章

我国空管文化建设的组织实施

空管文化建设的目的就是要实现三个转变：一是变"控制人""管理人"为"激励人""开发人；二是变"硬管理"为"软引领"；三是变"由上而下的推动"为"由下而上的能动"。充分调动广大空管人参与文化建设的积极性，努力使空管人产生一种归属感，一种归属于神圣事业的使命感。

70多年来,我国空管系统最根本的基础是保证了国家空防安全与稳定,最突出的贡献是坚决杜绝因空管原因造成的飞行事故,最瞩目的成就是实现了跨越式发展,最宝贵的财富是打造了一支有素质的空管人才队伍,最深刻的变化是营造了内和外顺的和谐环境,贯穿其中的、最鲜明的特色是形成了以"国家、责任、服务、和谐、高效"为主旨的空管文化体系。它回答了空管系统对谁负责、为谁服务、建设一个什么样的行业、怎样建设空管体系的核心问题,对于统一思想、凝聚人心、协调步伐、调动积极性发挥了重要的作用,成为激励广大空管人保持良好精神状态、干好各项工作的力量源泉,成为独特而鲜明的空管文化,成为空管系统做强、做优的软实力。当前,空管文化建设处于从文化自发、自觉向文化自信、自强转型的重要时期。其中的不可逾越的阶段就是文化落地,即通过安全文化、使命文化、服务文化、和谐文化、创新文化等子文化建设,把空管文化与岗位业务工作紧密结合,进一步融入管理、切入业务、植入行为,为空管运行管理和运行保障服务,转化为空管软实力。因此,空管文化建设要紧紧围绕空管文化建设总体目标和战略构思,建立健全空管文化建设的长效机制,构建空管文化的识别系统,构筑空管文化传播体系,实施空管文化落地工程,彰显空管文化的先进性,推进空管文化建设科学发展。

第一节　建立空管文化建设长效机制

空管文化建设既不能单纯依靠一般号召,也无法通过简单的命令形式达到建设目的,需要在认识建设规律和理清思路的基础上,结合文化建设的实际,建立长效机制,为空管文化建设指导思想的贯彻和建设方案的落地提供相应的组织保证。

一、健全领导体制

领导体制就是领导权限、组织运作、领导关系的制度化、体系化[1]。空管文化建设的领导机构及其领导者,是文化建设的导入者和推动者,对空管文化的形成、发展和提升有着重要意义。我国空管文化建设是在中央空管委统一领导和军民航各级党委的直接指导下,参照国家空管文化领导机制,建立相应的空管文化建设领导体制。总体上,这种组织领导体制按功能讲可分为三个层次,即决策层、计划层和执行层。在决策层中,行业使命、愿景和核心价值观决定了空管未来的发展方向,明确了其存在目的以及空管系统要在未来一段时期内将要完成的任务。因此,决策层领导机制的建立应以行业使命、愿景和核心价值观建设为重点。在计划层中,围绕着空管精神,需要制定推进本部门或本军种文化建设的政策法规、推进制度和方法手段,提炼支持空管精神理念的行动措施和行为规范,明确赞同什么、反对什么。在执行层中,各种执行理念、职业操守、行业规范和岗位制度是在使命愿景、空管精神理念及价值观的指导下,在空管具体工作和实践过程中形成的(图7-1)。它们寓于执行过程,也是执行的结果。

总之,空管文化建设以"一主二元"为指导,"主"体现在决策层的使命、愿景及核心价值上,"二元"则体现在计划层的军航和民航空管文化建设具体实践中。空管文化价值体系就是要归纳空管系统的行业使命、共同愿景、空管精神理念及核心价值观,这是对空管文化建设中"主"的阐述;而军民航两个实践主体则可以根据其所处系统、体制的特殊性对统一的行业使命、共同愿景、空管精神理念及核心价值观进行解读,实施相应的执行理念和内部制度,采取灵活的文化建设手段和手段。下面,以决策层空管文化建设领导机制为例,根据系统论原理,从"决策系统—执行系统—监督反馈系统—咨询系统"来考虑分工,分析其机构设置、任务和职责范围(图7-2)。

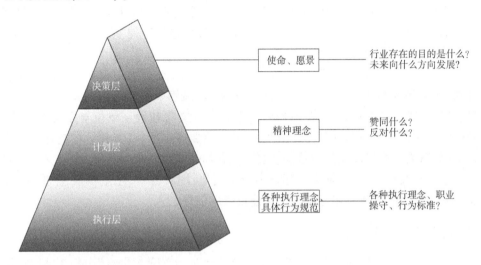

图7-1　空管文化建设三个层次

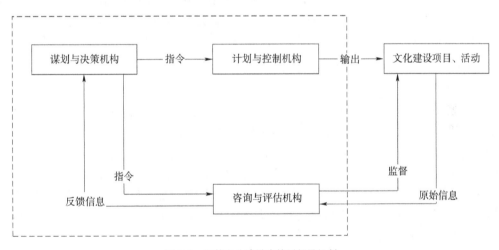

图7-2　空管文化建设决策层领导机制

(1)谋划与决策。空管文化建设的决策和领导机构,由中央空管委相关领导,空军航管局和民航空管局领导参加,下辖若干专职行政人员,负责空管文化建设的全面工作。其主要职能包括:掌握军民航空管文化建设的全面情况;进行空管文化建设需求的预测和分析;制定国家空管文化建设规划、方案、标准和法规体系;负责空管文化建设项目的立项审批,监督空管文化建设项目及活动的进度和经费的使用情况。

(2)计划与控制。空管文化建设的执行机构,主要由中央空管委相关部门政治工作及业务部门人员组成。其主要职能是将谋划与决策部门形成的各种空管文化建设意图形成可执行的命令、计划、指示等,并对各部门执行情况进行检查指导;对空管文化建设的军民航各方力量和在建项目、开展活动进行动态的控制与协调,使得各方力量形成合力;对建成项目的使用和管理进行监督和指导。

(3)咨询与评估。空管文化建设的技术政策咨询和质量监督机构,主要由各科研院所、院校、空管系统的领域专家组成。其主要职能是为空管文化建设的谋划与决策以及项目具体实施过程中遇到的难题提供咨询服务;监督计划与控制机构和具体建设单位的工作效益,将信息反馈到谋划与决策机构;负责空管文化建设项目建设过程、质量评估和验收工作,对开展的空管文化活动效益进行评估。

空管系统各级党委要将空管文化建设纳入社会主义文化体系建设和军民航文化建设的规划计划,统一部署、整体推进。地区空管局、航管处、航管中心等组织实施空管文化建设的基层建制单位,要在本级党委的统一领导下,摆正空管文化建设在单位全面建设中的位置,正确处理空管文化建设与其他工作的关系,党政主官要亲自抓,各级领导在空管文化建设中要率先垂范,抓紧各项建设任务的落实。要重视和加强文化骨干的培养,充分发挥他们的作用。发扬求真务实作风,在空管文化建设中脚踏实地、埋头苦干、注重积累、注重养成、注重转化、积小成为大成,一步一步把空管文化建设推向前进。

二、完善工作机制

工作机制是工作程序、规则的有机联系和有效运转。空管文化建设的工作机制,是指空管文化建设过程中,各组成部分、各要素之间相互联系、相互作用的过程和方式,主要包括管理机制、运行机制和保障机制。科学的管理机构和良好的运行机制是空管文化建设规范化和取得效益的重要保证,是落实组织领导机制运行的重要制度基础。在运行机制的设计上,应着重于健全制度和规范程序。

(一)管理机制

空管文化建设的管理机制主要包括合力共建、规划计划、分类管理等机制。其目的是通过管理机制的构建,为空管文化的核心价值的贯彻与落地提供保障。

(1)合力共建。空管文化建设之所以需要建立齐抓共管的机制,是由空管文化建设领导体制的特点决定的。空管文化建设的领导体制从纵向上看,是空管委领导下的军航空管系统和民航空管系统两条线,同时,又是政治部门和空管部门机关两条线上下贯通;从横向上看,军民航空管每一级政治部门及业务部门负责本级空管文化建设,也需要通过齐抓共管的机制来组织协调,形成合力。

为保证齐抓共管机制的有效运行,在中央空管委文化建设领导机构的统筹下,协调好军民航空管文化建设事项,同时,军民航空管文化建设领导机构也要做好本系统内部政治部门与业务部门在空管文化建设过程中的协调。根据工作需要,对领导机构的职责做出规定,并建立相应的工作制度。在国家空管文化建设领导机构的统一指导下,军民航空管领导机构要加强横向协作,同时,抓好系统内部空管文化建设的相互沟通、相互协调,建立灵活、高效的协调机制,将传统的被动式协调转变为主动式协调,即当环境变化触发协调需求时,计划与控制机构能够迅速启动协调系统,开展协调工作,并根据协调的复杂性和难易程度,合理组织、调配协调力量,进行军民航之间、部门之间、文化建设项目之间的协调工作,提高人力、物力的利用效率和建设的质量,做好空管文化建设的组织、指导和保障工作。

组织实施空管文化建设的基层空管单位,要统筹安排各项工作任务,妥善处理空管文化建设与空管业务建设、管制值班、思想政治工作、行政管理等工作的关系,单位主管亲自抓,统筹处理各项工作之间的关系,将空管文化建设与空管单位其他各项工作有机结合起来,将空管文化融入空管工作之中、融入空管人的行为之中,发挥文化育人的核心功能,促进空管保障力的跃升,推动空管中心工作和各项任务的完成。

(2)规划计划。即在空管文化建设过程中,充分发挥各级空管文化领导机构中谋划与决策机构、计划与控制机构的职能。在充分调研论证的基础上,在各个层面上制定空管文化建设的短期、中期和远景发展规划,分类细化规划为可操作性强、目标分类明确的可行性计划,以合理的顶层设计和实施计划推进空管文化建设具体目标的实现。

在规划计划的制定阶段,要深入论证,坚持走群众路线,充分发挥群众的集体智慧,听取专家学者的意见建议,科学决策。在国家空管文化建规划的框架下,军民航各级空管文化建设领导机构,结合本部门或本军种的具体情况,分类制定本部门或本军种空管文化发展规划和分类目标的具体实施计划,按建设过程可分别制定若干阶段性目标,按建设内容可分别制定若干分目标,按单位组织结构可分别制定若干层次目标,形成一个全员、全过程、多层次的工作目标管理体系,把建设总目标落实到每一项建设任务和每一个成员。

在规划计划的实施阶段,加强检查指导,实施反馈控制。各级机关和领导干部要有计划地组织调研和检查,掌握文化建设的进展情况,发现问题要及时组织研究;发挥咨询与评估机构的作用,给予咨询和具体指导;对普遍性和影响较大的问题,要及时予以纠正;针对基层单位保障条件方面的问题和困难,要及时采取措施予以解决;发现好的做法和经验,要加以推广,促进文化建设协调发展,整体推进。

在考核评价阶段,要正确评价,做好总结。规划计划实施完成一个阶段或全部结束,对空管文化建设目标实现效果进行考核评价,是规划计划机制中一个非常重要的工作环节。研究制定合理的考评指标体系,坚持客观公正的原则,奖优罚劣,总结经验,探索空管文化建设新路径、新方法。

(3)分类管理。即针对大系统的各个子系统特点而分别进行管理。分类管理机制有助于提高管理的针对性,提高管理效益。实施分类管理的同时,不要忽略各子系统之间的相互关系和对大系统的综合作用,应当与大系统的整体管理结合起来。从空管文化建设的内容来看,包括空管制度文化建设、精神文化建设和物质文化建设,不同的建设内容,其建设方法和侧重也各有不同。比如,空管制度文化建设,要发挥党委、机关的职能作用,主要从空管人的社会需要和心理需要进行构思、设计和建立,贯彻民主参与、公正平等、尊重个人、遵守规则等原则,提出明确的办事规程和行为准则、要求空管人员共同遵守、自觉执行;空管精神文化建设,在理论创新阶段,要尊重群众的首创精神,充分发挥专家和文化骨干的作用,在理论研究上下功夫;空管物质文化需要倡导树立服务意识和品牌意识,提升行业形象和声誉。应用分类管理机制,应当针对上述内容的不同特点,在建设中分别采取针对性措施。

(二)运行机制

空管文化建设的运行机制主要有激励约束机制、检查监督机制、调节控制机制和绩效评估机制等。这些机制对于促进空管文化建设和提高空管运行效益具有重要作用。

(1)激励约束:包括激励机制和约束机制两个方面的内容。激励是动力,是源泉,是激发组织成员积极性、创造性的催化剂;约束是规则、控制和考核,是组织正规化、程序化、规范化的前提和保障[2]。激励约束机制是外在对立而内在统一的有机体,对于空管文化建设的创新活力有着十分重要的意义。在空管文化建设中,激励约束机制主要依托空管文化建设组织与谋划机构发挥作用。

激励机制,是现代管理中被普遍采用的一种机制,是在管理过程适当的时机,运用适当手段,激发被管理者积极性的过程和方式。空管建设过程中运用激励机制,把空管文化创新和体现个人价值统一起来,是激发空管人参与文化建设的自觉性、积极性的有效手段。将物质奖励和精神奖励结合起来,将提拔使用和工作业绩统一起来,营造良好的环境氛围和用人导向,鼓励空管人在空管各项建设,尤其是空管文化建设中充分发挥主观能动性和积极创造性。

约束机制,是在组织运行及成员的各种活动中,通过适当的行政、法律和技术管理手段,限制或制止被管理人员的错误行为、不良倾向和负面作用的过程和方式。约束机制包括责任约束、目标约束、制度约束和道德约束等。通过建立公正合理的约束机制,进一步规范组织成员的行为习惯,使其有所为有所不为,不断完善和发展自我。

(2)检查调控:是为了发现问题和实施有效控制,及时纠偏修正,以保证文化建设按照既定目标稳定、有序推进而采用的过程和方式。空管文化建设检查调控机制主要依托空管文化建设各级计划与组织机构发挥作用。

检查机制,既是对文化建设目标的正确性、可行性的检验,也是对文化建设过程的监督。通过检查发现问题,可以对建设过程实施有效控制;发现好的经验予以推广,能够推动文化建设健康发展。检查的方式,按时机可分为平时检查和阶段性检查,按内容可分为全面检查和专项检查,按检查者身份可分为上级检查和本级检查。检查要以规划计划为基本依据,客观公正,既肯定成绩,也要善于发现和指出问题。

调控机制,是针对空管文化建设运行中出现的问题和偏差,适时采取调节和控制手段,以保证文化建设按照既定目标运行。采取计划调控、随机调控等方式,调整和化解空管文化建设中出现的问题,使文化建设重新趋向目标、正常运行。

(3)绩效评估:是运用绩效评估标准,围绕空管文化建设目标任务,对空管文化建设的业绩和成效进行评定的过程和方式。绩效评估机制一般与奖励约束机制共同运行,主要依托各级空管文化建设咨询与评估机构展开,谋划与决策机构、组织与计划机构共同完成。

绩效评估的对象包括空管文化建设单位和空管人员个体。绩效评估应坚持公平、公正的原则,细化评估指标,聚焦空管文化建设质量,突出空管文化建设主旋律,凸显空管人在空管文化建设中主体作用的发挥情况以及文化育人效果等。要充分发挥评估结论的导向和反馈功能,各级领导要以评估结论为依据,加强文化建设对策研究,改善文化建设的领导和管理[3]。文化建设单位要发扬成绩,克服薄弱环节,瞄准文化软实力新的增长点,积极推进文化建设向前发展。要总结宣扬文化建设先进单位的经验和先进个人的事迹,发挥典型的示范作用,形成良好的人文环境。

(三)保障机制

空管文化建设可以看作是管理的软件环境。软环境建设属于可塑性、可控性较强的,但又是一项长期的,需要动用大量人力、物力和财力的工作。

(1)人员保障。空管文化建设系统性、综合性强,要保证空管文化建设的质量和效益,必须投入与空管文化建设需求相适应的高素质人员。空管文化建设人员保障机制要解决好三个层面的人力资源。一是领导管理力量。各级军民航空管建制单位分管文化建设的领导干部,是组织实施空管文化建设的领导力量,既要保证领导在文化建设上的精力投入,也需要通过集训、自学等方式不断提高领导干部开展空管文化建设的组织能力。二是骨干力量。空管文化建设是一项复杂的、综合性强的创新工作,需要一批具有文化专长、创新思维、充满活力的空管文化建设骨干队伍,充分发挥其在空管文化建设中的中坚作用。三是主体力量。人民群众的智慧是无穷的,要在空管文化建设中充分发挥空管人的创造性和主观能动性,吸收广大空管人的智慧,尤其是长期工作在空管一线和离退休老同志的智慧,倾听广大群众的心声,使其真正成为空管文化的创造者、传承者和享有者。

(2)物质保障。空管文化注重的是空管软实力,但软实力需要"硬"物质来保证。要将空管文化建设纳入空管整体发展规划之中,对空管文化场所、设施设备、文化环境等建设提供稳定可靠的物质投入。一是文化场所建设。根据空管文化建设的整体部署,对现有的场所进行调整、改造,使新建文化场所做到功能齐全、质量过硬。二是设施设备保障。文化场所内的设施、设备、器材、图书、网络等,要保质保量。三是文化环境建设。文化环境建设包括文化场所环境建设、工作场所环境建设和生活整体环境建设,要将其纳入单位建设总体规划,统筹规划,一并建设。[4]

(3)经费保障。空管文化建设不仅需要投入人力、物力,还需要稳定可靠的经费投入保障机制。各级领导要设法筹集空管文化建设经费,争取将文化建设经费列入单位年度预算之中,争取专项经费。对空管文化建设经费的使用要坚持集约、高效的原则,精打细算、合理使用,使有限的经费得到充分应用。

第二节 构建空管识别系统

人类学家认为,文化可以分为外层的显性部分、中层的规范和价值部分以及核心层的隐性假设部分。如何将空管文化的内在意义外化表现出来,可以参照企业文化建设中的企业识别系统,建设空管识别系统,将空管系统的正能量和好形象传递给社会公众,尤其是军民航用户,使他们产生对空管一致的认同感。空管识别系统包括理念识别系统、行为识别系统、视觉识别系统三大部分,其中理念识别系统用以传达空管文化的精神层内容,行为识别系统主要传达空管文化的行为层内容,视觉识别系统传达空管文化的物质层内容。

一、空管理念识别系统

空管理念识别系统(MIS),是空管识别系统的精神内涵,是空管文化的经典概括。它是在充分反映社会、文化和管理未来趋势的基础上,对空管长期积淀的精神财富和对未来的发展追求进行的理性升华,制定出符合实际的空管理念识别系统,能够更好地规范空管运行和管理,关注和指导空管长远发展[5]。在空管三大识别系统中,MIS 是构建空管形象与文化战略体系的灵魂、基石和原动力,是代表空管管理哲学的价值观体系。MIS 一旦为空管人所认同并渗透于空管活动中,将形成对空管发展有巨大作用的精神文化。MIS 包括空管使命、共同愿景、空管精神、核心价值观、发展理念等。

二、空管行为识别系统

空管行为识别系统(BIS),是指空管系统在内部协调和对外交往中应该有的一种规范性准则。这种准则具体体现在全体空管人上下一致的日常行为中。也就是说,空管人在岗位上的一举一动应该是一种行业行为,能反映出空管的价值理念和价值取向,而不是独立的、随心所欲的个人行为。空管行为识别是空管处理和协调人、事、物的动态运作系统,是一种动态的识别形式,它通过各种行为或活动将空管理念贯彻、执行和实施,通过这些动态的因素传达空管的理念,塑造空管的形象。

(一)对内行为模式

空管行为归根结底是人的行为。对内行为主要是指空管人在空管运行管理和运行保障工作中的活动表现。运用全新的理念精神去指导、影响、约束空管人的行为,制定出与之相匹配的、系统规范的管理制度和行为规范,通过教育培训等形式,在空管系统中建立现代的行为模式,形成良好的空管运行秩序,塑造全新空管形象。

(1)行为基准。自觉遵守国家的有关法律、法规和政策,落实国家空管路线、方针,践行社会主义核心价值体系,规范行业行为,加强行业自律,弘扬求真务实的空管作风,营造风清气正的空管内部环境,树立严谨规范的空管形象。

树立国家大空管思想,积极推进国家空管体制和运行机制改革,加快构建军民一体、平战结合的国家空管模式,积极应用现代管理理念和方法,进行空管流程再造和管理创新,提升空管行业可持续发展能力。

坚持以人为本,重视空管人的工作条件、环境改善,重视空管人的思想道德教育和业务技能培训,尽力满足其物质、文化需求,尊重知识、尊重人才、尊重创新,关心人、培养人、塑造人,立足空管人的职业规划和终身发展,依靠人的进步挖掘行业发展潜力,依靠人的能动性激发行业创新活力,依靠人的凝聚力增强核心竞争力,实现空管人与空管行业的共同成长。

坚持"五提倡五反对"的职业操守。提倡积极进取,反对消极懈怠;提倡严谨规范,反对主观随意;提倡沉着果断,反对遇事慌乱;提倡学习创新,反对守旧不前;提倡团队协作,反对单打独斗。

开展空管新技术创新和推广,积极追踪国际空管发展前沿动态,在基于性能导航、新航行系统、地空数据链、协同决策等重点领域开展相应的研究、试验和应用工作,增强我国空管理论和技术的核心竞争力,争取在国际空管领域的话语权,充分发挥空管新技术在保障安全和提高空域容量方面的支撑作用。

(2)形象要求。其分为高层管理者形象、中层管理干部形象、基层空管人形象等要求。高层管理者形象要求包括魅力出众,仪表庄重;理念先进,领导有力;以人为本,率先垂范。

中层管理干部形象要求包括素质过硬,德才兼备;求真务实,求实创新;管理有方,行为规范。基层空管人形象要求包括热爱本职,尽职尽责;业务精湛,沉着果断;勤奋好学,文明尚礼;班组团结,充满活力。

(3)语言规范。空管人的语言行为在规范化、职业化的基础上应侧重情感的培养。指挥用语要简明、准确,防止发生歧义,语速、语音适中,保持耐心,切忌烦躁。

（二）对外行为模式

空管外部行为包括服务规范、公共关系、国际交流等空管对外行为活动。它与空管内部行为共同构成完整的空管行为系统。

(1)保障行为。坚持国家"安全第一、预防为主、综合治理"的安全生产方针,居安思危,防患于未然,完善特情处置预案,扎实提高业务技能,减少"错、忘、漏",落实"无后果违章报告""免责报告制度",筑牢空中安全基础,坚决杜绝因空管原因造成的飞行事故。

充分进行空管内外、上下沟通,树立"全国空管一家"观念,加强管制、通信、导航、气象业务部门协作,推动上下级空管、军民航空管协调力度,加大空管与机场、航空公司(飞行部队)的沟通深度,实现空管业务部门协调发展和国防效益、经济利益的协调统一。

坚持公平公正的空管工作基本原则,严格执行空管法律、法规、规章和标准,依法管制,按章指挥,对所有空域用户和保障对象一视同仁,摒弃小集体主义思想,不徇私情,不掺杂个人好恶。牢固树立服务保障思想,摆正位置,用好手中权力,服务航空用户,保障国防利益,不断优化空管服务保障流程,提升空管工作品质,全力为国家空防安全和航空事业发展保驾护航。

加强航油节约和环境保护,充分发挥空管在节省航空油料方面的特殊作用,合理选择地面滑行线路,优化空域结构,适时开辟临时航线,减少航空器空中飞行、空中等待的时间,通过空管优质服务,节省航油,减少碳排放,促进绿色航空发展。

积极履行空管社会责任,牢记行业使命,发挥空管在国防体系、运输体系、应急体系中的支撑作用,保障空中安全、顺畅。立足国家整体利益,瞄准行业长远发展,正确处理行业发展与国防建设、经济建设的关系,使社会责任成为推动行业发展的内在要求和重要动力。

(2)公共关系。公共关系涵盖了空管人对外交流与合作的行为活动,包括面向航空器运行的空管值班活动,通过航空公司间接成为民众了解和认识空管的窗口。空管人应高度重视公关礼仪,在公关活动中促进空管与社会、友邻单位形成融洽友好关系,同时,也要不断提升空管服务质量,排拥保畅,取得有关单位和社会公众对空管的了解、认可和信任。通过网络、电视、杂志、报纸等媒介,加强空管舆论宣传、引导,消除社会对空管的负面认识和已形成的不良形象,提升空管社会认可度,塑造良好的行业形象。统筹考虑军航、民航、通航对空管的需求,加强空管系统内外、上下的沟通协调,营造内和外顺的空管环境,倡导共生共赢的空管氛围,形成内部沟通顺畅、外部协调有力的和谐局面,全力打造军方满意、民航认同、人民认可的和谐空管。

(3)国际交流。当今世界,是充满竞争的时代,更是需要合作、讲求共赢的时代。科学技术飞速发展和经济全球化带动了国际交往的不断增强,空管领域国际交流与合作,无论在频率上还是在深度上都有体现。在平等、公平、尊重、互利的原则下,加强国际空管领域交流与合作,积极参与国际民航标准制定,可以增进我国空管领域与国际航空组织及其他国家之间的了解,加强联系,建立友谊,实现优势互补、共同发展。在空管领域国际交流与合作中,一方面需要较高的跨文化交际能力,强调对外交往行为的得体性与交往结果的有效性的辩证统一;另一方面,需要树立中国空管好形象,释放空管正能量,将兼顾利益和正义的"中国合作模式"发扬光大[6]。

三、空管视觉识别系统

空管视觉识别系统(VIS),是空管识别系统的静态表现形式,对宣传发挥着至关重要的作用。它将空管识别系统用具体的、可视的符号进行表达。从理论上讲,空管 VIS 是将空管的理念、宗旨等文化内容提炼成具体的符号语言,通过视觉的方式进行传播,在传播过程中形成具体的符号概念。在具体应用上,VIS 能够使空管行业具有独特的名称、标志等外部要素,通过图形、色彩、文字等设计元素提升空管形象和社会认知度[7]。

(一)中国空管视觉识别

空管视觉识别系统基础要素,包括对标志、字体、色彩的设计。其中,空管标志是空管视觉识别系统的主要内容。

视觉识别标志的设计主要定位于三个方面。

一是 LOGO 的设计,要求易识别、容易让民众瞬间记下,能够体现行业的特点,具有现代的艺术风格,最好具有深刻的寓意,具有独特的艺术风格;

二是颜色的运用,要求用规范的、标志性的颜色,能够强化行业特征,具有形象的视觉冲击力;

图 7-3　中国空管标志

三是字体的使用,使用能够表达行业个性的字体。

中国空管标志(图 7-3)形象展现了空管的职能,行业特色明显,寓意深刻,视觉冲击力强。一是主体色调为蓝色,寓意空管系统是祖国蓝天的守望者、管天人,与天空的颜色保持一致。二是标志上方的长城标志,寓意空管系统是国家空防体系的重要组成部分。三是色彩的运用,用红白两色组成航空器的形象,并以红白两色将其环绕,寓意空管系统由军、民航两大系统组成,共同负责我国航空器的运行安全和效率。四是字体的运用,运用隶书书写"中国空中交通管制"中英文,中规中矩,严肃庄重,很好地表现了空管行业严肃、沉稳的职业特点。

(二)中国民航空管视觉识别

我国民航空中交通管理系统的标志设计的核心理念是将象征性元素和字母有机结合,传达了中国的、现代的、空中交通管理权威机构的形象,并具有以下特点。

(1)科学性、规范性:体现了科学、严谨、规范、权威的机构形象。

(2)识别性、艺术性:以象征性图形与字符组合,对机构形象进行提炼与定位,个性形象鲜明,识别性强,并注重标志整体的视觉效果。

(3)世界性、民族性:为了更好地与国际接轨,标志的设计注重图像的简洁,现代感强,并隐含民族性的象征符号——腾飞的中国巨龙。

(4)实用性、延展性:标志简洁,便于在贯彻实施中的实际应用,及对其内涵的延伸扩展。

标志(图7-4)的整体视觉效果,象征性图形与字母的组合,是直线与曲线的组合,刚与柔的组合,坚实稳固与流线美感的组合,静态的管理与动态的速度的组合,指挥中心与飞机个体的组合,权威与服从的组合。作为民航空管这一职能机构的形象,标志稳重、严谨、简洁、干练、庄重大气、行业属性明确、视觉效果强烈,且内涵丰富。

整个标志可视为由三个字母 A、T、C 组成:

A:Air(天空)的首字母;Aviation(民航)的首字母;ATMB(空管局)的首字母。

T:Traffic(交通)的首字母。

C:Control(控制、管理)的首字母;China(中国)的首字母;CAAC(中国民用航空局)的首字母。

A、T、C 三个字母的组合,高度概括,准确体现出中国民航空管系统的职能。

标志的色彩选择:蓝色、白色与钛金灰象征蓝天、白云、银鹰,这是航空系统的标志性色彩,整体色调自然明快、冷静严肃、和谐统一。

(三) 空管视觉识别系统应用要素

空管视觉识别系统应用要素,包括场馆标志、宣传口号、宣传标语、礼仪服务、服装、办公用品及办公空间的设计(图7-5)。空管视觉识别系统应用要素主要体现在空管文化环境的营造中,通过对空管办公、运行环境的优化,达到以"境"化人、潜移默化的影响作用,同时也是民众了解空管的窗口。

图7-4　中国民航空管标志　　　图7-5　民航海南地区军民航防相撞宣传栏

设计以塔台、雷达航迹、导航台、通信和雷达等为主要要素的空管场馆标志;彰显空管使命任务和核心理念的宣传标语、口号等,如"天上远一点,地上近一点""多看一眼,安全保险,多想一步,远离事故""人人想安全、人人懂安全、人人为安全""热爱空管、建设空管、献身空管"。

第三节　实施空管文化落地工程

空管文化源于实践,也必须回归到空管活动的实践之中去。所谓空管文化的落地工程,就是要将空管文化所倡导的理念转化为实际的行为和结果。空管文化只有实现从理念、认知到行为的转化,完成文化从抽象到具体、从悬浮到落地的转变,才是真正优秀和高效的行业文化。空管文化的落地生根,绝非一朝一夕,是一个长期而艰巨的过程,必然经历由认识、认知、认同到自觉践行,有一个从不自觉到自觉、从不习惯到习惯的过程,从而形成一个从内化于心、外化于行、显化于物、寓文于乐、交融于外到溯源于智的流畅型发展轨迹。

一、内化于心——在空管教育宣传中深化认识

空管文化建设最根本的任务是要将空管价值体系内容内化为一种认知和信仰。内化的过程,就是真诚信奉的过程,就是入脑、入心的过程,就是把外在要求变为内在需要、把他律转化为自律的过程。内化得越迅速,说明文化建设的成效越明显;内化得越彻底,说明文化价值观念树得越牢固。内化工作不扎实,空管文化建设就容易走向口号化、虚浮化,表面看热热闹闹、轰轰烈烈,实际上有名无实、有花无果。实践证明,不同空管单位之间文化建设质量的差别,主要是在内化这个环节拉开的。空管文化内化于心不可能一蹴而就,需要较长的时间,需要采取灵活多样的方式方法。

（一）思想教育,文化入"魂"

思想是行动的指南,认识是行为的先导。我党的历史经验证明,思想政治工作是经济工作和其他一切工作的生命线,是团结全党和全国各族人民实现党和国家各项任务的中心环节,是我们党和社会主义国家的政治优势,是宣传思想领域的基础性工作[8]。空管文化建设是以管理哲学为核心的现代管理模式,坚持以人为本,处理个人进步与行业发展的矛盾,改变空管人的价值观念和行为规范的实践活动,实现全体人员的文化自觉,从而提升空管文化软实力,确保行业的健康发展。虽然文化建设与思想政治工作是两个不同的范畴,但从内涵可以看出二者的相同之处。一是研究的对象都是"人",都是以人为本的科学;二是终极目的相同,都是以促进人的全面发展和行业发展,最终为提高行业凝聚力为目标的。三是都重视精神因素的作用,都是通过开展丰富多彩的、寓教于乐的文化活动,创造良好的人际关系环境,树立先进典型。可见,空管文化建设与思想政治工作之间具有极强的相关性,它们相互促进、相互融合,从而解决组织行为中的认识论问题和动机问题,以文化潜移默化人员的思想观念和道德情操,将空管文化主题教育作为思想政治工作的载体,这是搞好思想政治工作的有效手段,是加强和改进思想政治工作的有力措施。做好新时期空管人员思想政治工作,必须从内容、形式、方法、手段和机制等方面进行创新,空管文化建设和主题教育活动是创新思想政治工作的有效载体和重要抓手。

（二）建章立制,文化入心

空管人对文化由认知认同再到自觉实践,是一个从不自觉到自觉、从不习惯到习惯的过程。在这个过程中,空管运行管理和运行保障制度对成员行为进行规范,这是强制性的刚性约束,空管文化对空管人思想的约束是柔性的软约束,只有二者相互协调、相互配合才能取得良好效果。只有将空管文化融入运行管理和运行保障的各项制度中,通过流程植入、培训植入和绩效考核植入,才能由"虚"变"实",由无形变有形,才能凝结于心、聚合内生动力。空管文化是教育、规范、引导和约束员工的一种表达,文化管理是未来一种行业管理发展的趋势,在未完全实现文化管理之前,我们可以在坚持原有的科学管理手段基础上,将文化与

制度联姻,把文化纳入规范的管理体系,把文化的标尺引入到培训体系、评价体系、考评体系、任用体系中。空管运行管理和运行保障制度不仅仅要做到组织架构合理、工作职责划分清楚、内部运作流程清晰、管理规范无盲点,同时,要通过制度的健全来为空管人营造一种开放、融洽、讲究创新、学习和协作的氛围,充分培养、挖掘、发挥成员的才能,真正通过制度来打造一支高效率的团队,使团队精神得到充分发挥;通过培训植入,解决空管人对文化价值的理解、认同与实践的问题;通过部门、单位和个人的绩效考核植入,提供一个公平竞争的舞台,搭建起一个良好的事业发展前景,激发成员的潜能,将企业文化的精髓通过一种良性的制度实施开展,并在实践中逐步完善。

（三）图片上墙,文化上心

现代广告学认为,让消费者对自己的广告过目不忘一样,除了创意好之外,秘诀只有一个:那就是重复、重复、再重复。要让文化深入人心,首先要让文化无处不在、无孔不入。只有让空管人在单位的每个角落都能看到空管文化的身影,才能让他们记住空管文化,对空管文化过目不忘。空管文化手册、宣传栏、报纸刊物,以及所有可以宣传的媒介,甚至走廊、过道、电脑的开机屏幕,每位成员办公桌前的台签,都可以作为空管文化宣传的载体。

城市因"墙"而异彩纷呈,文化因"墙"而可触可感。一道道构思新颖、色彩鲜艳、图文并茂的"文化墙"布置在空管部门和单位的办公区和工作场所,经过这里的人都会情不自禁地停下脚步,在色彩靓丽、内容丰富的"文化墙"前驻足观看。个性和特色是增强文化建设吸引力和感染力的基础。我国各级空管运行部门,可根据本单位工作环境特点和场所布局,以安全运行为主线,精心选取素材,既可以精心提炼"安全警句、岗位格言、作业口诀、服务秘诀",也可以上级领导的题词、行为规范和发展理念为题材,还可以自己拍摄和制作装帧精美的展示图片,悬挂在办公区的醒目位置,打造岗位"格言墙"、安全"文化角"和文化长廊,建成文化"墙"。一方面鼓励空管人做好本职工作,将文化的力量转化为规范的行动,带到岗位工作中,形成"我遵章、我安全、我受益、我幸福"的自控观,激发广大空管人积极参与文化建设和自觉接受教育的内在动力,另一方面,可以引导空管人抒发内心文化情愫,进一步激发他们对空管文化的感悟和学习兴趣,让空管人在浓厚的文化环境中健康工作、快乐工作、享受工作。譬如,西北空管局管制中心以"人人想安全、人人懂安全、人人为安全"核心内容的"文化墙",显示了该单位确保一个核心、突出两个重点、夯实三个基础、实现四个转变、实施"五抓五促"等运行管理理念和发展理念。

7-1　文化墙

西北空管局管制中心"人人想安全　人人懂安全　人人为安全"

确保一个核心：

保障安全为核心。

突出两个重点：

突出革新管理理念,突出完善管理机制。

夯实三个基础：

夯实系统管理基础,夯实运行保障基础,夯实人才队伍基础。

实现四个转变:

实现管理方式向科学管理、严格管理转变,干部作风向勤政务实、勇于担当转变,职工行为习惯向脚踏实地、爱岗敬业转变,西北空管整体氛围向团结、清新、政通人合转变。

实施"五抓五促":

抓责任意识教育,促安全基础稳固;抓文化建设,促全员素质提高;抓党风廉政建设,促干部队伍纯洁;抓干部队伍管理,促工作作风转变;抓干群沟通机制建设,促单位安全和谐发展。

全力打造一支作风务实、纪律严明、技术过硬的西北空管队伍!

二、外化于行——在空管岗位交流竞赛中践行文化

外化于行,是将空管精神理念及核心价值观落实到具体的运行管理和运行保障工作中,外化为空管人正确的行动、自觉的实践、规范的行为。内化于心与外化于行是辩证统一的。内化是外化的基础和前提,外化是内化的外显和表现。常言道:"道不可坐论,德不可空谈。""知"是为了更自觉地"行","行"是对"知"的最好检验。如果知行脱节,满足于坐而论道,不愿意身体力行,那么,空管文化建设就成了"半截子工程",内化也就失去了应有的意义。因此,空管文化建设除要融入空管运行管理和运行保障各个环节之外,还要贯彻到空管研讨交流和岗位竞赛活动之中。通过形式多样、参与性强、以岗位为中心的专题竞赛、知识竞赛等活动,向空管人传播文化,进而外化于行,固化为岗位工作的一举一动、一言一行。

(一)研讨交流

"理不辩不明,鼓不敲不响",头脑风暴式的研讨交流,可以使我们越来越接近真理。2013年2月,西南空管局网络中心连续开展了"安全诚信文化"大讨论,以安全诚信的重要性为切入点,以建立安全诚信文化过程中可能面临的挑战为主要话题,开展了一线保障人员大讨论。"如实上报,会不会吃亏""在日常运行保障中,建立诚信更需要自我约束、环境影响,还是完善制度"等一个个话题,直面每位成员的内心;一次次发言,不同的观点不断碰撞,引导着这些空管人深入思考,分析工作实际,探求安全诚信在运行保障中的定位,把握安全运行的规律,寻找通向安全诚信的道路[9]。因此,空管研讨交流活动,无需拘泥于内容和形式,可以是针对空管技术问题、运行程序方法的专题讨论,也可以是针对空管系统中存在的不良倾向、行为陋习的交流沟通,以促进空管内部和谐、科学发展为根本目的。

一是要充分发挥各级党、团组织在研讨交流中的核心领导作用。充分利用业务学习、党团活动等时间,进行专题或随机问题的讨论交流,各级组织要进行适当主持和引导,达到明辨是非,提升认识,增进互信、了解的目的[10]。

二是要充分依靠空管人的主体力量。先进文化是群众的文化,它来自人民群众,服务于人民群众,代表人民群众的意愿,是为提高人民群众素质,满足人民群众日益增长的精神文

化需求服务的。生机勃勃的空管文化是广大空管人创造的。空管人既是空管文化的建设者,也是空管文化的受益者,需要紧紧依靠广大空管人建设空管文化,充分发挥他们的积极性、创造性和聪明才智。没有广大空管人的广泛参与,空管文化建设就会缺乏群众基础。在一定意义上,也就失去了建设的意义。因此,要充分发动各级、各类空管人员参与到空管研讨交流的大舞台来,不断提高空管文化建设的群众性和参与性,引导广大空管人变"被动欣赏"为"主动参与",变"骨干支撑"为"全员参与",为活跃空管文化贡献力量,为空管的科学发展建言献策,如图 7-6 所示为民航西南空管局基层班组长培训暨经验交流会。

图 7-6　民航西南空管局基层班组长培训暨经验
交流会

　　三是要营造畅所欲言的良好氛围。鼓励空管人善于观察事物、发现矛盾、思考问题,做工作中的有心人,利用适当的时机表达自己对某个问题的思考和想法,广泛开展"我为空管献一言"活动,对于不成熟或者存在不足的言论要有"容人之心",不能挫伤建言献策、研讨交流的积极性。鼓励在研讨交流中碰撞思想的火花,或许,某一次的讨论就会迸发出推动空管建设、和谐发展的真知灼见、妙方良策。

　　四是要丰富研讨交流的形式。研讨交流不一定是"当面锣、对面鼓"的唇枪舌剑,可以采用论文交流、主题研讨、网络互动等多种方式,就某一感兴趣的话题进行自发或者有组织的交流沟通,可以进行军民航空管内部的讨论交流,也可以进行军民航之间的研讨交流,以提升认识、增进了解。鼓励百家争鸣、不拘一格,不一定要强调达成共识、整齐划一,以启迪思维、开拓视野为目的。

(二)岗位竞赛

　　开展空管岗位竞赛活动,是适应空管形势任务变化、促进空管保障力持续有效提升的有力抓手,也是激发空管人岗位训练动力、提高训练效益的重要手段。广泛深入开展以"单位相同对抗赛、职务相同对手赛、岗位相同对口赛"为主要内容的比武竞赛活动,坚持以比促训、以赛促训,打牢空管人能力素质基础,如图 7-7 所示为民航空管系统"安康杯"竞赛活动经验交流暨表彰会。

图 7-7　民航空管系统"安康杯"竞赛活动经验
交流暨表彰会

　　开展空管岗位竞赛活动需要科学筹划、严密组织。一是要构建科学完善的岗位竞赛评定指标体系。岗位竞赛评定指标体系,是组织实施岗位竞赛活动的基本依据。构建科学实用的指标体系,是深化岗位竞赛活动走向常态化、科学化、规范化的关键,必须坚持以使命任务为牵引,以准确反映岗位训练质量和空管保障能力为目标,紧密结合空管各岗位、部门的类型、任务、特点和岗位需求,对岗位竞赛的内容、对象和评定标准三个要素进行逐层分解和系统规范。二是要完善岗位竞赛运行机制。岗位竞赛的运行机制,是组织岗位竞赛活动的重要依托和保障。要确保比武练兵科学、规范和常态化运行,必须在各级党委的坚强领导下,从建章立制入手,对比武练兵运行机制进行系统探索,突出解决岗位竞赛中存在的中心不突出、考风不端正及反馈渠道不畅通等问题,细致梳理比武练兵组织、监察及检讨分析机制。三是要创新高效实用的岗位竞赛方法手段。岗位竞赛方法手段的创新,应在继承发展传统方法手段优点的基础上,不断提高信息科技含量。四是要强化有效激励的岗位竞赛奖惩导向。竞赛不是目的,岗位竞赛重在考评、检验岗位能力水平和训练效益,要保证空管岗位训练长流水、不断线,具有旺盛持续的"生命力",就必须充分发挥岗位竞赛表现突出典型的激励和标杆功能,在评功评奖、提拔任用等方面予以优先考虑,坚持正确的岗位训练和岗位成才导向。

三、显化于物——在空管文化品牌打造中彰显特色

品牌创建是空管系统发展壮大的一项重大工程,空管特色文化品牌是空管物质文化建设的重要内容和支撑,也是空管系统特色、特点的集中体现和形象展示。空管文化凝结成空管物化环境,表现为空管文化广场、空管文化园林、空管文化长廊、空管主题雕塑等特色空管文化标识系统,具有良好的对外宣传作用,并能促使空管人为追求理想目标及自我完善而更好的工作生活。

(一)空管文化广场

谈到广场,人们肯定首先会想到世界上最大的广场——北京天安门广场。在全球范围内,还有许多著名的文化广场,如意大利的威尼斯广场、奥地利的莫扎特广场,法国的戴高乐广场等,它们都是各自国家历史、文化传承和展现的重要载体,天安门广场的大气磅礴、威尼斯广场的典雅复古、莫扎特广场的高贵优雅、戴高乐广场的威武庄严,都已经成为人们心中对这个国家的基本文化认同。

空管文化广场是空管文化活动的中心,同时也是空管历史文化的融合,塑造自然美和艺术美的空间。空管文化广场建设与规划可以进一步推动对外宣传,全面提升空管形象,改善空管人文化生活质量。空管文化广场不仅是空管的象征性标志,而且还是空管的名片。

空管文化广场设计,应首先坚持系统的设计原则,既要巧妙地布局景观群等实体要素,设计好广场主轴线、空间开合度、韵律与秩序感等形态要素,又要处理好广场建设质感与色彩等属性要素,同时还要结合气候、环境等生态要素的特征。最主要的是融入空管历史、文化等观念要素,展现空管发展的历程、典型人物、行业特点等,除经济实用外,彰显行业特色、注重文脉才是空管文化广场设计应遵循的基本理念。

空管文化广场的建设,应选位合宜,形成城市景观的闪光点;集多种功能于一身,形成空管文化的物质载体;空间布局合理,元素构成得当;规模适当,尺度宜人;人工环境与自然景观融合,个性特征突出;注重生态和谐,植物配置合理;服务设施完善,景观艺术精良;施工质量好,管理维护到位[11]。可以设置塔台、飞机意象的理念性标志雕塑,铺设空管标志的地砖等,将空管文化广场建设成为空管对外宣传展示的窗口,空管人举办入党、入职等重大仪式的场所。

（二）空管文化园林

现代城市园林包括城市公益园林、城市楼盘园林和城市旅游景区园林。传统园林,建筑为体,园林为衣,文化为魂。三者合一,形神皆备,浑然一体。没有文化的园林,就是只有躯壳的形体,而没有灵魂。岳阳楼成天下第一楼、滕王阁盛名华夏、寒山寺的钟声千古闻名,全是因为文化的作用。空管文化园林建设,应定位于城市公益园林,与地方园林建设规划部门共同投资、联合建设,体现空管特色,将空管文化的"魂"注入城市园林的"形"之中,达到既宣传空管,又提升城市文化核心竞争力,助推城市旅游产业发展。俗话说"文化搭台,经济唱戏",讲的就是文化建设对于发展经济的意义。文化是城市的核心竞争力,是说在城市与城市的经济竞争中,要依靠文化作为经济的核心竞争力,来推动经济的发展。将空管文化建设成为空管宣传窗口的同时,也成为城市的形象和名片,实现地方政府与空管系统的双赢。

（三）空管主题雕塑

空管主题雕塑是展现空管文化的重要物质载体,要反映空管文化的底蕴,提炼空管文化的精华,体现空管行业的特色,最大限度地展现空管发展的历程。空管雕塑要阐释和展现空管文化的内涵,空管文化推动空管主题雕塑的发展。空管主题雕塑要以生动巧妙的手笔展示空管文化成果和精神面貌,以喜闻乐见的形式反映空管人的心理和审美水平。因此,空管文化是空管雕塑创作的不竭动力,空管雕塑随着空管文化的不断发展而逐渐发展。

空管文化主题雕塑建设,可以作为空管文化广场和空管园林建设的一部分,也可以在空管管理机构、空管运行单位、空管院校、空管科研院所内作为单独的文化载体进行建设。空管文化主题雕塑既要展现空管行业文化内涵,又要与雕塑所在区域的功能和特点相一致,如空管院校的主题雕塑需要展现教学育人的特点,空管运行单位的主题雕塑要充分体现空管指挥特色。

四、寓文于乐——在空管文化活动开展中凝聚力量

组织开展积极向上的空管文化活动,是建设先进空管文化的时代要求。文体活动对于锻造广大空管人的奉献精神、纪律意识,保持优良传统,宣传先进典型等方面具有其他工作不可替代的作用。整个社会对空管精神文化生活需求日益增多,呼唤着空管文艺、体育事业有更大的发展。空管的文艺和体育事业必须保持和发扬空管优良传统,体现先进性的要求,不断在创新中求得发展。要始终坚持服务空管的宗旨和方向,坚持弘扬主旋律,讴歌时代精神,保持高品位、高格调、高质量。坚持深入空管一线,反映空管工作、生活的真实面,不断推出更多的精品力作,在满足广大空管人的精神文化需求的过程中,不断培养健康生活情趣、提高精神文化素养。

空管文化活动是空管文化建设经常性、群众性的活动,也是引导教育空管人热爱空管、献身空管的重要途径(图7-8)。丰富多彩的内容和生动活泼的形式,是提高空管文化活动层次的根本环节。只有抓住这两个环节,空管文化生活才能最大限度地满足不同类型空管人的兴趣爱好,才能吸引他们积极参与到各种各样的文化活动中来。将空管精神、空管核心

价值观的内容渗透于喜闻乐见的空管文化活动之中,在轻松、欢快的氛围中潜移默化地影响空管人的基本价值取向和追求。

图 7-8　民航空管系统职工文体活动

空管是一个高压力、高风险、高责任的职业,是保障空中运行安全和空防安全的中坚力量。空管文化活动是缓解空管人工作压力,提高空管运行质量的客观需要。适量和适时地开展集体活动和合适的群众文化活动,能够改善工作氛围、调解心理负担、减轻工作压力、培养团结协作精神、增强集体荣誉感和凝聚力,能加强沟通,营造轻松愉悦的工作关系和气氛。

空管文化活动要体现形式的多样性和内容的丰富性,可以重点开展以下文化活动:一是歌咏比赛、读书活动、辩论演讲、摄影展、书画展等活动,以及体育比赛活动和重大节日晚会(图7-9)活动。二是配合管制中心工作开展文化活动。如配合空管岗位练兵,组织人员编制创作相声、小品等文艺节目,体现空管特点,宣传涌现的先进典型;配合空管思想政治工作,组织辩论赛、知识竞赛等活动。三是开展军民航空管联谊文化活动。采取"走出去,请进来"的办法,丰富文化活动的内容,提升军民航空管之间的了解、互信、和谐。四是开展空管家属普遍参与的文化活动。如组织户外野餐、登山旅游等活动,争取空管人的家属对空管工作的理解和支持。

图 7-9　民航空管局直属机关2010年春节联欢会

总之,要结合各种现有的实际条件,开展丰富多彩的空管文化活动,使广大空管人员充分享受文化活动的乐趣,引导空管人树立正确的人生观、消费观、文化观和价值观,进一步明晰空管行业目标,逐渐培育和增强凝聚力和战斗力。在不知不觉中受到感染和熏陶,在潜移默化中陶冶情操,确保空管人身心健康和保持昂扬向上的工作激情。

五、交融于外——在交流中增进了解互信

空管对外互访活动,可以增进空管系统与相关单位、部门之间以及各国之间的了解和互信,争取更多的支持,共同搭建推动空管事业发展的友好平台,群策群力保障空中安全,加速空中流量,构筑安全、顺畅、高效的空管保障系统。

一是加强与航空公司(航空兵部队)、机场系统的交流互访。航空安全是一个系统工

程,需要指挥主体(空管)、运行主体(航空公司/航空兵部队)和基地保障主体(机场/场站)三方的共同努力及和谐联动,对于加速空中流量、保障航班正点都有积极意义。2010 年 9 月,民航局空管局、东方航空集团公司、首都机场集团公司三家单位启动"飞行员、管制员、指挥协调员交流合作项目"(图 7-10),民航北京区域上述单位之间首次横向联合业务交流,建立一项以"航空器安全生产"为主题的定期互

图 7-10　飞行员、管制员、指挥协调员合作项目

访交流、业务学习、管理借鉴机制,以保证飞行安全,打造和谐民航,妥善解决安全运营中的各项业务问题,实现各成员单位干部特别是青年人才的资源共享、优势互补机制。该项目以上述三家单位共青团委员会名义签署,协定各生产链条单位每月 15 日采取不同形式,相互之间邀请,各派一名成员在航班或模拟机现场、管制席现场、首都机场运行指挥中心开展调研和交流;每半年不少于一次开展青年之间的文化活动;对接各成员单位,派遣资深飞行员、管制员、教官授课,开展培训等业务合作和学习交流。三方在意向书签订之日起,成立"飞行员、管制员、指挥协调员交流合作项目工作委员会"。2011 年 5 月 24 日,华北空管局与首都机场集团公司签订了《关于首都机场东区空管建设规划用地》的框架协议,建立互访互信机制,加强交流协作,进一步加强空管系统与首都机场的交流沟通,共同应对航空运输快速发展带来的矛盾和挑战,促进空管安全发展、科学发展,推动首都机场加快发展,共同建设航空强国。

二是要加强空管系统军民航之间的互访交流。同一片蓝天,因为共同的事业,将军民航空管天然地联系在一起。空管系统的运行,既要考虑民航的安全和经济效益,又要利于军航的安全和国防需要,但有一个共同的利益点就是安全[12]。加强军民航空管之间的交流互访,既是保安全的题中之义,也是排堵保畅的迫切需求。近年来,8400m 以上高度层灵活使用改革、临时航线使用、A588 航路东移等工作,无不是军民航空管之间充分沟通达成的共识;节能减排,推动了民航绿色航空建设;排堵保畅,产生了可观的经济效益。军民航防相撞是空管工作的重中之重,需要定期进行互访协商,实时进行沟通协调,架起军民航空管之间良好沟通与合作的桥梁。

三是空管系统要加强与地方气象等部门之间的互访交流。空管活动的实施受天气条件影响较大,尤其是对危险天气的预报,要以空管气象部门为主,同时,也要争取地方气象部门的支持,为合理制定管制指挥方案提供依据。2009 年 8 月 25 日,民航中南空管局与广东省气象局签署业务合作意向书,按照《中国民用航空局、中国气象局关于加强天气会商与资料共享合作的通知》文件要求,落实国家气象发展战略,共同做好"公共气象、安全气象、资源气象",特别是 2010 年广州亚运会和 2011 年深圳世界大学生运动会的气象服务保障工作。双方在加强天气会商机制、全方位信息共享、新技术应用和科研开发、多层次技术交流和业务培训、人工影响天气以及灾害性天气信息通报、高层互访机制等重要领域开展深度合作。

四是空管系统要加强与科研院校之间的交流互访。空管行业技术性强,需要科研院校

提供技术保障和智力支持。在管制情报、通信导航、气象等主要业务部门，形成科技合作交流与咨询、科技项目研发、科技成果产业化、新技术应用、技术服务支持等科技合作机制，以及教师和专家合作交流、定期互访等人才培养机制。借用科研院所"外脑"，借助科研院校理论水平和科研平台的优势，革新空管技术，不断增强保障能力、提高运行质量、改进服务工作、增强核心竞争力和抵御风险能力，解决矛盾和问题、促进发展的动力，促进人才队伍建设全方位健康发展，持续提高空管人综合素质。

五是空管系统要加强国际性交流互访。空管活动具有天然的国际性，这是由航空活动的国际性所决定的。各国空管法规标准、管制程序的制定都必须参照和遵守签订的国际公约，但各国经济、政治、航空事业发展基础各异，实力差别较大。对外航班机的指挥是空管的日常性工作，必须增进对国际航空、空管系统的了解和认识，加强互访交流。不但要借鉴国际民航组织做法，向航空发达国家学习，也要向欠发达国家提供帮助（图7-11），共同保障毗邻空域空管保障能力，保证航空运行安全。2012年10月，柬埔寨民航局4名航空气象预报员完成了在成都双流

图7-11　培养外国管制员

国际机场为期两周的访问交流，这既增进了中柬两国空管领域的了解，也增进了两国之间的传统友谊。

六、溯源于智——在空管科教创新中推进文化繁荣

空管文化的大繁荣、大发展，既需要空管决策层的高瞻远瞩与运筹谋划，进行相应的人力、物质和资金投入，确保文化建设发展进程的持续推进，还要与国家科教兴国战略同步，从科教兴国这一基点切入，为空管系统科学发展积蓄力量、提供理论指导和培养后续人才。

一是建立空管文化发展基金，为空管文化学术研究和建设实践提供物质保障。空管文化建设涉及多个层面，既有精神层面的，也有物质层面的；既需要制度约束，也需要行为规范，开展这些方面的空管文化建设，需要相应的资源投入。美国没有设立文化部，但他们通过经议会立法设立的国家艺术基金会、国家人文基金会、国家博物馆图书馆学会等非营利机构，代表政府行使相应的管理职能，政府对文化实行间接管理。美国联邦政府不直接对文化机构拨款，而是通过国家艺术基金会等社会中介组织对文化实行资助。我国空管文化建设资源优化配置与管理的模式，可参照国内外先进的基金管理模式，建立国家空管文化发展基金，建立权力主导型的文化管理模式，由中央空管委直接管理。空管文化发展基金通过国家拨款和个人、团体的捐赠获取资金，通过申请、立项、实地考察等合法程序把资金投入到可信赖、信誉好的申请者的项目中，并在项目实施过程中进行持续监督和管理，最后对项目进行评估，可参照目前国家空管课题从征集研究选题、发布指南、课题申请、中期质量检查、项目验收的模式进行空管文化发展基金的管理。

二是成立空管文化研究机构，为空管文化建设发展提供理论支持和决策咨询。当前，人们越来越认识到文化建设的重要性，但文化建设需要遵循哪些规律、如何诊断本部门空管文化建设存在的问题、如何确立本部门文化建设的思路、目标、方法等许多理论问题没有解决，致使一些单位的文化建设一哄而上，只做表面文章、走形式、重硬件建设轻文化育人的现象普遍存在。鉴于此，可借助空管"8321"科研创新体系，以研究基础和综合实力强的空管院校和科研院所为依托，成立空管文化研究机构，为国家空管文化建设决策规划、计划制定提供决策咨询，为空管文化建设发展提供理论支撑，为具体单位空管文化建设提供技术支持和咨询。

三是在空管高等学历教育中开设空管文化课程，从人才源头上注入空管文化基因。在空管高等院校接受空管教育的莘莘学子，未来走上空管工作岗位，都将是支撑空管事业发展、守卫国家领空安全和维护空中交通秩序的国之栋梁。文化部推出的"人才兴文"战略，科学规划人才发展战略，先后编制出台了《关于实施"人才兴文"战略，进一步加强文化人才队伍建设的意见》《全国文化系统人才发展规划（2010—2020 年）》，在"十四五"文化发展纲要中也将人才队伍建设列为重要一章，高度重视也充分肯定文化人才在文化建设中的重要地位作用。军民航空管院校应当重视先进的空管文化的传承和固化，不仅要教授空管业务和技能，还要开设空管文化课程，在精神层面上激发空管学员的使命责任意识和行业认同感，激励他们对空管事业的忠诚与热爱，培育开展空管文化活动能力，提升院校学子的综合素质。

四是建设空管青少年教育基地，培养空管事业接班人要从"娃娃"抓起。参照山东省滨州市成功试点的青少年航空基地的建设和发展模式，在全国范围内遴选文化资源丰富地区，建设空管青少年教育基地，普及空管知识，宣传空管精神理念和文化精髓，让初中、高中、小学生了解空管、热爱空管，为空管人才队伍积蓄强大的后备力量。开设空管青少年教育基地，需要在中央空管委统一领导下，通过空管文化发展基金会的专项经费给予扶持，由军民空管部门、地方政府、教育部门等共同筹办。

第四节　构筑空管文化传播体系

传播学派的理论先驱莱奥·弗罗贝纽斯有一句名言："文化没有脚。"即认为文化必须依靠人的传播才能对人类产生影响。空管文化的物质层涉及硬件环境、软件环境、空管形象、空管标志等方面的塑造，同时，它还在相当大的程度上，发挥着传播和载体的功能，不断地把空管建设、空管形象及标志在全社会传播，以使社会公众对空管的整体形象有更多的了解。物质文化在打造内外环境、塑造形象等方面确实起到了重要作用，但是在向外宣传和传播方面还有不足。因此，空管文化需要一个更为全面的系统介入，即空管文化传播体系。从本质上讲，空管文化的传播是空管文化价值体系内容的传播。空管文化传播需要更为系统化地建构与其相适应的体系，一方面要了解受众的心理，明确传播的内容，另一方面还要了解不同传播媒介的特点，以便提高传播效率和效果。

一、空管文化传播的对象

传播本是一种信息共享的活动,它在一定的关系中进行,是一种双向的社会互动行为,也是一种过程,一种系统。空管文化传播的受众主要有以下五类:

(1)受众为空管系统的人员。空管文化作用的发挥需要由内向外推进,空管人首先要对空管文化认同和接受,才能更好地推进空管文化建设,积极主动地提高自身素质,为打造良好的空管形象而努力。同时,空管人对空管文化的接纳也有利于解决系统内部人员思想不统一、文化观念不一致等问题。

(2)受众为政府。空管系统是国务院、中央军委下属的部门,空管文化的塑造首先要与国家的大政方针相一致,还要与军队文化的精神相符合。空管文化是国家大政方针及军队文化理论精髓在空管系统的再塑造,因此,空管文化本身就承担着向上一级部门反馈的责任;另外,空管系统在工作中需要争取上级部门和政府的支持和理解。从这两个意义上来说,政府及上级部门成为它的受众体。

(3)受众为社会公众。空管部门为公众服务,为人民的安全出行保驾护航。它需要让公众了解空管部门的职责,也需要向外宣传空管形象,以提高空管在社会公众的美誉度,从而获得社会公众的认可,并在工作中得到公众的配合、理解和支持。

(4)受众为航空领域其他相关专业部门。空管系统需要向航空领域其他相关专业部门告知空管相关信息和标准,明确为他们提供服务的内容,并增加他们维护空管相关法律法规的自觉性。这些将有利于空管工作的开展,有利于空管形象的塑造,也有利于空管与航空领域其他相关专业部门之间的融洽。

(5)受众为外国同行。在全球化发展的当今世界,中国需要让外国同行知道中国空管,了解中国的空管事业。因此,空管的职责、空管的工作和发展、空管服务的信息、中国空管特有的文化,都成为向外国同行传播的内容。

二、空管文化传播的内容

空管文化的传播,应是对空管知识内容的传播、精神理念的传播、制度规则的传播、空管物质形象的传播及空管文化建设目标的传播。

(1)空管知识内容的传播。空管工作具有极高的专业性和技术性,这就需要空管人不断地汲取最新专业知识,学习前沿的科技手段,掌握管制、通信、导航、监视、气象等技术的发展状态和趋势,了解国际空管及 ICAO 的动态和发展。

(2)空管精神理念的传播。空管精神理念即价值观念、精神境界、理想追求等。这些是决定着空管文化方向的核心内容。空管精神理念的内部传播有利于空管人对空管文化建设形成积极的评价和主动推进建设的热情,外部的传播则有利于空管在民众心中形象的提升,增强空管机构的社会公信力和认知度。空管精神理念必须经过传播、推广和坚持不懈地灌输才能成为空管系统的共识而植根于所有人员的心中。

(3)空管制度规则的传播。无规矩不成方圆,空管内部管理制度和行为规范是为了实施更为有效的管理和文化建设活动。空管人应该加强自律,自觉地维护和遵守空管系统的相关规定。同时,加强政务公示,告知公众和相关部门,有利于公众和相关部门对空管行业的认知和了解。

（4）空管物质形象的传播。即空管向外提供安全、高效的空管服务和保障，以空管值班场所、办公环境布置作为文化载体，也都在向外传达着空管形象以及空管部门实际工作的相关信息。

（5）空管文化建设目标的传播。这是空管文化建设的一个必要手段，否则空管文化塑造出来而不经传播、不为人知，则无法发挥文化的作用。

三、空管文化传播的途径

空管文化传播的途径有很多，例如会议、日常管理、绩效考核、培训、团体学习、各种媒介、各种活动等，都是有效的传播载体途径。每一类型的传播载体有不同的特点与功能，都有着现实存在的必要性，应予以重视和灵活运用。

（一）通过会议传播

通过会议传播空管文化，属于组织传播，是一条有效的传播途径。会议一般具有周期性的特点，是空管行业管理和运行保障的重要手段。任何重大问题、事件、决定都必须通过会议讨论，或者给予裁决，或者给予定论。在会议进程中：一方面，空管文化的价值理念时刻起着指导与约束作用。例如，安全第一理念在军民航协调会议上肯定起着指导作用。另一方面，空管的法规与标准也会对会议时刻起着指导与约束作用，尤其是基本的规章制度。可见，会议上集思广益的过程，就是一个无形中践行、深化、固化空管文化的过程。

（二）通过仪式传播

空管文化礼仪是指在文化活动中所采用的那些具有固定式样的礼节及形式。空管文化活动根据其不同的活动内容，要求有不同的活动规格、规范、场合、程序和气氛，从而形成每种文化活动独特的程序或形式。礼仪在空管文化内部传播中也扮演了独特的作用。首先，礼仪使空管价值的传播获得了生动活泼的形式。文化价值的传播和传递是空管文化形成、发展的关键。实践证明，按照一定礼仪所进行的文化活动最有利于理念识别体系传播和传递，是空管人在情感深处获得文化角色体验的最好形式。礼仪使空管价值的传播和传递变得生动、活泼、饶有趣味，这就使得静态和抽象的空管理念、价值规范，变得具体、形象，可读、可解，从而有利于空管价值内化于人员心灵。

（三）通过日常管理传播

日常管理传播既包括组织传播，也包括人际传播。管理的根本手段是有效运用空管文化价值观念，来指导日常工作与学习。在日常管理中，空管文化的行为层、物质层也参与到管理传播中来，并起到十分重要的作用。空管人或团队看到代表着空管文化的规范性行为，感受到空管文化内涵的视觉识别体系与听觉识别体系，就会提醒自己要符合空管文化要求，增强自主管理意识。所以说，管理的过程就是传播的过程。

（四）通过培训传播

培训也是十分有效的空管文化传播手段。从培训的内容来看，培训传播主要有两类，一类是直接性空管文化传播，即对空管人进行空管文化培训；另一类是间接性空管文化传播，即对空管人进行各种专业培训。文化培训实际上是文化传播或传递活动,是组织把自己倡导的空管识别体系传播到成员当中,使其接受并身体力行。但是,它比一般的文化传播或传递过程更具体、集中,目的更明确、清晰,程序性和控制性更强而有力。它所诉诸的主要手段是对人员的教育影响,即提高空管人的认识,启迪空管人的思想,熏陶空管人的情感,左右空管人的行为倾向。在空管培训传播的过程中,要充分发挥空管专业院校的主阵地作用,同时发挥在岗任职培训主渠道作用,做好两者内容和方法的衔接与统一。

(五) 通过媒介传播

媒介主要分为对内传播媒介与对外传播媒介。对内传播媒介主要包括内部的局域网、有线电视台、广播、报纸、简报等;对外传播媒介主要包括互联网、地域性、全国性与国际性大众传播媒介、广告牌、交通工具、手提袋等。尤其值得关注的是,随着信息技术的飞速发展,媒介传播的样式与载体正在发生深刻的变化,除了传统的电视、广播、报纸、刊物等传播载体之外,网络,特别是互联网,在文化传播中的作用日渐凸显,开辟了空管文化对内传播和对外扩大社会影响力、取得社会认同的新途径。1998 年 5 月,在联合国新闻委员会年会上,互联网正式被称为"第四媒体"。互联网成为一种新兴的媒体,已是一个不争的事实。网络媒体是借助国际互联网这个信息传播平台,以电脑、电视机以及移动电话等为终端,以文字、声音、图像等形式来传播新闻信息的一种数字化、多媒体的传播媒介。与旧媒介相比,"第四媒体"几乎囊括了以往大众传媒的一切表现形态和优点,同时具备它们所不具备的特点。除了融声、像、图、文于一体外,还具备信息传播的高度适时性、参与性和互动性,并且不受截稿时间和版面空间的限制。因此,应该充分利用网络新技术如微博、播客、公众号、订阅、网摘、社会网络、即时通信等,为空管文化建立一个双向传播平台。例如,互联网上华东空管局制作"实力造就信赖"的空管知识科普资料片。又如,张崇等人制作的《天空守望者》(图 7-12),该剧以北京进近管制一室第四组为蓝本,真实地反映了管制员工作内容,让广大空管爱好者能够详细地了解空管岗位工作。

图 7-12 《天空守望者》片头

7-2 空管歌

按语:空管领航学院脱始于 1958 年成立的中国人民解放军第十六航空学校,办学历史最早可追溯到 1970 年航校成立的航行训练调度大队和引导大队,1986 年分别建系,2012 年 4 月成立学院,先后经历 9 次编制体制调整,从无到有、从小到大、从弱到强,逐步迈进创办高水平专业学院的发展快车道。目前,该院官兵以极大的热情,用优美的旋律创作出该首"航院之歌——空天梦想",反映了该院教学科研工作的特殊性和重要性,宣扬了空管领航学院空管文化的精神理念。

航院之歌——空天梦想

作词 史昱璞 执笔
作曲 李晨昕

沪河之滨 秦川百里 战旗飘扬气魄凌厉 纵横管制，长空列阵
向战而行 学子莘莘 梦里蔚蓝心铸军魂 尺规运筹，电波指引

眼前是云海滚滚 忠诚 荣誉 在心中 引导战机无坚不催
耳畔是风雷阵阵 凝视着苍穹万 里 经略空天战场描绘

胜战 担当践于行 空情为令攻防兼 备 使命追寻
托举着蓝天希 翼 领航战鹰舍我其 谁

山河无恙有我守 卫 空地同心 雄鹰展 翅 指挥空中显神 威

间奏

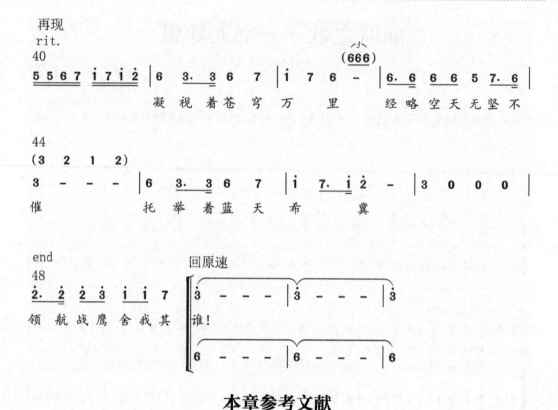

再现
rit.
40
(666)
5 5 6 7 ｉ 7 ｉ 2 | 6 3. 3 6 7 | ｉ 7 6 - | 6. 6 6 6 5 7. 6 |
凝 视 着 苍 穹 万 里 经 略 空 天 无 坚 不

44
(3 2 1 2)
3 - - - | 6 3. 3 6 7 | ｉ 7. ｉ 2 - | 3 0 0 0 |
催 托 举 着 蓝 天 希 翼

end
48
回原速
2. 2 2 3 ｉ ｉ 7 | 3 - - - | 3 - - - | 3
领 航 战 鹰 舍 我 其 谁！
6 - - - | 6 - - - | 6

本章参考文献

[1] 李瑞迁.空军航空机务文化建设导论[M].北京:蓝天出版社,2010.

[2] 徐长安,刘宝村,陶军,等.军事文化学[M].北京:解放军出版社,2006.

[3] 卢英.构建群众文化建设长效机制的探讨[J].四川教育学院学报,2009(12):27-29.

[4] 唐代兴.文化软实力战略研究[M].北京:人民出版社,2008.

[5] 王志刚.浅析企业理念识别在 CIS 战略中的意义[J].中国科技信息,2007(16):149-150.

[6] 田文林.与中东交往的"中国合作模式"[J].中国报道,2010(11):72-73.

[7] 曹晖.VI 视觉识别设计的关学形式与特征[J].文艺评论,2006(6):84-86.

[8] 徐新国.创建企业思想政治工作与企业文化建设良性互动的新机制[J].企业家天地,2006(3):110-111.

[9] 刘宏建.以安全文化助推发展实现持续安全目标——西南空管局不断推进安全文化建设[N].中国民航报,2013-03-28.

[10] 张华.浅议空管文化建设的实践问题[J].民航政工,2006(4):4-5.

[11] 张亚萍.文化内涵:城市广场设计之根本[J].中国园艺精粹,2011(11):104-106.

[12] 马健.着力解决当前面临的突出矛盾和问题,推动空管系统建设又快又好发展[J].空中交通管理,2006(10):4-9.

空管陆空通话字母表

一、空管陆空通话标准字母发音(附表1-1)

空管陆空通话标准字母发音 附表1-1

字母(LETTER)	单词(WORD)	发音(PRONUNCIATION)(下划线部分应重读)
A	Alpha	AL FAH
B	Bravo	BRAH VOH
C	Charlie	CHAR LEE
D	Delta	DELL TAH
E	Echo	ECK OH
F	Foxtrot	FOKS TROT
G	Golf	GOLF
H	Hotel	HOH TELL
I	India	IN DEE AH
J	Juliett	JEW LEE ETT
K	Kilo	KEY LOH
L	Lima	LEE MAH
M	Mike	MIKE
N	November	NO VEM BER
O	Oscar	OSS CAH
P	Papa	PAH PAH
Q	Quebec	KEH BECK
R	Romeo	ROW ME OH
S	Sierra	SEE AIR RAH
T	Tango	TANG GO
U	Uniform	YOU NEE FORM
V	Victor	VIK TAH

续上表

字母(LETTER)	单词(WORD)	发音(PRONUNCIATION)(下划线部分应重读)
W	Whiskey	WISS KEY
X	X-ray	ECKSRAY
Y	Yankee	YANG KEY
Z	Zulu	ZOO LOO

二、数字的标准读法(附表1-2)

数字的标准读法   附表1-2

数 字	汉 语 读 法	英 语 读 法
0	洞	ZE-RO
1	幺	WUN
2	两	TOO
3	三	TREE
4	四	FOW-er
5	五	FIFE
6	六	SIX
7	拐	SEV-en
8	八	AIT
9	九	NIN-er
·	点	DAY-SEE-MAL 或 POINT
100	百	HUN-dred
1000	千	TOU-SAND

三、数字组合的一般读法(附表1-3)

数字组合的一般读法   附表1-3

数 字	汉 语 读 法	英 语 读 法
10	幺洞	WUN ZE-RO
75	拐五	SEV-en FIFE
200	两百	TOO HUN-dred
450	四五洞	FOW-er FIFE ZE-RO
3600	三千六	TREE TOU-SAND SIX HUN-dred
2121	两幺两幺	TOO WUN TOO WUN
9000	九千	NIN-er TOU-SAND
33122	三三幺两两	TREE TREE WUN TOO TOO

四、陆空通话中数字读法应用

(一)高度的读法

1.对符合我国高度层配备标准的高度的读法(附表1-4)

符合我国高度层配备标准的高度的读法　　　　　　　附表1-4

高 度 层	汉语读法	英语读法
600m	六百	SIX HUN-dred METERS
900m	九百	NIN-er HUN-dred METERS
1200m	一千二或幺两	WUN TOU-SAND TOO HUN-dred METERS
1500m	一千五或幺五	WUN TOU-SAND FIFE HUN-dred METERS
1800m	一千八或幺八	WUN TOU-SAND AIT HUN-dred METERS
2100m	两幺	TOO TOU-SAND WUN HUN-dred METERS
10800m	幺洞八	WUN ZE-RO TOU-SAND TOO HUN-dred METERS
11400m	幺幺四	WUN WUN TOU-SAND FOW-er HUN-dred METERS

2.以1013.2hpa为基准面,对符合英制高度层配备标准的高度层的读法(附表1-5)

符合英制高度层配备标准的高度层的读法　　　　　　　附表1-5

高 度 层	汉语读法	英语读法
9000ft	九千英尺	FLIGHT LEVEL NIN-er ZE-RO
29000ft	两九洞	FLIGHT LEVEL TOO NIN-er ZE-RO
33000ft	三三洞	FLIGHT LEVEL TREE TREE ZE-RO

3.气压基准面转换时,空中交通管制员应在通话中指明新的气压基准面数值,以后可省略气压基准面(附表1-6)

气压基准面转换时的读法　　　　　　　附表1-6

高 度	汉语读法	英语读法
100m/QNH	修正海压一百米	WUN HUN-dred METERS QNH
450m/QNE	标准气压四百五十米	FOW-er FIFE ZE-RO METERS STANDARD
700m/QNH	修正海压七百米	SEV-en HUN-dred METERS QNH
1210m/QNE	标准气压幺两幺洞米	WUN TOO WUN ZE-RO METERS STANDARD
8000m/QNE	标准气压八千米	AIT TOU-SAND METERS STANDARD
7100m/QNE	标准气压七千一百米	SEV-en TOU-SAND WUN HUN-dred METERS STANDARD

4.最低下降(决断)高/(高度)的读法(附表1-7)

最低下降(决断)高/(高度)的读法　　　　　　　附表1-7

最低下降(决断)高/高度	汉语读法	英语读法
MDH 130m	最低下降高一百三十米	MINIMUM DESCENT HEIGHT WUN TREE ZE-RO METERS
DA 486m	决断高度四百八十六米	DECISION ALTITUDE FOW-er AIT SIX METERS

5.机场标高的读法(附表1-8)

机场标高的读法　　　　　　　　　　　　　　　　　附表1-8

机 场 标 高	汉 语 读 法	英 语 读 法
269 m	标高两百六十九米	ELEVATION TOO SIX NIN-er METERS

(二)时间的读法(附表1-9)

时间的读法　　　　　　　　　　　　　　　　　附表1-9

时　　间	汉 语 读 法	英 语 读 法
12:35	三五或幺两三五	TREE FIFE or WUN TOO TREE FIFE
10:00	整点或幺洞洞洞	ZE-RO ZE-RO or WUN ZE-RO ZE-RO ZE-RO

(三)气压的读法(附表1-10)

气压的读法　　　　　　　　　　　　　　　　　附表1-10

气　　压	汉 语 读 法	英 语 读 法
QFE 1003	场压幺洞洞三	QFE WUN ZE-RO ZE-RO TREE
QNH 1000	修正海压幺洞洞洞	QNH WUN ZE-RO ZE-RO ZE-RO

(四)航向的读法(附表1-11)

航向的读法　　　　　　　　　　　　　　　　　附表1-11

航　　向	汉 语 读 法	英 语 读 法
100°	航向幺洞洞	HEADING WUN ZE-RO ZE-RO
005°	航向洞洞五	HEADING ZE-RO ZE-RO FIFE
360°	航向三六洞	HEADING TREE SIX ZE-RO

(五)速度的读法(附表1-12)

速度的读法　　　　　　　　　　　　　　　　　附表1-12

速　　度	汉 语 读 法	英 语 读 法
280knots	两八洞	TOO AIT ZE-RO KNOTS
450km/h	四百五十公里小时	FOW-er FIFE ZE-RO KILOMETERS PER HOUR
M0.85	马赫数点八五	MACH NUMBER POINT AIT FIFE
7m/s	7 米秒	SEV-en METERS PER SECOND

(六)频率的读法(附表1-13)

频率的读法　　　　　　　　　　　　　　　　　附表1-13

频　　率	汉 语 读 法	英 语 读 法
121.45 MHz	幺两幺点四五	WUN TOO WUN DAY-SEE-MAL FOW-er FIFE
6565 kHz	六五六五	SIX FIFE SIX FIFE KILO HERTZ

(七)跑道的读法(附表1-14)

跑道的读法　　　　　　　　　　　　附表1-14

跑 道 编 号	汉 语 读 法	英 语 读 法
03	跑道洞三	RUNWAY ZE-RO TREE
08L	跑道洞八左	RUNWAY ZE-RO AIT LEFT

(八)距离的读法(附表1-15)

距离的读法　　　　　　　　　　　　附表1-15

距　　离	汉 语 读 法	英 语 读 法
18 n mile	幺八海里	WUN AIT MILES
486 km	四八六公里	FOW-er AIT SIX KILOMETERS

目视管制信号

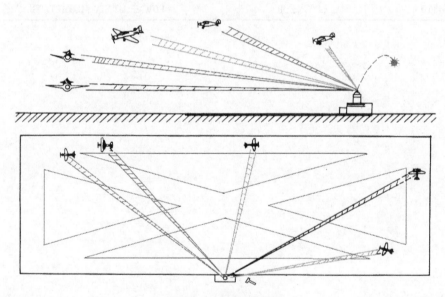

附图 2-1　目视管制信号

一、灯光

上图说明如附表 2-1 所示。

灯光说明　　　　　　　　　　　　　　　　　　附表 2-1

灯　　光		自机场管制发给	
		飞行中的航空器	地面上的航空器
指向有关航空器	绿色定光	可以着陆	可以起飞
	红色定光	给其他航空器让路并继续盘旋	停止
	一连串绿色闪光	返回着陆	可以滑行
	一连串红色闪光	机场不安全,不要着陆	滑离使用着陆区
	一连串白色闪光	在此机场着陆并滑到停机坪	滑回机场起点
红色信号弹		不管以前有无指示,暂时不要着陆	
着陆和滑行许可,在适当的时候发给			

二、指示信号

(一)目视地面信号

1. 禁止在该机场上着陆(附图2-2)

一块平放在信号区的红色正方形板,上面有两条黄色对角线,表示禁止在该机场上着陆,并且禁止着陆时间可能会延长。

2. 进近或着陆时要特别小心(附图2-3)

一块平放在信号区的红色正方形板,上面有一条黄色对角线,表示由于机场机动区情况不良或其他原因,在进近或着陆时须特别小心。

附图2-2 禁止在该机场上着陆　　　　附图2-3 进近或着陆时要特别小心

3. 跑道和滑行道的使用(附图2-4、附图2-5)

(1)一块平放在信号区的白色哑铃状的信号,表示航空器只许在跑道及滑行道上起飞、着陆和滑行。

(2)同(1)一样的一个平放在信号区的白色哑铃形状的信号,但是两头圆形部分各有一条与铃柄垂直的黑条,表示航空器只许在跑道上起飞和着陆,但其他操作则不限定在跑道或滑行道上进行。

 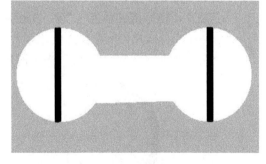

附图2-4 只许在跑道及滑行道上起飞、着陆和滑行　　　　附图2-5 只许在跑道上起飞和着陆

4. 跑道或滑行道关闭(附图2-6)

单一而颜色鲜明的十字(黄色或白色),平放在跑道和滑行道或其某一部分上,表示有关区域不宜航空器活动。

203

附图2-6　跑道或滑行道关闭

5. 着陆或起飞方向(附图2-7、附图2-8)

(1)一个平放的白色或橙色"T"字布(板),表示航空器须沿"T"字长臂向短臂方向着陆或起飞(注:夜间使用,要以白色灯光照明"T"字或显示真轮廓)。

(2)在机场管制塔台或其附近垂直悬挂的一个两位数字信号,向机动区内的航空器表示起飞磁向,以10度为单位(个位数四舍五入)。

6. 右起落航线(附图2-9)

在信号区或在使用跑道或简易跑道头平放一个颜色明显的右转箭头,表示航空器在着陆前及起飞后要作右转弯。

附图2-7　着陆或起飞方向　　　附图2-8　起飞磁向　　　附图2-9　右起落航线

7. 空中交通服务报告室(附图2-10)

一个垂直悬挂的黄底黑色"C"字,表示该处为空中交通服务报告室。

8. 滑翔机飞行活动(附图2-11)

一个白色双十字平放在信号区,表示滑翔机在使用机场并进行滑翔飞行。

附图2-10　空中交通服务报告室　　　附图2-11　滑翔机正在飞行

(二) 军航地面引导信号(附表2-2)

军航地面引导信号

附表2-2

地面引导信号	动 作 说 明
 1.向右转弯(从驾驶员的角度看)	左臂向体侧45度角斜指,右臂前伸,与肩同高,小臂与手心向后重复挥动。挥动速度向驾驶员表示航空器转弯的快慢
 2.向左转弯(从驾驶员的角度看)	右臂向体侧下45度角斜指,左臂前伸,与肩同高,小臂与手心向后重复挥动。挥动速度向驾驶员表示航空器转弯的快慢
 3.停止滑行	双手伸直,在头上重复交叉挥动
 4.用刹车	抬起右臂,平放身前,手指伸直,然后用力握拳

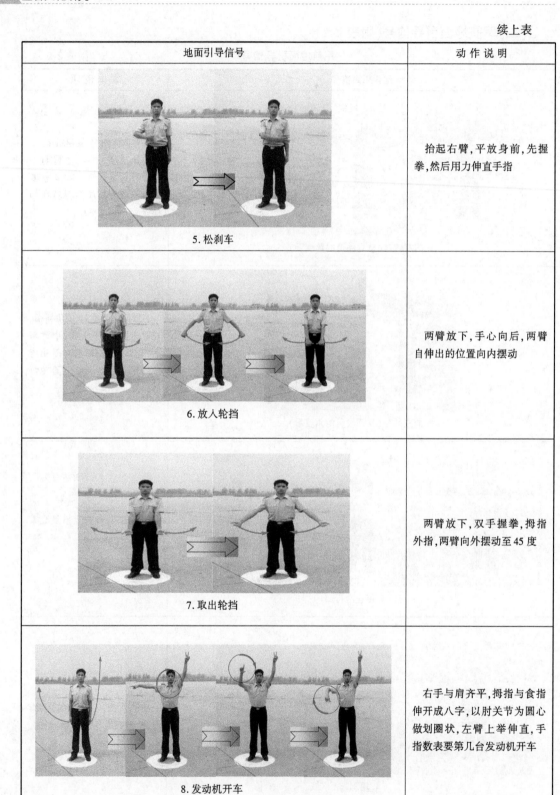

地面引导信号	动作说明
5. 松刹车	抬起右臂,平放身前,先握拳,然后用力伸直手指
6. 放入轮挡	两臂放下,手心向后,两臂自伸出的位置向内摆动
7. 取出轮挡	两臂放下,双手握拳,拇指外指,两臂向外摆动至45度
8. 发动机开车	右手与肩齐平,拇指与食指伸开成八字,以肘关节为圆心做划圈状,左臂上举伸直,手指数表要第几台发动机开车

地面引导信号	动作说明
 9. 发动机关车	手臂与肩齐平,手心向下,移动手臂在喉部前方左右移动
 10. 减速	两臂放下,手心向地,然后上下摆动数次
 11. 减低信号所指一边的一台(或两台)发动机的转速	两臂向下,右手或左手手心向地,然后向下挥动。挥动右手表示左边发动机要减速;挥动左手表示右边发动机要减速
 12. 向后倒退	两臂放于体侧,手心向前,然后两臂向前并向上重复摆动高至肩部

地面引导信号	动 作 说 明
13.倒退时机尾向右转弯	左肩向体侧下45度角斜指,右臂上举伸直,手心向前,手臂向前、向下至水平位置,右臂重复摆动
14.一切就绪	举起右前臂,大拇指伸直
15.悬停(指挥直升机使用)	两臂向两边水平伸直,手心向下
16.向上运动(指挥直升机使用)	两臂向两边水平伸直,手心向上,两臂向上挥动

地面引导信号	动作说明
 17.向下运动(指挥直升机使用)	两臂向两边水平伸直,手心向下,两臂向下挥动
 18.水平运动信号(从驾驶员的角度看,指挥直升机使用)	一臂伸直,向某方向平举,而以另一臂向同一方向在身体前来回摆动
 19.着陆(指挥直升机使用)	两臂在身体前面交叉并向下伸直